普通高等学校"十三五"规划教材

Access 数据库技术与应用

刘　钢　陆有军　主　编

程克明　仲福根　副主编

中国铁道出版社

CHINA RAILWAY PUBLISHING HOUSE

内 容 简 介

本书是介绍 Access 数据库技术及相关程序设计的教材，使用的软件版本为 Access 2010。本书共分为 8 章，主要内容包括：数据库基础知识、数据表操作、数据查询与 SQL 命令、创建报表、模块对象和 VBA 程序设计、窗体应用基础、用 VBA 访问 Access 2010、应用案例——手机零售进销存管理系统。

本书的编写目的是要提高学生的实践和技术应用能力，不仅适合应用型本科学生，也适用于高职高专学生或数据库应用技术自学者学习。

图书在版编目（CIP）数据

Access 数据库技术与应用 / 刘钢，陆有军主编. —北京 ：中国铁道出版社，2016.2（2018.7 重印）

普通高等学校"十三五"规划教材

ISBN 978-7-113-21207-0

Ⅰ．①A… Ⅱ．①刘… ②陆… Ⅲ．①关系数据库系统—高等学校—教材 Ⅳ．①TP311.138

中国版本图书馆 CIP 数据核字(2016)第 011288 号

书　　名：Access 数据库技术与应用

作　　者：刘 钢　陆有军　主编

策　　划：何红艳　　　　　　　　　读者热线：(010) 63550836

责任编辑：何红艳

编辑助理：绳　超

封面设计：刘　颖

封面制作：白　雪

责任校对：汤淑梅

责任印制：郭向伟

出版发行：中国铁道出版社（100054，北京市西城区右安门西街 8 号）

网　　址：http://www.tdpress.com/51eds/

印　　刷：三河市宏盛印务有限公司

版　　次：2016 年 2 月第 1 版　　　2018 年 7 月第 3 次印刷

开　　本：787mm×1092mm　1/16　印张：18.25　字数：439 千

印　　数：3 501 ~ 4 500 册

书　　号：ISBN 978-7-113-21207-0

定　　价：39.00 元

前　言

　　三分技术，七分数据，得数据者得天下。现在的社会已经进入了信息时代、大数据时代，数据已经成为很多企业的最重要的资源和竞争力之所在，而数据的存储、管理和使用则与数据库系统息息相关。Microsoft Access 是一种流行的关系型数据库管理系统，它提供了开发中、小型信息管理系统的理想环境，作为计算机专业、电子信息工程专业、信息管理专业及其他相关专业的学生以及计算机爱好者来说，掌握数据库技术是开发信息管理系统必须具备的能力之一。本书使用的软件版本为 Access 2010，这是一种易学易用的关系型数据库管理系统，适用于中小企业管理和办公自动化场合，既可用作本地数据库，也可应用于网络环境。

　　在目前出版的 Access 数据库教材中，不少强调的是借助于向导、鼠标从事便捷的"低层次"应用，即在可视化环境下建库、建表以及建立一些简单的窗体、查询和报表等，涉及实际编程的很少，无法生成有一定复杂程度的应用系统。本书的主要特色是：重视 Access 数据库应用中的程序设计，强调自主编程，使读者在掌握向导应用的基础上，可以实现向导所无法实现的功能，甚至能够为不熟悉计算机技术的用户开发依托于窗体、控件的应用程序。概括起来，本书特点如下：

　　（1）本书用"研究生管理"实例贯穿全书的前 7 章，以案例驱动的方式，根据读者的认知规律，由浅入深，重点突出地引导读者逐一掌握数据库的各个对象，并在第 7 章 "用 VBA 访问 Access 2010"中，以一个有一定难度的综合实例——编制"研究生成绩管理与统计分析"程序作为小结，同时给出了所有程序代码，使读者充分了解 VBA 在访问 Access 数据库中的作用。

　　（2）第 1 章介绍了关系型数据库理论的一些基本内容，包括实体与属性概念、数据的完整性规则、模式的规范化等，并在后续章节中多次强调关系数据库理论在该处发挥的作用，使读者一开始就养成用科学的基础理论指导数据库开发实践的习惯。

　　（3）针对数据表、查询和报表对象强化实际应用的训练。例如，查询对象用较多篇幅详细地讲解直接用 SQL 命令建立查询的方法，深入到两表、多表关联查询乃至嵌套的子查询；并例举了用 SQL 命令完成 Access 提供的查询向导、设计视图难以完成的查询操作。又例如，通过大量不同风格的报表案例介绍报表对象的设计，并以较多的篇幅介绍设计视图和布局视图的使用。

　　（4）针对窗体和模块对象，在讲授 VBA 程序设计的基础上，从教读者一步一步手动设计窗体界面入手，实现通过编写程序代码访问数据库，使原先不熟悉编程的读者也能开发基于 Access 的应用程序。

（5）本书的最后一章用一个具有实用价值的"手机零售进销存管理系统"作为案例，从系统的需求分析出发逐步完成功能设计、数据表设计、操作界面设计、程序设计、报表设计等，并提供基本完整的程序代码。通过本案例的学习和进一步的实践，结合所学的知识进行修改，即可生成应用于企业、公司的进销存管理系统，进而能独立开发其他应用系统。这也是本书编写的初衷。

本书习题丰富，每章的后面都提供了大量精心设计的思考题和实验题，不仅便于教师组织教学，也便于自学者练习。为便于教师授课和读者自学，需要配套电子教案和各章例题源文件可以联系中国铁道出版社或编者（liugang@tongji.edu.cn；tjlyj@tongji.edu.cn；chengkm@tongji.edu.cn）。

本书由同济大学浙江学院电子与信息工程系组织策划和编写工作，刘钢教授具体负责。刘钢、陆有军任主编，程克明、仲福根任副主编，参加编写和程序调试的还有黄小媚、陶虹平、肖方杰、张婷、苏显斌等。需要指出的是，主编和副主编都是从事数据库教学近 20 年的一线教师，有着丰富的教学经历，全书凝聚了他们在数据库教学方面的经验与体会。

由于认识所限，以及数据库技术和软件的不断发展和更新，编者虽尽职尽力，但书中难免有疏漏之处，敬请读者批评指正。

编　者
2015 年 12 月

目　　录

第1章 数据库基础知识

现代意义上的数据库系统出现于20世纪60年代后期，伴随着计算机硬件系统的飞速发展、价格的急剧下降、操作系统性能的日益提高以及 1970 年前后关系型数据模型的出现，数据库技术正广泛应用于政府机构、科学研究、企业管理和社会服务等各个方面，可以说现代社会一刻也无法离开数据库系统。Access 是一种能对数据库进行维护、管理的系统软件，用户可以通过 Access 提供的各类视图、向导访问数据库，或者编写程序，形成数据库应用软件，让各类非计算机专家也能自如地使用数据库系统。

1.1 数据库系统的组成

1.1.1 什么是数据库

数据库（Database，DB）是一个存储数据的"仓库"，仓库中不但有数据，而且数据被分门别类、有条不紊地保存。可以这样定义数据库：数据库是保存在磁盘等外存介质上的数据集合，它能被各类用户所共享；数据的冗余被降到最低，数据之间有紧密的联系；用户通过数据库管理系统对其进行访问。

在 Access 数据库系统中，数据以表的形式保存。一个实际应用的数据库不但包含数据，还常包含其他对象，这些对象通常是由数据表派生的，表现为数据检索的规则、数据排列的方式、数据表之间的关系以及数据库应用程序等，Access 数据库中就存在查询、报表、窗体等对象。

1.1.2 数据库系统的组成

一个完整的数据库系统由 3 部分组成：数据库、数据库管理系统和数据库应用，三者的关系如图 1-1 所示。

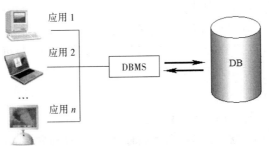

图 1-1　数据库系统的 3 个组成部分

1. 数据库

数据以表的形式保存在数据库中。数据表的结构保证了表中数据是有组织、有条理的，每个数据都有其确切的含义。在目前流行的数据库系统中，用户一般无法得知数据的真实物理地址，必须通过数据库管理系统访问数据库。

2. 数据库管理系统

一个实际运行中的数据库有复杂的结构和存储方式，用户如果直接访问数据库中的数据是很困难的。数据库管理系统（Database Management System，DBMS）是一个系统软件，它如同一座桥梁，一端连接面向用户的数据库应用，另一端连接数据库。这样 DBMS 将数据库复杂的物理结构和存储格式封装起来，用户访问数据库时只需发出简单的指令，这些指令由 DBMS 自动译成机器代码并执行，用户不必关心数据的存储方式、物理位置和执行过程，使得数据库系统的运行效率和空间资源得到充分的、合理的使用。

3. 数据库应用

数据库应用是指用户对数据库的各种操作。其方式有多种，包括通过交互式命令、各类向导和视图、SQL 命令以及为非计算机专业用户开发的应用程序，这些程序可以用数据库管理系统内嵌的程序设计语言编写，也可以用其他程序语言编写。Access 内嵌的语言是 VBA（Visual Basic for Application），它是程序设计语言 VB 的子集，详见第 5 章的相关介绍。

1.2　关系模型理论

1.2.1　实体、属性与联系

1. 实体、属性

客观世界的万事万物在数据库领域内被称为实体（entity）。实体可以是实实在在的客观存在，例如工人、学生、商店、医院；也可以是一些抽象的概念或地理名词，如哮喘病、上海市。实体的特征（外在表现）称为属性（attribute），属性的差异能使人们区分同类实体。如一个人可以具备下列属性：姓名、年龄、性别、身高、肤色、发式、穿着等，根据这些属性就能在熙熙攘攘的人群中一眼认出所熟悉的人。

实体本身并不能被装进数据库，要保存客观世界的信息，必须将描述事物外在特征的属性保存在数据库中。例如，要管理学生信息，可以储存每一位学生的学号、姓名、性别、出生年月、出生地、家庭住址、各科成绩等，其中学号是人为添加的一个属性，用于区分两个或多个因巧合而属性完全相同的学生。在数据库理论中，这些学生属性的集合称为实体集（entity set），学号属性称为学生实体的码（key），又称关键字，码可以由一个属性构成，也可以由多个属性联合组成；在数据库应用中，实体集以数据表的形式呈现。

2. 联系

客观事物往往不是孤立存在的，相关事物之间保持着各种形式的联系方式。在数据库理论中，实体（集）之间同样也保持着联系，这些联系同时也制约着实体属性的取值方式与范围。下面以"系"表和"导师"表为例进行说明，如表 1-1 和表 1-2 所示。

表1-1 "系"表

系编号	系名	电话
D01	计算机系	695887××
D02	社科系	659832××
D03	生物系	659889××

表1-2 "导师"表

导师编号	姓名	性别	职称	系编号
101	陈平林	男	教授	D02
102	李向明	男	副教授	D01
103	马大可	女	研究员	D03
104	李小严	女	副教授	D02

假如问及李小严在哪个系任教，可以先检索"导师"表的"姓名"属性，得到李小严的系编号是"D02"。至于"D02"究竟是何系，然后据此再查阅"系"表，得知"D02"代表社科系。这个例子说明，实体集（数据表）之间是有联系的，"导师"表依赖于"系"表，"系编号"是联系两个实体集的纽带，离开了"系"表，则导师的信息不完整。在数据库技术术语中，两个实体集共有的属性称为公共属性。

3. 实体的联系方式

实体的联系方式通常有 3 种：一对多、多对多和一对一。

（1）一对多

一对多联系类型是客观世界中事物间联系的最基本形式，上面例子中的"系"表与"导师"表这两个实体的联系方式就属于一对多联系，因为一个系可以有多名导师，而一名导师只能属于一个系。如果一个公司管理数据库中有"部门"表和"职工"表两个实体集，则两个表之间的关系也是一对多联系，因为一名职工只能隶属于一个部门，而一个部门则可以有许多名职工。

在数据库应用中，一对多联系形式无须直接表达，只要将"一"实体的码放入"多"实体中来隐含表示。例如，上例中"系"表中的码是"系编号"属性，要表达"系"表和"导师"表的一对多联系只需将"系编号"属性放入"导师"表中作为两个表之间的公共属性，如表1-1和表1-2所示。

（2）多对多

多对多联系类型是客观世界中事物间联系的最普遍形式，实际生活中"多对多"联系的实例可以说俯拾即是，例如：在一个学期中，一名学生要学若干门课程，而一门课程要让若干名学生来学习；一名顾客要逛若干家商店才能买到称心的商品，而一家商店必须有许多顾客光顾才得以维持；一个建筑工地需要若干名电工协同工作才能完成任务，反之一名电工一生中需要到许多个工地工作等。上述例子中，学生与课程之间、顾客与商店之间、电工与建筑工地之间的关系均为多对多联系。

在数据库应用中，多对多联系形式无法直接表达，必须引入第三个实体（又称复合实体）实现，将两个"多"实体中的码联合起来作为复合实体的码。例如，要表达"职工"表和"工地"表之间的多对多联系就需引入"工作量"表，"职工"表的码是"职工号"属性，"工地"表的码是"工地编号"属性，而"工作量"表的码是"职工号"+"工地编号"属性，分别如表1-3、表1-4和表1-5所示。

说明：在数据库应用中，一个多对多联系实际上是转换为两个一对多联系来间接表达的。例如，上例中，"职工"表和"工地"表之间的多对多联系是转化为两个一对多联系："职工"表和"工作量"表（公共属性是"职工号"）、"工地"表和"工作量"表（公共属性是"工地编号"）。

表 1-3　"职 工"表

职工号	姓名	工种	…
M01	柳成荫	电工	…
M02	马里	电工	…
	……		

表 1-4　"工 地"表

工地编号	名称	位置	…
HK03	临江花园	虹口	…
ZB21	同济欣苑	杨浦	…
PT17	兰亭小区	普陀	…
	……		

表 1-5　"工作量"表

职工号	工地编号	工作量
M01	HK03	80
M01	PT17	73
M02	HK03	103
M02	ZB21	98
M02	PT17	82

（3）一对一

一对一联系较为少见，它表示某实体集中的一个实体对应另一个实体集中的一个实体，反之亦然。例如，为补充系的信息，添加一个"系办"表，表示每个系的系部办公室地点。从常识得知，一个系只有一个系部办公室，反之一个系部办公室只为一个系所有，如表 1-1 和表 1-6 所示。

由于"系"表与"系办"表中的每一行是一一对应的，因此可省略"系办"表中的"系编号"属性。实际应用中，更多的是将两表合二为一，如表 1-7 所示。

表 1-6　"系办"表

地点
勤学楼 301
奋进楼 503
育新苑 101

表 1-7　"系"表

系编号	系名	电话	地点
D01	计算机系	695887××	勤学楼 301
D02	社科系	659832××	奋进楼 503
D03	生物系	659889××	育新苑 101

1.2.2　3 种数据模型

从数据库的逻辑结构角度，可以对现实世界中的实体、实体间联系以及数据的约束规则进行抽象，归纳出 3 种数据模型，分别是层次模型、网状模型和关系模型。

1. 层次模型

在层次模型中，实体间的关系形同一棵根在上的倒挂树，上一层实体与下一层实体间的联系形式为一对多。现实世界中的组织机构设置、行政区划分关系等都是层次结构应用的实例。基于层次模型的数据库系统存在天生的缺陷，其访问过程复杂，软件设计的工作量较大，现已较少使用。

2. 网状模型

网状数据模型又称网络数据模型，它较容易实现普遍存在的多对多关系，数据存取方式要优于层次模型，但网状结构过于复杂，难以实现数据结构的独立，即数据结构的描述保存在程序中，改变结构就要改变程序，因此目前已不再是流行的数据模型。

3. 关系模型

关系模型自 1970 年被提出后，迅速取代层次模型和网状模型成为流行的数据模型。它的原理比较简单，其特征是基于二维表格形式的实体集，即关系模型数据库中的数据均以表格的形式存在，其中表完全是一个逻辑结构，用户和程序员不必了解一个表的物理细节和存储方式；表的结构由数据库管理系统（DBMS）自动管理，表结构的改变一般不涉及应用程序，在数据库技术中称为数据独立性。

　　例如，"导师"表中"姓名"字段原来可以容纳 3 个字符（在 Unicode 编码中，一个字符既可以表示一个英文字符，也可以表示一个汉字），随着外籍教师的引进，原来的"姓名"显然无法容纳一个西文的名字，于是将其扩展到 20 个字符，但相应的数据库应用程序却无须进行任何改动。

　　在基于关系数据模型的数据库中，现实世界中的一个实体转换为关系数据库中的一张表，实体的属性转换为表中的一列，称为字段（field）；用于区分实体唯一性的码称为主键（primary key）。例如，在表 1-1 中，"系"实体转换为"系"表，有 3 个字段，其中"系编号"字段是主键。实体间的一对多联系通过将"一"表中的主键放入"多"表中作为外键（foreign key）来间接实现，例如，表 1-1 和表 1-2；实体间的多对多联系通过引入第三张表来间接实现，并将两个"多"表的主键联合起来作为新表的主键，例如，表 1-3、表 1-4 和表 1-5。

　　基于关系数据模型的数据库系统称为关系数据库系统，所有的数据分散保存在若干个独立存储的表中，表与表之间通过公共属性实现"松散"的联系，当部分表的存储位置、数据内容发生变化时，表间的关系并不改变。这种联系方式可以将数据冗余（即数据的重复）降到最低。目前流行的关系数据库 DBMS 产品包括 Access、SQL Server、MySQL、FoxPro、Oracle 等。

1.2.3　表的特点

　　在关系型数据库中，数据以表的形式保存，表具有以下特点：

　　（1）表由行、列组成，表中的一行数据称为记录，一列数据称为字段，每一列都有一个字段名。

　　（2）表中列的左右顺序是任意的。

　　（3）每个字段只能取一个值，不得放入两个或两个以上的数据。例如"导师"表的"姓名"字段只能放入一个人名，不应该同时放入曾用名，在确实需要使用曾用名的场合，可以添置一个"曾用名"字段。

　　（4）表中字段的取值范围称为域。同一字段的域是相同的，不同字段的域也有可能相同，例如"工资"表中的"基本工资"与"奖金"两个字段的取值范围都可以是 10 000 以内的实数。

　　（5）表中行的上下顺序是任意的。

　　（6）表中任意两行记录的内容不应相同。

1.3　数据完整性规则

　　数据完整性规则用于实现对数据的约束，决定某个字段的取值范围，可分为实体完整性规则、参照完整性规则和域完整性（用户自定义完整性）规则三类。

1.3.1　主键

　　假设有一个"研究生"表，如果它的结构为：

姓名	性别	入学日期	入学分数	研究方向	导师编号

　　那么，当出现同名、同姓、同日入学、入学分数相同且研究方向一致、属于同一位导师的两个研究生，该怎样区分他们呢？关系型数据库一般不允许在一个表中出现两个完全相同的记录。

为了避免上述情况的发生，需要添加一个标识记录的字段，以保证表中每个记录都是互不相同的，该字段称为主键，又称关键字、主码。

一个表只能有一个主键。主键可以是一个字段，也可以由若干个字段组合而成。例如表 1-3 所示的"职工"表的主键是"职工号"，表 1-4 所示的"工地"表的主键是"工地编号"，而表 1-5 所示的"工作量"表的主键则为"职工号 + 工地编号"。由于"职工"表与"工地"表是多对多关系，因此在"工作量"表中"职工号"和"工地编号"会重复出现，但"职工号 + 工地编号"的组合却只会出现一次，可以确保"工作量"表中记录的唯一性。

1.3.2　实体完整性规则

主键的设置是为了确保每个记录的唯一性，因此各个记录的主键字段值是不能相同的。此外，主键字段值也不能为空，因为两个记录的主键字段同时为空则其值相同，无法标识表中的记录。

实体完整性规则规定：一个表的主键不能取重复值，也不能取空值。

观察表 1-3 中的"职工号"字段和表 1-4 中的"工地编号"字段，作为主键的两个字段不能取重复值或空值，表 1-5 中"职工号"字段与"工地编号"字段的取值可以各自重复，但两者的组合不会重复。在 Access 中被指定为主键的字段标示有钥匙图案，如图 1-2 所示。

图 1-2　Access 表的主键标识

1.3.3　参照完整性规则

如果两个表之间存在一对多联系，则"一"表的主键字段必然会出现在"多"表中，成为联系两个表的纽带；"多"表中出现的这个字段被称为外键，又称外码；"一"表称为该外键的参照表。

参照完整性规则规定："多"表中的外键值或者为空，或者是"一"表中主键的有效值；外键值可以重复。

参照完整性用于保证两个表之间关系的合理性，可以将数据冗余降至最低。以前面提到的"系"表和"导师"表为例，因两者为一对多关系，"系"表中的主键"系编号"字段在"导师"表中出现，因此"系编号"在"导师"表中被称为外键，该外键的参照表是"系"表；"导师"表中"陈平林"的系编号是"D02"，在"系"表的"系编号"字段中出现，"马大可"的系编号为空是允许的，可理解成其归属未定，但如果将"李小严"的系编号改为"D04"将违反参照完整性约束，因"系"表中不存在值为"D04"的系编号，如图 1-3 所示。

外键表示的是两个表之间的逻辑关系，外键字段的名字与参照表主键字段的名字是否相同是无关紧要的，例如"导师"表中的"系编号"字段重命名为"系"或者"系号"并不影响这种关系的存在。

"系"表				"导师"表				
系编号	系名	电话		导师编号	姓名	性别	职称	系编号
D01	计算机系	695887××		101	陈平林	男	教授	D02
D02	社科系	659832××		102	李向明	男	副教授	D01
D03	生物系	659889××		103	马大可	女	研究员	
				104	李小严	女	副教授	D02

图 1-3　表间的完整性规则示意图

说明：

目前流行的关系型 DBMS（包括 Access 在内），一般均支持实体完整性规则和参照完整性规则，即一旦主键字段的值为空值或者重复，以及外键字段值在参照表的主键字段中不存在，则 DBMS 将不允许这些非法数据进入数据库，并且自动报警，此外关系型 DBMS 还支持数据的级联更新、级联删除操作。

（1）级联更新

当"一"表主键字段值更新时，对应"多"表中外键字段的所有值将自动更新。例如，如果将"系"表的系编号"D02"改成"D99"，则"导师"表中系编号字段中所有"D02"将自动修改成"D99"。

（2）级联删除

如果删除"一"表中某条记录，则"多"表中外键字段值与之相同的所有记录也将自动删除，以维护参照完整性规则。例如，在图 1-3 中如果删除"系"表中"D02"系，则"导师"表中陈平林、李小严两位导师的记录将自动被删除。如果仍保留陈平林等人的记录，系统将无法查询他们所在系的系名，这些记录被称为"孤儿记录"。

1.3.4　冗余的弊端

数据在同一个表或不同表中重复出现称为冗余（redundancy）。例如，为图省事，将"系"表和"导师"表合二为一，形成一个"导师 2"表，如表 1-8 所示。

表 1-8　"导师 2"表

导师编号	姓名	性别	职称	系名	电话
101	陈平林	男	教授	社科系	659832××
102	李向明	男	副教授	计算机系	695887××
103	马大可	女	研究员	生物系	659889××
104	李小严	女	副教授	社科系	659832××

从表面上看，"导师 2"表似乎更方便，只需将"导师编号"设置成主键，无须外键，还节省

了两个"系编号"字段的存储空间。但仔细观察可以发现，"导师 2"表存在数据冗余现象：陈平林和李小严同为社科系的教师，表中社科系的"系名"和"电话"字段重复出现一次；如果社科系有 100 位教师，则"系名"和"电话"将重复出现 99 次。数据冗余将造成以下几个问题：

1. 浪费空间

重复的数据需占用内存和磁盘存储空间，造成对资源无谓的浪费。

2. 数据异常

当"社科系"的电话号码需要更新时，正常情况下社科系的联系电话号码只有一个，只需修改 659832×× 即可，而在"导师 2"表中社科系的电话却需要修改两次。如果社科系有 100 位教师，则社科系的联系电话需要修改 100 次。这种奇怪的现象称为"数据异常"。

3. 数据不一致

如果社科系有 100 位教师，而系的电话号码 659832×× 需要修改成 695845××，在修改了前 50 位教师的系电话后，因某种原因终止了更新工作，则在以后的使用中就会产生这样一个问题：同在社科系，有的教师的系电话号码是 659832××，而有的则是 695845××，究竟哪个是正确的呢？

4. 插入异常

假设要筹建一个电子信息系，该系目前已有办公地点和联系电话，但尚无正式职工，这种情况在"导师 2"表中是很难插入的，因"导师编号"是主键，它本身不允许空值。

在关系型数据库技术中，不同的实体集（对象）不应保存在同一个表中，必须用不同的表来表示。例如，在涉及研究生管理工作时，至少要使用 4 个表："系"表、"导师"表、"研究生"表、"研究方向"表，同时要确定表与表之间的联系方式，并建立表间的关系。

1.3.5　域完整性规则

域完整性规则又称用户自定义完整性规则，其作用是将某些字段的值限制在合理的范围内，对于超出正常值范围的数据系统将报警，同时这些非法数据不能进入数据库中。例如，对于"姓名"字段可以限制其长度最多为 3 个字符，"性别"的取值只能是"男"或"女"，"年龄""成绩"值被限制为 0~100 的整数等。目前大多数关系型 DBMS 均提供了域完整性规则的实施方法。

1.4　模式的规范化

模式的规范化用于数据库的设计过程中，一个好的数据库应该冗余尽可能少、查询效率较高，其检验标准就是看数据库是否符合范式（Normal Forms，NF）。范式可分为第一范式、第二范式和第三范式等。在这 3 个范式中，以第一范式的要求为最低，第三范式的要求为最高。一般的商业数据库在设计时达到第三范式即可满足要求。

1.4.1　第一范式

第一范式（1NF）规定了表中任意字段的值必须是不可分的，即每个记录的每个字段中只能包含一个数据，不能将两个或两个以上的数据"挤入"到一个字段中。例如，假设部分系办公室有两个电话号码，则表 1-9 是错误的。如果一些系确实需要两个电话，可以再增加一个字段保存第二个电话号码，如表 1-10 所示。注意两个电话号码的字段名不能相同。

表 1-9 有错误的"系"表

系编号	系名	电话
D01	计算机系	695887××、695887××
D02	社科系	659832××
D03	生物系	659889××、139×××9900

表 1-10 修改后的"系"表

系编号	系名	电话 1	电话 2
D01	计算机系	695887××	695887××
D02	社科系	659832××	—
D03	生物系	659889××	139×××9900

1.4.2 第二范式

在满足第一范式的基础上，如果一个表的所有非主键字段完全依赖于主键字段时，则称该表满足第二范式（2NF）。请观察表 1-11 所示的"工作量"表。

表 1-11 出现数据冗余的"工作量"表

职工号	工地编号	名称	位置	造价（万元）	工作量
M01	HK03	临江花园	虹口	1500	80
M01	PT17	兰亭小区	普陀	1800	73
M02	HK03	临江花园	虹口	1500	103
M02	ZB21	同济欣苑	杨浦	2100	98
M02	PT17	兰亭小区	普陀	1800	82

"工作量"表的主键由两个字段组合而成（"职工号 + 工地编号"），表中的"名称"字段与"职工号"无关，它只依赖于"工地编号"，而不是完全依赖于主键"职工号 + 工地编号"，因此该表不符合第二范式的要求。可以想象如果"临江花园"工地需要 100 名职工，则该数据将在表中出现 100 次，这是不该出现的数据冗余。解决这类问题的办法是将该表分解成"工作量"表与"工地"表，使得两个表中的非主键字段完全依赖各自的主键"职工号 + 工地编号"和"工地编号"，如表 1-12 和表 1-13 所示。

表 1-12 "工作量"表

职工号	工地编号	工作量
M01	HK03	80
M01	PT17	73
M02	HK03	103
M02	ZB21	98
M02	PT17	82

表 1-13 "工 地"表

工地编号	名称	位置	造价（万元）
HK03	临江花园	虹口	1500
PT17	兰亭小区	普陀	1800
ZB21	同济欣苑	杨浦	2100

当一个表的主键是由两个或两个以上字段组合而成的复合主键时，要特别注意该表是否满足第二范式。

1.4.3 第三范式

在满足第二范式的前提下，如果一个表的所有非主键字段均不传递依赖于主键，称该表满足第三范式。

假设表中有 A、B、C 三个字段，所谓传递依赖是指如果表中 B 字段依赖于主键 A 字段，而 C 字段又依赖于 B 字段，则称字段 C 传递依赖于 A 字段，这种情况应该避免。观察表 1-14 所示的"导师"表。

表 1-14　有传递依赖的"导师"表

导师编号	姓名	性别	职称	系编号	系名	电话
101	陈平林	男	教授	D02	社科系	659832××
102	李向明	男	副教授	D01	计算机系	695887××
103	马大可	女	研究员	D03	生物系	659889××
104	李小严	女	副教授	D02	社科系	659832××

"导师"表的主键是"导师编号"，"系编号"等非主键字段均依赖于它，但"系名"和"电话"字段却与"导师编号"无关，而仅仅依赖于"系编号"，从而形成传递依赖，造成系名和电话数据的重复。解决方法是将该表分解成"导师"表与"系"表，如表 1-15 和表 1-16 所示。

表 1-15　"导 师"表

导师编号	姓名	性别	职称	系编号
101	陈平林	男	教授	D02
102	李向明	男	副教授	D01
103	马大可	女	研究员	D03
104	李小严	女	副教授	D02

表 1-16　"系"表

系编号	系名	电话
D01	计算机系	695887××
D02	社科系	659832××
D03	生物系	659889××

习题与实验

1. 简述数据库系统的组成。
2. 什么是实体？什么是属性？什么是码？在 Access 数据表中，它们被称为什么？
3. 常用的数据模型有哪些？它们都是怎样组织数据的？
4. 什么是主键？什么是外键？试举例说明。
5. 观察表 1-17 所示的"学生"表，指出该表的主键是什么，表的结构是否合理，是否符合 3 个范式，如果不合理如何改正？

表 1-17　"学 生"表

学生姓名	学生性别	入学分数	研究方向	导师姓名	导师性别	工资	职称
杨柳	男	234	古生物学	陈平林	男	5 050.80	教授
周旋敏	女	195（含加分 15）	会计学	马大可	女	4 032.67	研究员
周平	女	334	会计学	马大可	女	4 032.67	研究员
马力	女	234（含加分 20）	经济学	马大可	女	4 032.67	研究员
李卫星	女	234	考古学	陈平林	男	5 050.80	教授
马德里	男	142	经济学	马大可	女	4 032.67	研究员

6. 某校机房对课余时间上机的学生按每分钟 0.05 元进行收费，学生在一天中可凭上机卡多次上机，离开时按实际上机时间扣除上机卡内的余额。机房管理数据库包含表 1-18～表 1-21 共 4 个表。要求：

（1）在表 1-22 中填入上述 4 个表的主键、外键及其参照表，若无外键则填"无"。

（2）指出各表之间关系的类型。

（3）分析各表的结构是否合理。

表 1-18　"上机记录"表

卡号	上机日期	开始时间	结束时间	管理员
201502	2015-11-12	09:28:44	11:03:33	A01
201504	2015-11-12	14:12:25	18:10:00	B09
201502	2015-11-12	14:28:44	15:33:13	A01
201501	2015-11-13	19:02:08		B09

表 1-19　"班级"表

编号	专业班级	班主任
01	会计学	李惠
02	机械工程	马维燕
03	土木建筑	邱佳

表 1-20　"上机卡"表

卡号	姓名	专业班级	余额	状态
201501	李卫星	01	234.90	正常
201502	郑豪	01	12.34	正常
201503	马德里	02	78.33	挂失
201504	孙大光	03	153.45	正常
201505	马德望	02	78.00	正常

表 1-21　"管理员"表

代码	密码	姓名	职务
A01	76513	康平林	主任
B09	68752349	李向明	职员
B16	518	马大可	职员

表 1-22　表 1-18～表 1-21 中表的主键、外键及其参照表

表　名	主　键	外　键	参　照　表
上机记录			
班级			
上机卡			
管理员			

第 2 章 数据表操作

目前在数据库领域流行多种关系型数据库管理系统（RDBMS），各个版本的 Access 以其独到的特点而被众多用户广泛使用。本章首先介绍 Access 2010 的特点、Access 2010 的安装方法以及数据库中对象的概念；然后介绍数据表的相关操作。表是数据库基础，数据表就是一个保存数据的容器，没有表则一切关于数据库的应用开发将成无本之木、无源之水。因此，定义表结构、输入数据、编辑数据是数据库应用必不可少的第一步工作。

2.1　Access 2010 数据库概述

自 Microsoft 公司于 1992 年推出 Access 1.0 迄今已 20 多年，目前使用的最新版本是 Access 2016。作为一个广受欢迎的关系型数据库管理系统，Access 系列以友好的界面、众多的向导和便捷的操作受到用户的青睐。Access 2010 是 Office 2010 成员之一，它提供了诸如表生成器、查询生成器、报表生成器、宏生成器等可视化操作工具，以及表向导、查询向导、窗体向导、报表向导等对象生成工具。用户甚至可以不需要写一句代码就可以轻松地生成应用程序、报表，完成一些日常的、通用的事务。对专业人员而言，内嵌的 VBA（Visual Basic for Application）可以开发出极具表现力的数据库程序界面（窗体），实现各种功能以满足各类用户特定的需求。

2.1.1　Access 2010 的特点

Access 2010 作为一个桌面数据库管理系统具有如下一些特点：

（1）既面向终端用户，又面向开发人员。终端用户经短期培训后可以使用向导、可视化工具以及设计视图环境完成数据库操作，实现一些通用功能；专业开发人员可以使用 SQL 命令、VBA 语句编写数据库管理软件，以实现用户的特定功能。

（2）Access 2010 是面向对象、采用事件驱动的关系型数据库管理系统。数据库本身就是一个对象，它还包含了表、查询、窗体、报表、模块和宏 6 个对象。

（3）Access 2010 是一个开放式数据库管理系统，可以通过 ODBC（开放式数据库互连）与其他数据库系统和应用程序相连，实现数据的访问、交换与共享。

（4）支持多媒体技术，可以通过 OLE（对象链接与嵌入）技术保存、编辑、展示声音、图像、图表以及动态视频等多媒体数据，使得应用程序的界面多姿多彩。

（5）Access 2010 提供了网络数据库功能，支持 Access 与 SharePoint 网站的数据库共享，使用

Access 2010 可以很容易地将数据发布到 Web 上，为网络用户提供数据库共享带来方便。

（6）内置众多的宏和函数，具备完善的联机帮助。宏可以帮助用户便捷地完成一些数据库常规操作；函数则用于建立表达式，实现各种算术运算、逻辑运算；遇到问题时，联机帮助系统将为用户提供服务。

（7）与以往的版本相比，Access 2010 增添了以下一些新功能。

① 全新的用户界面：Access 2010 使用称为功能区的标准区域来代替以前版本的分层菜单和工具栏，使用户操作更为方便。

② 更强大的对象创建工具：Access 2010 使用"创建"选项卡可快速创建新表、查询、报表、窗体及其他数据库对象；如果在导航窗格中选择了一个表或查询，则可以通过选择"窗体"或"报表"命令，基于该对象来创建新窗体或报表。

③ 改进的数据显示：新增的数据显示功能可帮助用户更快地创建数据库对象，然后更轻松地分析数据。

④ 新的数据类型和控件：计算数据类型、附件数据类型、多值字段、增强的"备注"字段、日期/时间字段的内置日历控件。

⑤ 共享 Web 网络数据库：还提供了一种数据库应用程序，作为 Access Web 应用程序部署到 SharePoint 服务器上的新方法。

⑥ 增强的安全性：利用增强的安全功能以及与 Windows SharePoint Services 的高度集成，可以更有效地管理，并使用户能够让自己的信息跟踪应用程序比以往更加安全。

2.1.2　安装 Access 2010

Access 2010 安装工作伴随着 Office 2010 的安装而进行，本书选择的操作系统是 Windows 7，具体安装步骤如下：

（1）将 Office 2010 安装光盘插入光盘驱动器中，执行其中的 Setup.exe 文件，经过必要的安装文件准备后，弹出"阅读 Microsoft 软件许可证条款"窗口，选中"我接受此协议的条款"复选框，然后单击"继续"按钮。

（2）在弹出的"选择所需的安装"窗口中单击"自定义"按钮。

（3）在弹出的窗口中选择"安装选项"选项卡，单击"Microsoft Access"组件，在弹出的菜单中选择"从本机运行全部程序"（见图 2-1），也可以单击"Microsoft Access"组件前的"+"按钮，在展开的子组件中进一步选择各子组件的安装方式（见图 2-2）；选择"文件位置"选项卡，设置 Office 2010 的安装路径，一般采用默认的路径（见图 2-3）；选择"用户信息"选项卡，输入用户名全名、缩写和公司/组织名称（见图 2-4），以便将来能在创建文档时自动插入用户信息。

（4）设置好以上信息后单击"立即按钮"按钮，开始安装 Access 2010。完成后重新启动 Windows 7，全部安装工作结束。在以后的使用中，如果需要对所安装组件进行添加、删除或者重装，可以再次执行 Office 2010 安装光盘上的 Setup.exe 文件。

图 2-1   设置 Office 2010 组件的安装方式

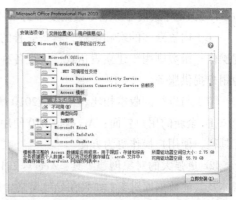

图 2-2   设置 Office 2010 子组件的安装方式

图 2-3   设置 Office 2010 的安装路径

图 2-4   设置 Office 2010 的用户信息

2.1.3　Access 2010 数据库的对象

客观世界中的每个事物都可以看成一个对象，世界就是由无数的对象组成的。Access 2010 数据库管理系统采用面向对象的设计方法，它将数据库看成一个对象，以.accdb 为文件扩展名保存在磁盘上（低版本的 Access 以.mdb 为文件扩展名进行保存，例如 Access 2003）；一个实用的信息系统包含若干个数据库，即包含了若干个对象。

Access 数据库本身如同一个大容器，其内部包含 6 个数据库对象：表对象、查询对象、报表对象、窗体对象、模块对象和宏对象，它们都存放在同一个文件内，而不像有些数据库（如 Visual FoxPro 等）那样分别存放在不同的文件中，这样就方便了数据库文件的管理。

1．表对象

表是数据库中用来存储数据的基本对象，用于存储实际数据，表中的一行称为记录，一列称为字段。一个数据库中可以包含多个表，一个表应围绕一个主题建立，例如学籍表、成绩表等；相关的表之间可以创建关系，建立了关系的多个表可以像一个表一样使用。数据在表对象中的保存是有结构、有顺序的，通常要受某些规则的约束，其数据重复存储的可能性要求降到最低。Access 2010 可以对表中的结构和数据进行处理和维护。

2．查询对象

查询是数据库中非常重要的操作，是指根据指定条件从数据表或其他查询中筛选出符合条件的记录。查询结果以表的形式显示，它是一个动态数据集合，每执行一次查询操作都会显示数据源中最新数据。查询对象的本质是 SQL（Structure Query Language，结构化查询语言）命令，虽然查询对象的运行结果同数据表，但它不包含数据，可以称其为虚表、视图。

3. 窗体对象

窗体是用 VBA 开发的应用程序界面，用以实现用户与数据库的交互。窗体作为容器，可以再设置其他对象，诸如文本框、列表框、选项卡、标签、选项组等（统称为控件）。窗体本身不包含数据，窗体的数据来源于表对象，或通过查询对象间接与数据表相连。一个外形美观、操作便捷的界面是用户选择信息管理系统的依据之一。简单的系统通常只有一个窗体，复杂的则可以使用多个，其中有的窗体用于操作选择，有的则用于用户与数据交互。

Access 2010 为开发人员设计窗体提供了向导，利用向导可以不写一条代码就能完成信息系统设计。但对于复杂的用户需求，向导往往无法实现所有功能，这时就必须由专业人员在代码窗口用 Visual Basic 语言编写程序访问数据库的各个对象，这是信息系统的高级开发方式，是数据库使用的最高境界。

4. 报表对象

报表对象不包含数据，它的作用是将用户选择的数据按特定方式组织并打印输出。报表由称为报表控件的对象组成，其数据来源于表对象、查询对象或 SQL 命令。

5. 模块对象

模块对象的实质是 VB 程序，可分为类模块和标准模块，其中标准模块又可分为 Sub 过程、Function 过程。Access 2010 没有提供，也无法提供生成模块对象的向导，必须由开发人员编写代码形成。

通过模块，用户可以访问数据库中其他对象，但模块不提供界面，一般不使用于数据库与用户交互场合，用户的少量数据可通过 InputBox() 函数输入，查询、计算的结果可通过 MsgBox() 函数或立即窗口输出，窗体对象中的事件过程可以调用模块对象中的过程。

6. 宏对象

宏对象是若干个操作组成的序列，也可以是宏的集合，用户使用一个宏或宏组可以方便地执行一系列任务。宏也可以被定义成工具栏上的一个按钮，单击按钮就可以自动完成一组操作，例如将一个报表打印输出。

2.1.4 开始使用 Access 2010

1. 启动 Access 2010

启动 Access 2010 很简单，如果是在 Windows 7 下按默认路径安装的，则可按下列步骤执行：选择"开始"→"所有程序"→Microsoft Office→ 🅰 Microsoft Access 2010 命令，此时桌面上即呈现 Access 2010（以后简称 Access）应用程序窗口，并显示 Backstage 视图，如图 2-5 所示。Backstage 视图是功能区"文件"菜单上显示的命令集合，还包括适用于整个数据库文件的其他命令。在打开 Access 但未打开数据库时可以看到，通过它可快速访问常见功能，例如，"打开""新建""空白 Web 数据库"等命令。

　　如果在桌面上或某个文件夹中已存在一个*.accdb 文件（图标为 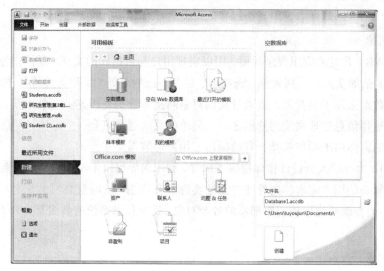），即数据库已经存在，则只需双击该图标，就能启动 Access 并同时打开该数据库，显示相应的数据库窗口。

图 2-5　　"文件"选项卡

2. 创建数据库

　　在创建数据库对象之前，必须先创建数据库。

　　【例 2-1】创建"研究生管理"数据库。

　　（1）启动 Access，在"文件"选项卡中选择"新建"命令，打开"可用模板"窗格（见图 2-5）。

　　（2）在中间的窗格中单击"空数据库"，在右侧的"文件名"文本框中输入要保存的数据库文件名，如需更改保存位置，则单击右侧的按钮 ，在弹出的图 2-6 所示的对话框中进行设置。默认保存位置是"文档"，默认文件名是 Database1.accdb，这里将其修改为"研究生管理.accdb"。

图 2-6　　"文件新建数据库"对话框

（3）单击"创建"按钮，数据库创建完毕，主窗体界面如图 2-7 所示。可以看到数据库中自动创建了一个名为"表 1"的表对象，并以数据表视图方式打开"表 1"，光标位于"单击以添加"列中第一个单元格中，可以对表 1 进行编辑操作。

图 2-7　　"研究生管理"数据库窗口

注意：在"研究生管理"数据库窗口左侧显示的是导航窗格 [见图 2-8（a）]，可以对数据库中 6 类对象以不同的方式进行浏览 [见图 2-8（b）]，作用是帮助用户选定并打开对象，并可通过快捷菜单对对象进行各种操作 [见图 2-8（c）]。

（a）导航窗格　　　　　　　　（b）设置对象浏览方式　　　　　　（c）对象的快捷菜单

图 2-8　　"研究生管理"数据库窗口右侧的导航窗格

3. 退出 Access

与任何 Windows 7 下的应用程序相似,要关闭 Access,只需单击窗口右上角的"关闭"按钮 ![x],或者打开"文件"菜单,选择"退出"命令。在退出 Access 时,如果有某对象处于打开状态且已进行编辑,则 Access 将提醒用户在关闭前予以保存。图 2-9 提示用户正在创建或编辑一个数据表的结构,单击"是"按钮则将保存该表,如果单击"否"按钮则放弃对表结构的改动。

图 2-9　确认是否保存编辑中的对象

2.2　表结构设计

建立数据库对象后,下一步工作是创建数据表。数据表是 Access 数据库中唯一存储数据的对象,数据按所定义的结构有规则地排列,一行数据称为一条记录,一列数据称为一个字段。数据表的建立与实际表格的建立一样,可分为两个步骤:建立表结构、输入表数据,相关的操作也分为两类:表结构的操作和表数据的操作。本节以"导师"表和"研究生"表为例进行表结构设计、建立及相关操作。

表 2-1 是即将在"研究生管理"数据库中创建的"导师"表,该表共有 6 条记录,每条记录有 9 个字段。

表 2-1　"导 师"表

导师编号	姓名	性别	年龄	博导	职称	工资	系编号	照片
101	陈平林	男	48	是	教授	6050.80	D02	
102	李向明	男	51	否	副教授	4824.54	D01	
103	马大可	女	58	是	研究员	5032.67	D01	
104	李小严	女	63	否	副教授	4500.00	D01	
105	金润泽	女	55	是	教授	6904.70	D03	
106	马腾跃	男	65	是	教授	6230.60	D02	

在数据表中,每个字段的数据都有类型、宽度、小数位数规定,还可以指定该字段的默认值、取值范围、输入格式等属性。

2.2.1　字段属性

Access 数据表的字段属性包括 3 类:类型属性、常规属性和查阅属性。

1. 类型属性

Access 数据表的字段类型很多,选用的原则是既满足计算需要,又要确保数据不溢出,同时不浪费存储空间。数据表的字段数据类型如表 2-2 所示。

表 2-2　字段的类型属性

数据类型	说　　明	举　　例	大　　小
文本	文本或文本和数字的组合，以及不需要计算的数字，例如电话号码。文本是默认类型	学号、姓名、性别、地址、电话号码、邮政编码等	0～255 字符
备注	长文本或文本和数字的组合	简历、备忘录、说明等	最多为 65 535 字符
数字	用于数学计算的数值数据，可进一步设置特定数字类型	年龄、成绩、销售数量等	1 字节、2 字节、4 字节或 8 字节
日期/时间	存储日期和时间数据，从 100 到 9999 年的日期与时间值	出生日期、入学时间等	8 字节
货币	货币值或用于数学计算的数值数据，这里的数学计算的对象是带有 1 到 4 位小数的数据。精确到小数点左边 15 位和小数点右边 4 位	工资、奖金、销售额等	8 字节
自动编号	每当向表中添加一条新记录时，由 Access 指定唯一的顺序号（每次递增 1）或随机数。自动编号字段不能更新	表中自动添加编号，不必人工输入	4 字节，如果字段大小设置为"同步复制 ID"则为 16 字节
是/否	"是"和"否"值，以及只包含两者之一的字段（Yes/No、True/False 或 On/Off）	婚否、党员否、团员否等	1 位
OLE 对象	Access 表中链接或嵌入的对象，例如 Excel 电子表格、Word 文档、图形、声音或其他二进制数据	照片	最多为 1GB（受可用磁盘空间限制）
超链接	文本或文本和以文本形式存储的数字的组合，用作超链接地址	网址、电子邮件地址等	超链接数据类型三个部分中的每一部分最多只能包含 2 048 字符
附件	可以将多种文件（如图像、电子表格文件、文档、图表等）附加到数据库的记录中，非常类似于电子邮件中的附件，比 OLE 对象更灵活、更有效	档案、资料等	—
计算	表达式计算，计算时必须引用同一张表中的其他字段，类似于 Excel 中的公式和函数	实发工资（应发工资−扣除工资）等的计算	8 字节
查阅向导	创建字段，该字段可以使用列表框或组合框从另一个表或值列表中选择一个值	在性别字段中可以选择事先设置好的男、女	与用于执行查阅的主键字段大小相同，通常为 4 字节

下面，以表 2-1 所示的"导师"表为例，说明字段类型的选取：

（1）"姓名""性别""职称""系编号"字段的值为字母、汉字和数字的组合，可取文本类型；"导师编号"字段的值虽全由数字构成，但导师编号不参与算术运算，其数据类型也应设置为文本类型。

（2）"年龄"字段需参与统计，例如求教授的平均年龄等，故其字段值应该是数字。考虑到年龄是 255 以内的正整数，采用字节型最节省空间。

（3）对"博导"字段，因为只有"是"与"否"两种取值，所以其类型应设定为"是/否"型。

（4）对"工资"字段，考虑到需要对工资数据作各种统计汇总工作，而金额不应有误差出现，故其类型应设定为"货币"型。

（5）"照片"字段涉及图片，其类型为 OLE 对象。以后在窗体上用对象框来显示该记录中的照片。

【例2-2】使用设计视图创建"导师"表。

（1）在"研究生管理"数据库窗口中选择"创建"选项卡，单击"表设计"按钮，打开表的设计视图窗口。

（2）在表的设计视图窗口的"字段名称"栏输入字段名，在"数据类型"栏为本字段选择一个适当的类型，如图2-10所示。

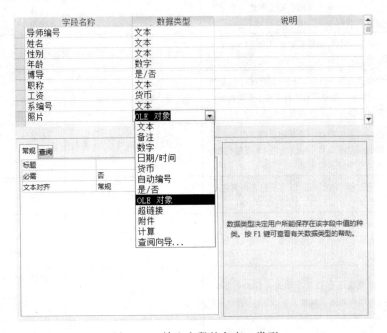

图2-10　输入字段的名字、类型

（3）单击快速访问工具栏中的"保存"按钮，或者执行"文件"菜单中的"保存"命令，在弹出的对话框中为表输入名称"导师"，单击"确定"按钮。

（4）Access将弹出对话框，询问是否要为本表设置一个主键，如图2-11所示。这里暂时不设定主键，单击"否"按钮，"导师"表结构创建完毕。观察导航窗格，在"表"对象下出现了"导师"表。

图2-11　定义主键提示对话框

至此，例2-2的表创建任务完成，下一步工作是设置字段的常规属性和查阅属性，以完善字段属性。

2．常规属性

常规属性用于对已指定数据类型的字段作进一步的说明，常用的常规属性如下。

（1）字段大小

字段大小指该字段占用多大的存储空间。用户可以自行调整，原则是不溢出（长度太小）、不浪费，例如姓名可以为 3，性别可以为 1 等。Access 2010 使用 Unicode 编码，无论汉字、字母还是数字均用 2 字节表示，称为 1 个字符。

日期型、是/否型、OLE 对象型等字段无须指定大小，它们占用固定长度的空间。

如果字段的类型属性已指定为数字型，"字段大小"属性可进一步说明字段的取值范围及是否有小数，其占用的存储空间字节数是固定不变的，如表 2-3 所示。

表 2-3　数字型字段的"字段大小"属性

类　型	说　明	小　数　位	存储空间（字节）
字节	0　~　255	无	1
整型	−32 768　~　32767	无	2
长整型	−2 147 483 648　~　2 147 483 647	无	4
单精度型	负值：$-3.402\,823 \times 10^{38}$　~　$-1.401\,298 \times 10^{-45}$ 正值：$1.401\,298 \times 10^{-45}$　~　$3.402\,823 \times 10^{38}$	7	4
双精度	负值：$-1.797\,693\,134\,862\,31 \times 10^{308}$　~　$-4.940\,656\,458\,4124\,7 \times 10^{-324}$ 正值：$4.940\,656\,458\,412\,47 \times 10^{-324}$　~　$1.797\,693\,134\,862\,31 \times 10^{308}$	15	8
小数	-10^{28}　~　$10^{28}-1$	28	12

【例 2-3】设置"导师"表的常规属性。

在导航窗格中右击"导师"表，在弹出的快捷菜单中选择"设计视图"命令，对已建立的"导师"表的各个字段设置如下"字段大小"常规属性：

① "导师编号"字段的"字段大小"指定为 3 字符。

② "姓名"字段的"字段大小"指定为 4 字符。

③ "性别"字段的"字段大小"指定为 1 字符。

④ "年龄"字段的"字段大小"由"长整型"改为"字节"型。

⑤ "博导"字段的类型已设定为"是/否"型，不能改变大小。

⑥ "职称"字段的"字段大小"指定为 5 字符。

⑦ "工资"字段的类型已设定为"货币"型，不能改变大小。

⑧ "系编号"字段的"字段大小"指定为 3 字符。

⑨ "照片"字段的类型已设定为"OLE 对象"型，不能指定大小。

（2）格式

如果字段的类型为数字、日期/时间、是/否、货币等，还可以进一步设置它们的具体格式：对数字和货币字段类型，可设置的格式包括常规数字、货币、欧元、固定、标准、百分比、科学记数，其中"固定"指小数的位数不变，其长度由"小数位数"属性说明；对日期/时间字段，可设置日期或时间的显示格式，如图 2-12 所示；对"是/否"型字段，可设置布尔值的取值形式，如图 2-13 所示。

常规日期	2007-6-19 17:34:23
长日期	2007年6月19日
中日期	07-06-19
短日期	2007-6-19
长时间	17:34:23
中时间	5:34 下午
短时间	17:34

真/假	True
是/否	Yes
开/关	On

图 2-12　日期/时间类型可取的格式　　　　图 2-13　是/否型字段的取值

【例 2-4】设置"导师"表中"博导"字段的格式。

"博导"字段用于表示该导师是否为博士生导师,其类型已设置为"是/否"型,这里将其格式改为"是/否"。"是/否"型只占用一个二进制数据位(1 bit)。

(3)输入掩码

数字型、文本型、货币型等字段可以设置掩码。掩码可以强制实现某种输入格式,以保证输入正确的数据。

【例 2-5】为"导师"表新增一个"代码"字段,并为其设置一个输入掩码,形式为 342-[78954]-962,注意其中的"-""[""]"是固定的。

① 在"导师"表中添加一个字段"代码",并将其指定为"文本"型,长度 15。

② 单击"常规"属性选项卡上"输入掩码"栏右侧的[…],先提示"必须先保存表。是否立即保存?"信息,单击"是"按钮保存表;然后打开"输入掩码向导"对话框,如图 2-14 所示。

③ 由于无现成输入掩码可套用,单击"编辑列表"按钮准备新建掩码,此时弹出"自定义'输入掩码向导'"对话框,如图 2-15 所示。

图 2-14 "输入掩码向导"对话框　　　　图 2-15 "自定义'输入掩码向导'"对话框

④ 单击对话框下端的记录浏览按钮 记录: Ⅰ◀ 第1项(共7项) ▶ ▶Ⅰ ▶ 上的 ▶ 按钮新建一个输入掩码,并设置新输入掩码的格式,如图 2-16 所示。设置完毕,单击"关闭"按钮返回图 2-14 所示的对话框,"代码"字段的输入掩码创建完毕。

⑤ 在图 2-14 所示的对话框中选定刚创建的输入掩码,单击"完成"按钮,完成设置"代码"字段的输入掩码,如图 2-17 所示。

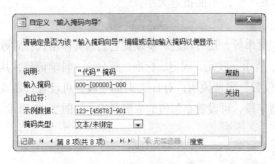

图 2-16 设置新输入掩码格式　　　　图 2-17 "代码"字段的输入掩码

⑥ 双击"导师"表,在"代码"字段出现输入格式,按要求在下画线上输入数字即可,如图 2-18 所示。

图 2-18　向有输入掩码的"代码"字段输入数据

使用输入掩码必须了解掩码符号的含义，常用掩码符号的含义如表 2-4 所示。

表 2-4　常用掩码符号及其含义

掩码符号	掩码符号的含义
0	必须输入一个数字，必填
9	可以输入一个数字（0～9）或空格，保存数据时保留空格位置，可选
#	可以输入一个数字（0～9）、空格、－、＋，保存数据时删除空格位置，可选
L	必须输入一个英文字母，大小写均可，必填
?	可以输入一个英文字母或空格，大小写均可，可选
A	必须输入一个英文字母或数字，大小写均可，必填
a	可以输入一个英文字母、数字或空格，大小写均可，可选
&	必须输入一个任意字符或空格，必填
C	可以输入一个任意字符或空格，可选
>	将其后所有字母转换成大写
<	将其后所有字母转换成小写
\	将其后的字符以字面字符表示，例如："\A"只显示为"A"
!	使输入掩码从右到左显示

设置输入掩码的方法有："输入掩码向导"设置（前面已介绍）和用户手工设置，用户手工设置就是在图 2-17 所示对话框的"输入掩码"框中直接输入，输入掩码由 3 部分组成，各部分之间通过分号分隔，例如：000-\[00000\]-000;;。第一部分是输入掩码的格式；第二部分表示是否保存原义字符，0 表示保存，空白表示不保存；第三部分表示占位符所用的字符，省略用下画线表示。

常用的输入掩码有：电话号码（000-00000000;;）、邮政编码（000000;;_）、身份证号码（00000000000000999;;_）、中文长日期（9999\年 99\月 99\日;0;_）、短日期（0000-99-99;0;_）等。

（4）标题

该属性用于指定字段的标题。在以后涉及的窗体设计中，当在窗体上添加一个控件（如文本框）时，系统会自动为该控件添加一个标签予以说明，如果文本框与字段绑定，将出现该字段的标题；如果没有标题则用字段名代替。

（5）默认值

该属性用于设置字段自动填充的值。例如，如果大多数的导师为男性，为输入方便起见，可将"导师"表"性别"字段的默认值设定为"男"。这样每当新添一条新记录时，其"性别"将自动为"男"，如果是女导师，再修改为"女"。

（6）有效性规则与有效性文本

有效性规则用于限定该字段的有效取值范围，在关系型数据库理论中被称为域完整性规则或用户自定义完整性规则；有效性文本是一段文字，当有违反有效性规则的数据输入时，系统将用对话框提示出错，对话框上的提示文字就是有效性文本内容。

【例 2-6】规定导师的年龄不得低于 40 岁，超过 65 岁必须退休，超出该范围的年龄数据 Access 将拒绝接受。

选定"年龄"字段，在"常规"选项卡的"有效性规则"栏的文本框中输入">=40 And <=65"，在"有效性文本"框中填写当数据出错时给予的提示或说明，如"年龄值应处于 40~65 岁之间！"，如图 2-19（a）所示。

输入完成后，在数据表视图的任一年龄字段中输入 80，Access 即弹出图 2-19（b）所示的对话框提示出错。

（a）

（b）

图 2-19　设置有效性规则与有效性文本

（7）必填字段

该属性值默认为"否"。如果设定为"是"，则该字段不允许出现空值。例如，在"导师"表中，可以将姓名、性别等字段的"必填字段"改成"是"。

（8）允许空字符串

如果该字段类型为文本，则默认值"是"表示可以是空值，否则设置为"否"。例如，在"导师"表中，可以将姓名字段、性别字段的"允许空字符串"改成"否"。

（9）索引

询问是否要以该字段为关键字创建索引，详见 2.2.4 节的相关介绍。

（10）Unicode 压缩

可以对文本型数据作适当压缩，默认值为"是"。

（11）输入法模式

决定是否需要使用汉字输入法，仅对文本数据类型的字段有效。该属性默认值为"开启"，意为打开汉字输入法（使用默认的输入法）；"随意"表示不改变当前的输入方式，"关闭"则关闭当前打开的汉字输入法，只进行英文输入。例如，在"导师"表中，可将"姓名""性别""职称"字段的输入法打开，将"导师编号"和"系编号"的输入法关闭。

3．查阅属性

查阅属性用于改变数据输入的方式，对于一些取值固定的字段，可以在"查阅"选项卡中将该字段的显示由文本框改为列表框或组合框。这样数据从通过键盘逐字输入改成选择列表框（组合框）值，既减轻了数据录入强度，也杜绝了非法数据的进入。"导师"表中适合改变查阅属性的字段有：性别、职称和系编号，操作方法详见 2.3.1 节的相关介绍。

2.2.2　表的其他创建方式

Access 提供了 3 种创建数据表的方法，2.2.1 节介绍的使用设计视图创建表结构是最常用的方法，可以创建最符合需求、最节省空间的表结构。除设计视图之外，还可以使用表模板创建表和通过输入数据创建表。

1．使用表模板创建表

对于一些常用的应用，例如创建联系人、任务、资产等相关主题的数据表和窗体等对象，可以使用 Access 自带的表模板。使用表模板创建表的好处是方便快捷。

【例 2-7】使用模板创建"联系人"表。

操作方法：切换到"创建"选项卡，单击"应用程序部件"按钮，在弹出的下拉列表中选择"联系人"选项；此时将弹出"创建关系"对话框，选择"不存在关系"单选按钮，单击"创建"按钮，开始从模板创建表、查询、窗体和报表对象，如图 2-20 所示。至此"联系人"表创建成功。

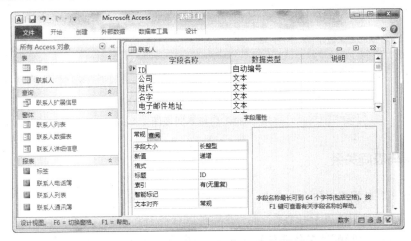

图 2-20　使用表模板创建"联系人"表

2．通过输入数据创建表

这也是一种"傻瓜"型的建表方法，如同在 Excel 中建立工作表一样直接向一个空白数据表中输入数据。

【例 2-8】用输入数据的方法创建"导师 2"表。

操作方法：切换到"创建"选项卡，单击"表"按钮，新建一个空白表，并进入该表的数据表视图，在空表中依次输入导师的各项数据，如图 2-21 所示。在这种方法中，如果某列是文字则自动定义成宽度为 255 个字符的文本型，如果是整数则定义为长整型，是实数就自动套用双精度类型，用牺牲存储空间的方法以不变应万变，将数据直接形成表。

图中表的各个字段名依次为字段 1、字段 2、字段 3……，多了一个"ID"字段，少了一个"照片"字段，字段属性有较多的不合适，如需修改则需切换到设计视图：单击"开始"选项卡中的"视图"按钮。

图 2-21　通过输入数据创建导师表

说明： 数据表对象有多种视图：数据表视图、设计视图等，可通过"开始"选项卡中的"视图"按钮［见图 2-22（a）］或状态栏右部的视图按钮［见图 2-22（b）］进行切换。设计视图用于设计和编辑表结构，数据表视图用于输入、编辑和格式化表数据。

（a）

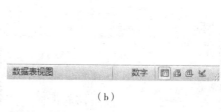

（b）

图 2-22　切换不同视图

2.2.3　主键与表间关系

"研究生管理"数据库将包含 4 个表：系、导师、研究生和研究方向。"系"表与"导师"表是 1:M 关系，即一个导师只能属于一个系，而一个系可以有若干个导师；同样"导师"表与"研究生"表也是 1:M 关系：一个导师带多名研究生，一个研究生属于一个导师；研究方向用于在"研究生"表中以下拉列表框的形式输入数据。除了"研究方向"表以外，其余 3 个表应建立相应的主键。

"导师"表已经建立，"系"表和"研究生"表的结构分别如表 2-5 和表 2-6 所示，而"研究方向"表只有"研究方向"一个文本型字段，字段大小为 10。

根据给出的表结构，仿照"导师"表的建立方法，分别创建"系"表、"研究生"表和"研究方向"表。后面的教学工作将围绕"研究生管理"数据库的 4 个表展开。

表 2-5　"系"表结构

字段	系编号	系名	电话
类型	文本	文本	文本
字段大小	3	10	13

表 2-6　"研究生"表结构

字段	学号	姓名	性别	入学日期	入学分数	研究方向	导师编号
类型	文本	文本	文本	日期/时间	整型	文本	文本
字段大小	5	8	1	8	2	10	3

1. 定义主键

主键在数据表中用于唯一标识记录，主键字段的值不能为空，也不能重复。

【例2-9】将"导师"表中的"导师编号"字段定义成主键。

（1）在导航窗格右击"导师"表，在弹出的快捷菜单中选择"设计视图"命令。

（2）在设计视图中，选定"导师编号"字段，单击"设计"选项卡中的"主键"按钮，这时在"导师编号"字段的左侧出现钥匙图案，表示主键设定成功，如图2-23所示。

图 2-23　设置"导师"表的主键

（3）单击"保存"按钮■保存表结构。

采用同样的操作，分别将"系"表的"系编号"字段、"研究生"表的"学号"字段设为主键。

说明：主键既可以在数据输入之前设置，也可以在数据输入后设置。如果是输入数据后设置主键，则必须注意已输入的"导师编号"值不能为空值，也不能重复，否则保存时将弹出图2-24所示的提示出错信息，主键设置失败。建议在建立表结构后立即设置主键，这样可以阻止非法数据进入表中。

图 2-24　重复的"导师编号"值导致的错误

2. 建立表间关系

数据表之间的关系由公共属性实现，即"一"表的主键在"多"表中作为外键。在研究生管理数据库中，"导师"表的外键是"系编号"字段，参照表是"系"表，"研究生"表的外键是"导师编号"字段，参照表是"导师"表。外键无须专门设置。

【例2-10】建立"导师"表和"研究生"表之间的一对多关系。

（1）定义主键。前面已经定义。

（2）切换到"数据库工具"选项卡，单击"关系"按钮，打开"关系"窗口，该窗口显示当前数据库中已经存在的表间关系。

（3）右击"关系"窗口的空白处，在弹出的快捷菜单中选择"显示表"命令，弹出图 2-25所示的对话框，先选中"导师"表和"研究生"表，单击"添加"按钮，将这两个表添加到关系窗口中，然后单击"关闭"按钮关闭"显示表"对话框。

（4）在关系窗口中，将"导师"表的"导师编号"拖动到"研究生"表的"导师编号"字段上（反之亦可），在弹出的"编辑关系"对话框中将 3 个复选框依次选中，使两个数据表间实现一对多关系，如图 2-26 所示。

图 2-25　将数据表添加到关系窗口　　　　　图 2-26　"编辑关系"对话框

（5）单击"创建"按钮，保存并关闭关系窗口，关系定义完成。

同理可建立"系"表与"导师"表之间的一对多关系。完成后的 3 表关系如图 2-27 所示。如果关系设置正确，表间连线是粗线，两头标上了关系的类型（1、∞）。

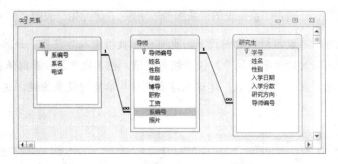

图 2-27　系、导师、研究生的表间关系

说明：

（1）如果待建关系的两个表未设置主键，则两个表的关系只能是"未定"。

（2）若在"编辑关系"对话框中选中"实施参照完整性"复选框，则"研究生"表中"导师编号"取值必须是"导师"表的"导师编号"已有的值，否则系统将提示出错；选中"级联更新相关字段"复选框后，一旦"导师"表的"导师编号"字段值发生改变，"研究生"表的"导师编号"字段中的相同值也产生同样的改变；选中"级联删除相关记录"复选框，当删除某位导师记录时，具有相同导师编号的所有研究生记录自动被删除。如果不选中"级联更新相关记录"和"级联删除相关记录"复选框，则既不能删除"导师"表中的记录，也不允许修改"导师"表的"导师编号"字段，以维护"研究生"表的参照完整性。

（3）外键的名称与参照表主键名称可以不相同，但它们的数据类型应该一致，至少要兼容。

（4）如果"导师"表和"研究生"表在建立关系前已有记录，则一旦"研究生"表的"导师编号"字段出现"导师"表中没有的值，Access 将拒绝建立两者的表间关系。

3．删除表间关系

如果要删除表间建立的关系，先在图 2-27 所示的"关系"窗口中单击要删除的关系连线（此时该连线会变粗），然后按【Delete】键，在随后出现的"确实要从数据库中永久删除选定的关系吗？"对话框中单击"是"按钮。

2.2.4　建立索引

如果针对某个字段创建索引，则在数据表中查询该字段值的速度将极大地加快，同时可以实现数据的有序输出和分组操作。索引需要占用一定的存储空间。Access 的索引操作有 3 个选项，如表 2-7 所示。

表 2-7　字段索引选项

设置	说明
无	无索引（默认值）
有（有重复）	该索引允许重复值
有（无重复）	该索引不允许重复

1．建立索引

【例 2-11】为"导师"表的"姓名"字段建立索引，以便按姓名快速查找记录。

（1）在导航窗格中右击"导师"表，在弹出的快捷菜单中选择"设计视图"命令，进入表结构设计视图。

（2）单击"姓名"字段，在"常规"属性选项卡上找到"索引"属性，考虑到可能有人同名同姓，选择"有（有重复）"为该字段建立一个数据可以重复的索引，如图 2-28 所示。

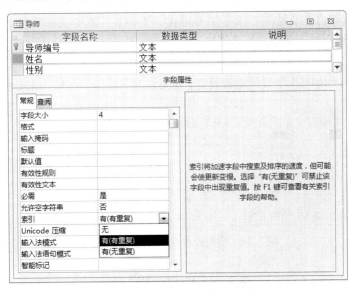

图 2-28　为"姓名"字段设置索引

（3）索引设置完成后单击工具栏中的"保存"按钮保存表结构，然后关闭设计视图。

说明：

（1）每个字段的索引属性默认值为"无"。

（2）如果有多个索引，可将其中的一个设置为主索引，记录将按主索引的升序（或降序）显示。

（3）如果将一个字段指定为主键，系统将自动为其建立一个无重复值的索引，且该索引一定是主索引。

（4）可建立包含若干个字段的组合索引，例如"性别 + 年龄"索引。

2. 建立组合索引

【例 2-12】为"导师"表创建"性别 + 年龄"组合索引。

（1）在导航窗格中右击"导师"表，在弹出的快捷菜单中选择"设计视图"命令，进入表结构设计视图。

（2）单击"设计"选项卡中的"索引"按钮，弹出"索引"对话框，在"索引名称"栏中输入索引名称，如"性别&年龄"；然后通过"字段名称"栏的下拉按钮分别选择性别和年龄，以及排序次序，如图 2-29 所示；设置完毕，关闭"索引"对话框。

图 2-29　生成组合索引

（3）为观察组合索引的效果，可执行如下操作：

① 暂时撤销"导师编号"字段的主键设置。先单击"数据库工具"选项卡中的"关系"按钮，在关系窗口中撤销"导师"表和"研究生"表之间的关系；然后进入"导师"表的设计视图，取消"导师编号"字段的主键设置。

② 单击"保存"按钮，保存编辑后的表结构。

③ 单击"开始"选项卡中的"视图"按钮，切换到"导师"表的数据表视图，可观察到表中记录按性别字段的值升序显示（"男"字的拼音字母小于"女"，文本的大小由字符的 Unicode 值决定），而相同性别的记录则按年龄值降序排列，如图 2-30 所示。此时"导师编号"字段值呈无序状。

④ 先恢复"导师编号"字段的主键设置，然后恢复"导师"表和"研究生"表之间的关系。

导师								
导师编号	姓名	性别	年龄	博导	职称	工资	系编号	照片
106	马腾跃	男	65	☑	教授	¥6,230.60	D02	Package
102	李向明	男	51	☐	副教授	¥4,824.54	D02	Package
101	陈平林	男	48	☑	教授	¥6,050.80	D02	Package
104	李小严	女	63	☐	副教授	¥4,500.00	D01	Package
103	马大可	女	58	☑	研究员	¥5,032.67	D01	Package
105	金润泽	女	55	☑	教授	¥6,904.70	D03	Package
*		男	0	☐		¥0.00		

记录: ◄ 第1项(共6项) ► ►I ►*　❤ 无筛选器　搜索

图 2-30　按组合索引字段值显示的记录

2.3　记录操作

对记录的操作包括添加记录、编辑记录、删除记录、格式化数据表以及从数据表中筛选出所需数据等，这些操作是在定义了表结构之后，在数据表视图中进行的。

进入数据表视图的方法：在导航窗格中双击相应数据表名称即可。以"导师"表为例，打开后的表如图 2-31 所示，每条记录左侧的灰色凸块称为记录选择器，数据表视图窗口的底部是导航按钮，用于快速转移到特定记录上。

记录选择器

导航按钮

图 2-31　数据表视图

2.3.1　追加记录

1. 追加新记录

Access 总是在数据表的最后一行添加新记录，共有如下 4 种操作方法。

（1）直接添加记录：直接将光标定位在表的最后一行，即记录选择器上标有"*"的记录，即可向新记录中输入数据。

（2）单击导航按钮中的 ▶ 按钮，插入点被放置到新记录的第一个字段中。

（3）单击"开始"选项卡中的"新建"按钮，插入点也将出现在新记录的第一个字段中。

（4）右击任意一条记录的记录选择器，在弹出的快捷菜单中选择"新记录"命令，同样可以将插入点放置到新记录中。

追加新记录时，一个字段内容输入完毕或者按【Esc】键撤销、或者按【Enter】键接受，如果是接受则 Access 会自动进行数据的实体完整性约束、参照完整性约束和域完整性约束（即有效性规则）检查。正确时插入点跳到下一个字段进行输入；错误时系统会通过对话框给出相应的出错信息。以"导师"表为例，"导师编号"字段作为主键既不能是空值，也不允许是重复值；"系编号"字段作为外键，取值必须是参照表"系"表中已经存在的系编号，或者取空值；"年龄"字段的值必须介于 40～65 之间。任何违反上述约束的数据都不能进入"导师"表中。

追加新记录时，只要离开记录，该记录所做的输入立即保存，所以关闭数据表视图窗口前无需存盘。

2. 利用查阅属性给字段赋值

对某些固定的数据可以通过查阅属性给字段赋值以实现选择输入，给字段赋的值可以来自表/查询，也可以来自指定的固定值集合。这样既可以减轻键盘输入的劳动强度，也可以阻止违背各种约束的数据进入数据表中。

【例 2-13】用下拉列表框为"导师"表输入系编号。

"导师"表中的"系编号"字段是外键，其值必须是"系"表的"系编号"字段有效值。因此可将"导师"表中的"系编号"字段设置为下拉列表框，数据来源是"系"表，这样可以保证"导师"表中的系编号全部都是合法数据。设置步骤如下：

（1）进入"导师"表的设计视图，选中"系编号"字段。

（2）在"查阅"属性选项卡中，先将显示控件的类型由"文本框"改为"列表框"，如图 2-32 所示；然后将"行来源类型"设置为"表/查询"，并在"行来源"中选择"系"表，如图 2-33 所示；其余属性不变。

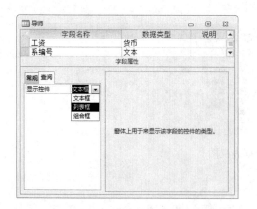 

图 2-32　改变"系编号"的显示控件　　　　　　图 2-33　设置行来源类型及行来源

（3）保存后，打开数据表视图，即可通过下拉列表框输入或修改"系编号"字段，如图 2-34 所示。

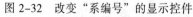

图 2-34　通过下拉列表框输入或修改系编号

说明：显示控件中的文本框用于键盘输入，列表框用于选择输入，组合框既可以键盘输入，也可以选择输入，综合了文本框和列表框的功能。

【例 2-14】用组合框为"导师"表提供性别数据。

"导师"表中的"性别"字段只有"男""女"两种选择，因此也可用下拉列表框或组合框输入。由于没有数据表能提供"男""女"值，可将"性别"字段查阅属性的"行来源类型"选为"值列表"，然后在"行来源"中输入数据""男";"女""（注意：男、女是文本型常量，需加英文单引号或双引号；多个值之间需用英文分号进行分隔），如图 2-35 所示。同理可设置"研究生"表的"性别"字段。

图 2-35　行来源类型为"值列表"

说明：前面两个例子也可使用"查阅向导"来实现，例如，在例 2-14 中，选择"性别"字段，在其"数据类型"下拉列表框中选择"查询向导..."选项，即可启动查询向导，如图 2-36 所示。设置完成后，"性别"字段的文本型数据类型保持不变。

3. 向 OLE 对象类型的字段输入数据

OLE 对象类型字段比较特殊，它的数据不是一般的字母、数字或符号，而是一幅图片或是一段音乐，这些数据无法用键盘输入。如果是图片，则可以使用 Office 提供的剪贴画，或者插入磁盘上的 bmp 格式的图片文件。

【例 2-15】为"导师"表第一条记录的"照片"字段输入图片。

（1）打开数据表视图，右击第一条记录的"照片"字段，在弹出的快捷菜单中选择"插入对象"命令，打开相应的对话框。

（2）选择"由文件创建"单选按钮，如图 2-37 所示；然后单击"浏览"按钮，在打开的对话框中选择图片所在的路径和文件名；选中后，依次单击两个对话框窗口中的"确定"按钮，完成图片的插入操作。

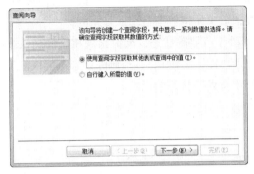

图 2-36 "查询向导"对话框

图 2-37 为 OLE 对象类型字段选择图片文件

说明：图片本身在数据表中并不显示。若要浏览某条记录的照片，打开数据表视图后，可双击该记录的"照片"字段，系统将运行"画图""Microsoft Photo Editor"或"Windows 图片和传真浏览器"等应用程序打开照片。

2.3.2 记录的选定与记录指针的移动

1. 选定记录

一条记录被选定，则整条记录将成为操作的对象，可实现对记录的删除、复制、剪切等操作。选定记录的常用方法包括：

（1）单击记录选择器（记录左侧的灰色凸块），可选定一条记录。

（2）在记录选择器上拖动鼠标，可选中若干条连续的记录。

（3）按住【Shift】键的同时单击某记录的选择器，则选中从插入点至该记录选择器之间的全部记录。

2. 移动记录指针

记录指针是一根假想的指针，它指向的记录即为当前记录，是编辑处理的对象。欲使某条记录成为当前记录，最简单的方法是在该条记录的任意处单击，此时记录选择器由灰色变为金黄色。

通过数据表视图窗口下侧的记录导航按钮 记录: Ⅰ ◀ 第 3 项(共 6 项) ▶ ▶Ⅰ▶* 也可有规则地移动记录指针：

（1）单击 Ⅰ◀，移动到第一条记录。

（2）单击 ◀，移动到当前记录的上一条记录。

（3）单击 ▶ 和 ▶|，可将记录指针分别移动到下一条记录或最后一条记录。

（4）单击 ▶*，是在最后插入一条新记录。

（5）在导航按钮的文本框中输入数字并按【Enter】键，该记录号对应的记录即成为当前记录。

2.3.3 编辑记录数据

1. 编辑与删除记录

Access 的数据表视图本身就是一个全屏幕编辑器，将插入点放置到某个单元格中，就可以方便地编辑或者删除数据。数据更改之后，只要将插入点移动到另一个单元格，修改结果即被确认；在移动插入点前按【Esc】键，可取消对数据的更改，该单元格数据自动恢复原值。

在选定记录后，若按【Delete】键，选定记录即处于待删除状态，同时出现相应的确认删除对话框，如图 2-38 所示。如果单击"是"按钮，选定记录即被删除，且被删除记录不能恢复（操作不能撤销）；如果单击"否"按钮，可恢复显示处于待删除状态的记录。

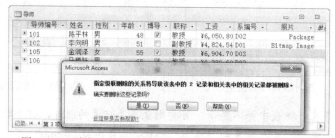

图 2-38　删除选定的导师编号为"103"和"104"的记录

除了上述删除方法，以下操作也可以删除选定的记录：

（1）单击"开始"选项卡中的"删除"按钮。

（2）右击选定对象，在弹出的快捷菜单中选择"删除记录"命令。

说明：

同追加记录一样，被编辑、删除的数据和记录必须满足实体完整性、参照完整性和域完整性，具体表现为：

（1）任何记录的主键字段值不能删除、剪切，其值不能重复。

（2）外键值不能更新成一对多关系中"一"表的主键不存在的值。例如，由于"系"表中 3 条记录的"系编号"依次为 D01、D02、D03，所以"导师"表的"系编号"字段的值不能取 D09。

（3）若在建立一对多关系的"编辑关系"对话框中选择了"级联更新相关字段"，当"一"表中的主键字段更新时，"多"表中的外键字段将自动更新。例如，将"系"表中的"系编号"D02 改为 D99 后，所有"导师"表中的 D02 将自动更新为 D99。

（4）若在建立一对多关系的"编辑关系"对话框中选择了"级联删除相关记录"，当"一"表中的记录删除时，"多"表中的相关记录也将自动删除。例如，若删除"系"表中"系编号"为 D01 的一条记录，则"导师"表中所有"系编号"为 D01 的记录将全部自动删除。

2. 查找数据

在数据库中查找一个特定数据不是一件容易的事，为此 Access 提供了自动查找数据的方法：

打开数据表视图后，单击"开始"选项卡中的"查找"按钮，弹出图 2-39 所示的"查找和替换"对话框。

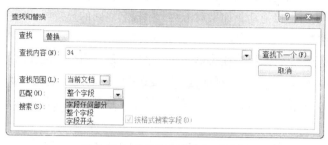

图 2-39　"查找和替换"对话框

其中：

（1）"查找内容"文本框用于输入待查找数值。

（2）"查找范围"下拉列表框决定是在插入点所在的字段中找，还是在全表范围查找。

（3）"匹配"下拉列表框有 3 个选项，即"字段任何部分""整个字段""字段开头"。假定表中有值 534、345、34、3434，现查找 34，若选择"字段任何部分"匹配方式可找到全部 4 个数据，若选择"整个字段"方式只能找到第 3 个数据，若选择"字段开头"方式可找到后 3 个数据。

（4）"搜索"下拉列表框有 3 个选项，即"向上""向下""全部"。若选择"向上"，则只搜索插入点以前的部分数据，反之则搜索插入点后面的部分或全部数据。

3．替换数据

替换是在查找到数据的基础上，用新数据代替旧数据。单击"开始"选项卡中的"替换"按钮或在图 2-39 所示对话框中选择"替换"选项卡，可进行替换设置。"替换"选项卡与"查找"选项卡相比，多了一个"替换为"文本框，其中的内容用于替换匹配到的数据。

4．复制、粘贴数据

利用 Windows 或 Office 提供的剪贴板，可以便捷地复制、移动数据（可以是字段里的值、若干连续字段或若干整条记录，这取决于你所选择的对象）。复制若干连续字段的操作步骤如下：

（1）打开数据表视图后，选定连续区域的数据（注意此时鼠标指针应是"　"）。

（2）右击选定的数据，在弹出的快捷菜单中选择"复制"命令，或单击"开始"选项卡中的"复制"按钮，将选定内容复制到剪贴板中。

（3）将插入点放置到目的单元格中，选择快捷菜单中的"粘贴"命令或单击"开始"选项卡中的"粘贴"按钮将剪贴板内容粘贴到单元格中。

快捷菜单中的"剪切"命令或"开始"选项卡中的"剪切"按钮，用于将选定的数据移动到剪贴板中，但连续选定的单元格不能使用"剪切"命令。

2.3.4　数据表的格式化

格式化操作可以使数据表具有美观的外表，但与 Excel 等电子表格软件相比，Access 的数据表在更多场合是以后台方式工作，因此其格式化功能要逊色许多，绝大多数格式化的作用对象是整个数据表，而非一个单元格、一条记录或一列。

1. 设定列宽

打开数据表视图后，列宽最直观的调节方式是将鼠标指针移动到两个字段名的连接缝上，等指针形状成为双向箭头时直接拖动；如果双击两个字段名之间的连接缝，则左侧字段的宽度将自动设置为最适合的列宽。

精确设置列宽的方法是：选择快捷菜单中的"字段宽度"命令，在弹出的对话框中为选定列设置宽度，如图 2-40 所示。若选中"标准宽度"复选框，则将选定列的宽度设置为标准（默认）宽度，每列宽度相同；若单击"最佳匹配"按钮，则根据数据的长度自动调整列宽。

2. 设定行高

Access 数据表的每条记录的行高都是相等的。与调整列宽的操作类似，最直接的方法是将指针置于两个记录选择器之间的缝隙上，待指针变成双向箭头时，向上拖动使行高变窄，或者向下拖动加大行高。

精确设置行高的方法是：选择快捷菜单中的"行高"命令，弹出"行高"对话框，输入行高值，如图 2-41 所示。如果选中"标准高度"复选框，则根据数据表中文本的字号自动调节每行的高度。

图 2-40　"列宽"对话框

图 2-41　"行高"对话框

3. 表格样式

单击"开始"选项卡"文本格式"组右下角的"设置数据表格式"按钮（见图 2-42），弹出"设置数据表格式"对话框，其中的格式设定均针对整个数据表。图 2-43 所示为将单元格效果设置为"凸起"的数据表。

图 2-42　"设置数据表格式"按钮

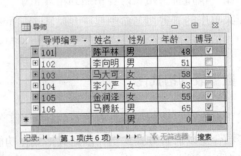

图 2-43　设置单元格效果为凸起

4．字体

字体设置包括字体、字形、字号、颜色、下画线等，作用对象是整个数据表。在"开始"选项卡的"文本格式"组中进行设置，如图 2-42 所示。

5．列的隐藏与取消隐藏

为方便起见，可将某些不参加操作的列予以隐藏。被隐藏的列并没有被删除，只是不显示而已。选择快捷菜单中的"隐藏字段"命令，则选定的列将"消失"；将列的宽度设置为 0 同样可以达到隐藏列的效果。选择快捷菜单中的"取消隐藏字段"命令，弹出图 2-44 所示的"取消隐藏列"对话框，在其中可对任意列进行隐藏或取消隐藏设置，图 2-44 中没有选中的"性别"和"职称"字段将被隐藏。

6．冻结列

如果一个数据表的列很多，或者列很宽，在输入数据时往往首尾不能兼顾。以"导师"表为例，在输入"系编号"字段时，"姓名"列可能已移出窗口，给核实数据带来不便，如果能冻结"姓名"列，使之能始终位于数据表窗口内，则问题就迎刃而解。

【例 2-16】冻结"导师"表的"姓名"列。

选定"姓名"字段，选择快捷菜单中的"冻结字段"命令，"姓名"列将一直占据数据表视图窗口左侧的位置，移动水平滚动条时不会被"移"出窗口，如图 2-45 所示。

图 2-44　"取消隐藏列"对话框

图 2-45　冻结"姓名"列

如果要冻结"姓名"和"职称"两列，则可以在先冻结"姓名"字段的基础上，再用同样的方法冻结"职称"字段。Access 会按照列被冻结的时间先后顺序将列固定在数据表视图窗口的左侧。

当不再需要冻结列，可以取消冻结。取消的方法为：在任意字段的列选择器（即字段名）上右击，在弹出的快捷菜单中选择"取消冻结所有字段"命令即可。

7．重新命名列

对数据表中的列重新命名，实质上是修改字段的名称。除了在设计视图中重新命名字段，在数据表视图中也可对列重新命名。方法是：双击列名或右击列名，在弹出的快捷菜单中选择"重命名字段"命令，列名被选定的同时出现插入点，直接输入新列名即可。

2.3.5　子数据表编辑

子数据表充分展示了表与表之间的关系，当两个表已经建立"一对多"关系时，打开"一"

表（称为主表），则"多"表数据将以子表的形式呈现。

例如，在建立"系"表与"导师"表的"一对多"关系后，打开"系"表，可观察到第一列的左侧显示 +，这表示"系"表有对应的子表（"导师"表），且子表处于折叠状态。单击 +，可展开子表，可见凡是"导师"表中"系编号"与"系"表中"系编号"相同的 3 条记录均在一个小窗口中对应显示，如图 2-46 所示。子表展开后，+ 变成 −；单击 − 后，子表再次折叠，同时呈现 +。

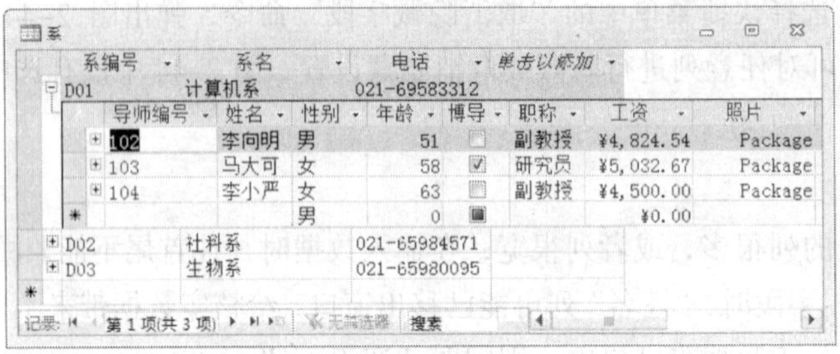

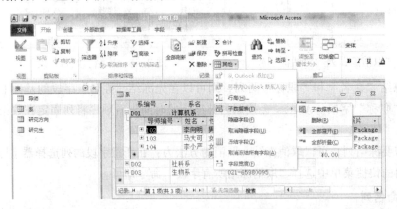

图 2-46　打开的"系"表及其展开的子表（"导师"表）数据

用户可随时对打开的主表及子表中的数据进行编辑操作。此外，单击"开始"选项卡"记录"组中的"其他"按钮，展开的菜单中有"子数据表"子菜单（见图 2-47），里面还提供了如下操作子数据表的命令：

（1）全部展开：所有的子表全部打开。

（2）全部折叠：折叠所有已打开的子表。

（3）删除：从主表中删除子表，但不删除两者之间的一对多关系。

（4）子数据表：在主表中插入子数据表。

图 2-47　"子数据表"子菜单

说明：仔细观察图 2-46 所示的"导师"子表，注意没有出现"系编号"列。因为"系编号"是"系"表和"导师"表的公共字段，是两个表产生一对多联系的纽带。某个系的子表，必须具备相同的系编号，因此"导师"表的系编号没有必要显示。虽然在"导师"子表中可以编辑数据，但无法修改导师的"系编号"，如果一个导师需要换系，则"导师"表的"系编号"只能在单独打开"导师"表时进行更新。

2.3.6　记录的筛选与排序

1．记录的排序

记录排序是指按某个字段的值升序（从小到大）或降序的顺序显示数据表中的记录。例如，要按"入学分数"降序重排研究生记录，可执行如下操作：将插入点放在"入学分数"列中任何一个单元格内，单击"开始"选项卡中的"降序"按钮；或者单击"入学分数"字段名称右侧的下拉按钮，在弹出的菜单中选择"降序"命令。此时记录则按入学分数值从大到小排列显示；如果单击"升序"按钮或选择"升序"命令则是升序排列。

如果同时选中相邻的若干列进行排序，则可以实现多字段排序。例如，在"研究生"表中同时选定"性别"列和"入学日期"列，单击"开始"选项卡中的"升序"按钮，记录将遵循从左到右的顺序先按"性别"升序排列（先男后女），相同性别则再按"入学日期"列升序排列。此种排序方式要求排序的列必须相邻，最左侧是排序第一字段，然后是排序第二字段，依此类推。如果字段位置不符合要求则需事先调整（拖动字段名即可）。而且所有排序字段都按照同样的方式进行排序。

如需将不相邻的多个字段按照不同的方式进行排序，这就要用到高级排序。

【例 2-17】在"研究生"表中要求先按研究方向升序排序，如果有学生研究方向相同再按入学日期降序排序。

（1）打开"研究生"表的数据表视图窗口，单击"开始"选项卡中的"高级"按钮，在展开的菜单中选择"高级筛选/排序"命令，弹出图 2-48 所示的窗口。

（2）在窗口的下部，第一列：字段名选择"研究方向"，排序选择"升序"；第二列：字段名选择"入学日期"，排序选择"降序"。单击"开始"选项卡中的"高级"按钮，在展开的菜单中选择"应用筛选/排序"命令，排序结果如图 2-49 所示。

图 2-48　高级筛选/排序窗口

图 2-49　研究方向升序排序和入学日期降序排序

单击"开始"选项卡中的"取消排序"按钮，可取消设置的排序，使数据表中的记录按原顺序显示。

2．记录的筛选

隐藏列操作可以将暂时不需要的字段隐藏起来，而筛选操作可以在数据表中只显示所需的数据记录。Access 提供了选择筛选、筛选器筛选和高级筛选等方式。

选择筛选就是基于选定的内容进行筛选，这是最简单的筛选方法，使用它可以快速地筛选出所需要的记录。例如，现在需要查看"研究生"表中男同学的信息。打开"研究生"表的数据视图窗口后，将插入点置于某条记录的"性别"字段为"男"的单元格中，然后单击"开始"选项卡中的"选择"按钮，在展开的菜单中选择"等于"男""命令，从数据表中筛选出男同学的记录，如图 2-50 所示。仔细观察"性别"字段名，字段名右侧多了个漏斗，说明此字段设置了筛选条件。如需删除此筛选条件，可单击"性别"字段名右侧的下拉按钮，在展开的菜单中选择"从"性别"清除筛选器"命令即可。筛选操作可以叠加，即可进行多字段筛选。例如，现在需查看"地理学"研究方向男同学的信息，就可以在刚才的基础上采用相同的方法设置研究方向为"地理学"。

学号	姓名	性别	入学日期	入学分数	研究方向	导师编号
13015	冯山谷	男	2013年9月1日	352	考古学	101
13017	王大力	男	2013年9月1日	343	会计学	106
14001	李建国	男	2014年9月1日	342	海洋生态	104
14003	杨柳	男	2014年3月1日	334	地理学	102
14012	马德里	男	2014年3月1日	342	地理学	102
14013	孙大光	男	2014年9月1日	345	地理学	102
14018	赵小刚	男	2014年9月1日	333	考古学	101
15008	余国兴	男	2015年3月1日	330	植物学	105
15011	郑豪	男	2015年3月1日	323	会计学	106

图 2-50 筛选男生的数据

筛选器提供了一种更为灵活的方式，它可以选择字段中的多个值，可以定义筛选条件。例如，筛选入学分数在 350~400 之间的学生记录，将插入点置于"入学分数"列的任何一个单元格中，单击"开始"选项卡中的"筛选器"按钮，在展开的菜单中选择"数字筛选器"→"期间"命令，弹出"数字边界之间"对话框，在其中进行设置，如图 2-51 所示。注意：具体的筛选列表取决于所选字段的数据类型和值。

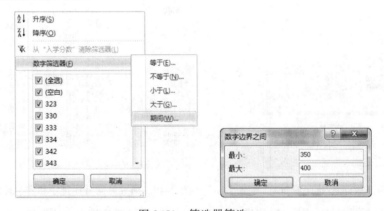

图 2-51 筛选器筛选

当筛选条件比较复杂时，可以使用高级筛选。

【例 2-18】在"研究生"表中要求筛选出 2014 年入学的会计学研究方向的女生。

（1）打开"研究生"表的数据表视图窗口，单击"开始"选项卡中的"高级"按钮，在展开的菜单中选择"高级筛选/排序"命令，在弹出的窗口中设置筛选条件，如图 2-52 所示。第一列：字段名选择"入学日期"，条件输入">=#2014-1-1# And <=#2014-12-31#"（日期型常量

用一对"#"括起来；两个条件通过 And 运算符进行连接）；第二列：字段名选择"研究方向"，条件输入"="会计学""（"="可以省略）；第三列：字段名选择"性别"，条件输入"="女""。

（2）筛选条件设置好后单击"开始"选项卡中的"高级"按钮，在展开的菜单中选择"应用筛选/排序"命令，筛选结果如图 2-53 所示。

图 2-52 筛选条件的设置

图 2-53 筛选结果

单击"开始"选项卡中的"高级"按钮，在展开的菜单中选择"清除所有筛选器"命令，可退出筛选，使数据表中的记录按原样显示。

2.3.7 记录的汇总统计

Access 提供了对数据表中的记录进行汇总统计的功能，例如：统计导师的最大年龄，统计学校设置多少系等。它将 Excel 中的汇总功能移植到了 Access 中。

【例 2-19】统计研究生的人数和平均入学分数。

打开"研究生"表的数据表视图窗口，单击"开始"选项卡中的"合计"按钮，在数据表的最下方将自动添加一个空汇总行。单击"姓名"列的汇总行单元格，出现一个下拉按钮，单击下拉按钮，从下拉列表框中选择"计数"选项；类似地在"入学分数"列的汇总行单元格中选择"平均值"选项，汇总结果如图 2-54 所示。

图 2-54 汇总结果

再次单击"开始"选项卡中的"合计"按钮，可以隐藏汇总行（不是删除）。当再次显示该行时，Access 会记住对数据表中的每列应用的汇总方式，该行会显示为以前的状态。

2.3.8 记录的打印输出

通过打印机输出数据表的操作很简单，当打开一个数据表，或者在导航窗格中选定一个数据表后，单击"文件"菜单，在打开的 Backstage 视图中单击"打印"命令，在中间窗格中单击"打印"选项，弹出图 2-55 所示的"打印"对话框，在其中进行设置：选择打印机、确定打印范围和打印份数等。如果单击"设置"按钮，弹出"页面设置"对话框，在其中设置页边距和是否要打印标题，如果取消打印标题，则数据表标题、打印日期和页脚将同时取消。设置好后即可打印输出数据表中的记录。在默认情况下，输出的内容包括记录、表标题、打印日期和页码。

图 2-55 "打印"对话框和"页面设置"对话框

在 Backstage 视图的中间窗格中如果单击"打印预览"选项，可显示打印后的效果，如图 2-56 所示。

研究生						2015-11-1
学号	姓名	性别	入学日期	入学分数	研究方向	导师编号
13004	陈为民	女	2013年9月1日	388	考古学	101
13015	冯山谷	男	2013年9月1日	352	考古学	101
13017	王大力	男	2013年9月1日	343	会计学	106
14001	李建国	男	2014年3月1日	342	海洋生态	104
14003	杨柳	男	2014年3月1日	334	地理学	102
14006	周旋敏	女	2014年3月1日	395	会计学	106
14007	周平	女	2014年9月1日	334	会计学	106
14009	马力	女	2014年9月1日	334	历史	101
14010	李卫星	女	2014年9月1日	334	考古学	101

图 2-56 打印预览

2.4 数据表的操作

1. 数据表的复制

同复制文件一样，如果需要将"研究生"数据表复制成若干个副本，最便捷的操作就是在导航窗格中按住【Ctrl】键的同时用鼠标拖动表名，此时将增加一个名为"研究生 的副本"数据表，这两个表的结构、数据完全相同。

如果用剪贴板进行数据表的复制，则将有更多的功能选择。仍以"研究生"表为例，右击该表，在弹出的快捷菜单中选择"复制"命令；然后右击导航窗格空白处，在弹出的快捷菜单中选择"粘贴"命令，在图 2-57 所示对话框中输入表名称，并根据需要选择一种粘贴选项。

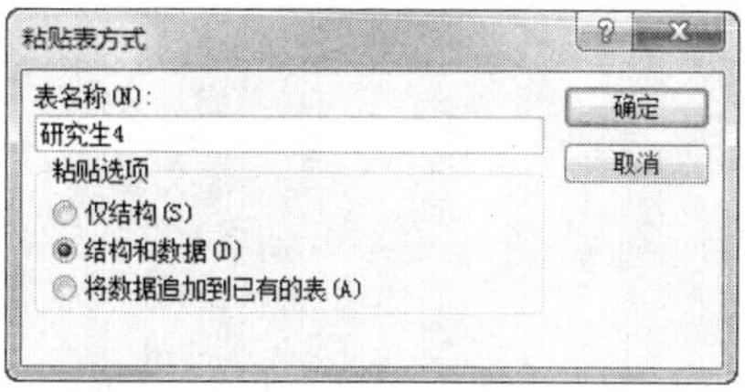

图 2-57　用剪贴板复制表

（1）仅结构：新表只有原"研究生"表的结构，即字段名、数据类型、字段宽度及其他字段属性。

（2）结构和数据：创建一个与原表完全相同的新表。

（3）将数据追加到已有的表：不产生新表，只是将原表中的数据追加到另一个表中，自然要求两个表的结构要相同。

除了快捷菜单外，"开始"选项卡"剪贴板"组中提供了复制、粘贴命令按钮，使用这些命令按钮将使数据表的复制工作更便捷。另外，使用复制命令与粘贴命令也可以方便地将一个数据表复制到另一个数据库中。

若要进行数据表的移动操作，可选择"剪切"和"粘贴"命令。

2．数据表重命名

要对一个数据表进行重命名操作，在导航窗格中右击该数据表，在弹出的快捷菜单中选择"重命名"命令，表名中将出现插入点，即可编辑数据表名称。如果待重命名数据表与其他表已建立表间关系，则表间关系将自动删除。

3．删除数据表

在数据库的使用过程中，一些无用的数据表可以进行删除，以释放所占用的磁盘空间。删除数据表的方法为：选定一个数据表，按【Delete】键、选择快捷菜单中的"删除"命令或单击"开始"选项卡中的"删除"按钮，均能删除数据表。被删除的数据表可通过单击快速访问工具栏中的"撤销"按钮 ʡ 予以恢复。如果待删除数据表与其他数据表建立了表间关系，系统将提示用户先删除表间关系，再删除数据表。

2.5　数据的导出与导入

数据的导出/导入操作可实现各类不同数据文档的格式互换，这样 Access 可以使用其他应用程序的数据（如 Excel 工作簿），Excel 等软件也可以使用转换后的 Access 数据表，从而实现数据资源的共享。

2.5.1　数据的导出

在导航窗格中选定需要导出的表对象，在"外部数据"选项卡"导出"组中进行选择，如图 2-58（a）所示；或者右击需要导出的表对象，在弹出的快捷菜单中选择"导出"命令，并进一步选择导出数据的格式，如图 2-58（b）所示。

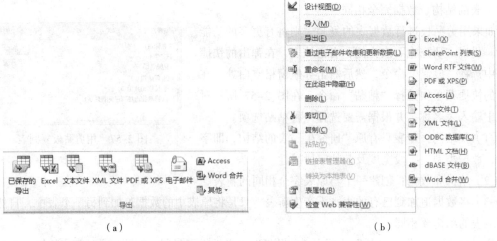

（a）　　　　　　　　　　　　（b）

图 2-58　数据表导出

1. 导出为 Excel 工作表

Excel 是比较流行的数据文件格式，经常会有 Access 与 Excel 共享数据的需求。

【例 2-20】将"研究生"表导出为一个名为"研究生"的工作表。

（1）在导航窗格右击"研究生"表，在弹出的快捷菜单中选择"导出"→"Excel"命令，弹出图 2-59 所示的对话框。

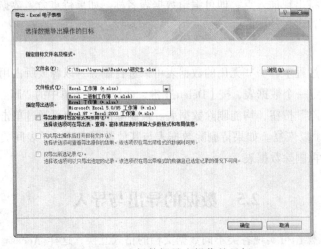

图 2-59　选择数据导出操作的目标

（2）在对话框中选择文件格式为"Excel 工作簿（*.xlsx）"类型，文件名为"研究生.xlsx"，单击"确定"按钮。

（3）在弹出的"保存导出步骤"对话框中，直接单击"关闭"按钮。

注意：如果"研究生"工作簿已存在，则"研究生"数据表将复制成其中的一个名为"研究生"的工作表；如果"研究生"工作簿不存在，系统先创建一个"研究生"工作簿，再建立一个"研究生"工作表，如图 2-60 所示。

图 2-60 导出的 Excel 工作表

2．导出为文本文件

文本文件是不带控制格式字符的文件，许多应用程序都能识别文本文件，是各种类型应用程序之间交换数据的常用文件格式。导出时，可以选择"文本文件"，还需作进一步设置，如数据项之间的隔离方式，为数据项加上双引号等。

【例 2-21】将"研究生"表导出为"研究生.txt"文本文件。

（1）在导航窗格右击"研究生"表，在弹出的快捷菜单中选择"导出"→"文本文件"命令，弹出图 2-59 所示的对话框（类似），设置文件名为"研究生.txt"，单击"确定"按钮，弹出"导出文本向导"对话框。

（2）在"导出文本向导"的第 1 个对话框中，决定文本数据的格式细节。文本数据或者用统一的宽度相区别，或者用双引号区别（数值型和日期型数据无双引号），这里选择"固定宽度"单选按钮，如图 2-61 所示。设置后单击"下一步"按钮。

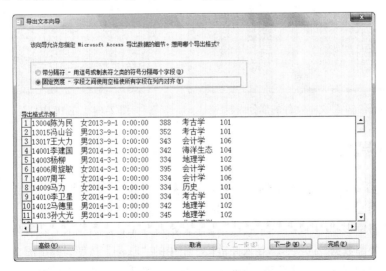

图 2-61 选择文本的导出格式

（3）在"导出文本向导"的第 2 个对话框中，设置字段的分隔位置（注意光标处的虚线），如图 2-62 所示。然后单击"下一步"按钮。

图 2-62   拖动分隔线箭头决定列宽

（4）在"导出文本向导"的第 3 个对话框中，单击"完成"按钮，并在随后出现的对话框中单击"确定"按钮，至此数据表导出成文本文件的操作全部结束。生成的文本文件内容如图 2-63 所示。

3．导出为 HTML 文档

HTML 是网页文件的格式，数据表导出为 HTML 文档就是将数据表中的数据转换成可通过浏览器访问的 Web 文件。导出时选择"HTML 文档"即可。用 IE 打开的通过"研究生"表导出的 HTML 文档如图 2-64 所示。

图 2-63   "研究生"文本文件的部分内容

图 2-64   在 IE 中打开的 HTML 文档

2.5.2   数据的导入

导入是导出的逆过程。数据的各种导入操作可以通过快捷菜单中的"导入"命令，也可以通过"外部数据"选项卡中的"导入并链接"组进行。

【例 2-22】将例 2-20 生成的"研究生"工作表导入为 Access 数据表"研究生 2"。

（1）单击"外部数据"选项卡"导入并链接"组中的"Excel"按钮，弹出图 2-65 所示的"获取外部数据-Excel 电子表格"对话框。数据可导入成一个新表，也可以追加到一个已存在的表中。

如果是追加，则两个表的结构要相同或兼容，且新数据进入后不得违反各类完整性约束。本例文件名选择"研究生.xlsx"，选中"将源数据导入当前数据库的新表中"单选按钮，单击"确定"按钮，弹出"导入数据表向导"对话框。

图 2-65　选择数据源和目标

（2）在"导入数据表向导"的第 1 个对话框中，为数据表选择合适的工作表或区域，如图 2-66 所示。本例采用默认的"显示工作表"选项，直接单击"下一步"按钮。

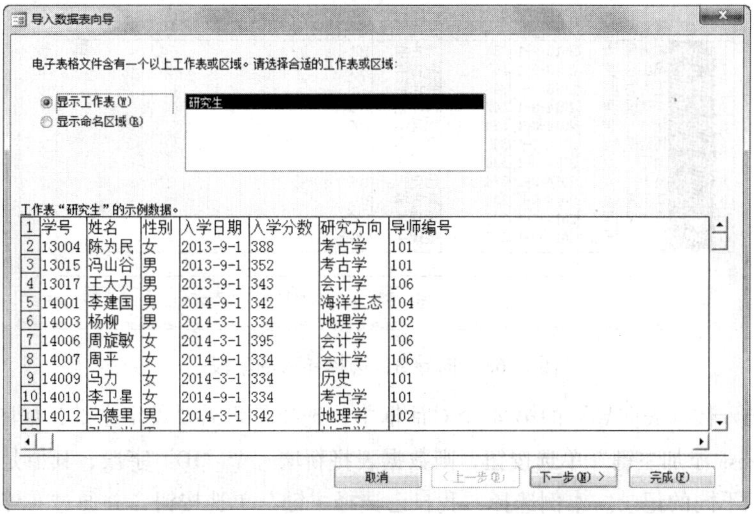

图 2-66　向导 1：选择工作表或区域

（3）在"导入数据表向导"的第 2 个对话框中，设置列标题是否作为表的字段名称，如图 2-67 所示。默认选择"第一行包含列标题"复选框，即让"学号""姓名"等成为数据表的字段名。直接单击"下一步"按钮。

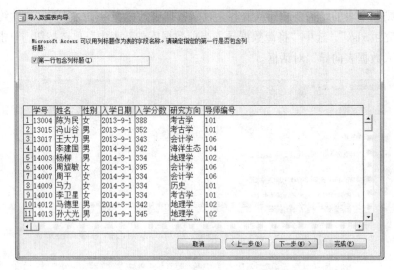

图 2-67　向导 2：决定字段标题

（4）在"导入数据表向导"的第 3 个对话框中，选择需要导入的工作表字段，如图 2-68 所示。默认为全部导入。如果哪列无须导入，可以选定该列，同时选中"不导入字段（跳过）"复选框；如果需要，还可为即将导入的字段创建索引。本例保持默认设置，直接单击"下一步"按钮。

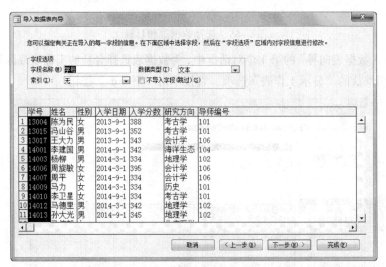

图 2-68　向导 3：选择导入的字段

（5）在"导入数据表向导"的第 4 个对话框中，选择是否需要设定主键，如图 2-69 所示。若选择"让 Access 添加主键"单选按钮，则数据表将新增一个"ID"字段，其值是从 1 开始的自然数，用以标识不同的记录。本例选择"我自己选择主键"单选按钮，并通过右侧的下拉列表框选择"学号"字段为表的主键，单击"下一步"按钮。

（6）在"导入数据表向导"的第 5 个对话框中，确定新数据表的名称，如图 2-70 所示。本例将新表命名为"研究生 2"，然后单击"完成"按钮，在弹出的"保存导入步骤"对话框中直接单击"关闭"按钮结束导入工作。

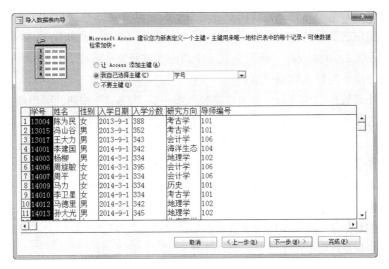

图 2-69　向导 4：为新表定义主键

图 2-70　向导 5：输入新数据表的名称

说明：Excel 是电子表格软件，其工作表不存在结构的概念，因此导入形成的数据表的结构很粗糙。观察"研究生 2"的设计视图，可发现姓名、性别等文本型字段的长度为 255 字符，是文本类型允许的最大长度，入学分数则使用了双精度型，对存储空间造成了极大的浪费。因此数据导入完成后，应该在设计视图中对字段的类型、长度进行适当修改。

2.5.3　数据的链入

2.4.2 节通过导入操作将一个 Excel 工作表转变成 Access 数据库中的数据表。导入操作完成后，在"研究生管理"数据库中添加了"研究生 2"表，这个数据表与数据源"研究生.xlsx"中的"研究生"工作表没有任何联系，即当 Access 的"研究生 2"表数据变化时，"研究生"工作表不会有变化；反之"研究生"工作表中的数据更新也不会影响到"研究生 2"数据表。但在很多场合需要 Access 与 Excel 共享一组数据，任何一方对数据的编辑要让另一方共同使用，Access 提供的数据链入操作可实现这个目的。

【例 2-23】将例 2-20 生成的"研究生"工作表链入"研究生管理"数据库中。

链入数据源的操作与导入数据相似：

（1）单击"外部数据"选项卡"导入并链接"组中的"Excel"按钮，弹出图 2-65 所示的对话框。本例文件名选择"研究生.xlsx"，选中"通过创建链接表来链接到数据源"单选按钮，单击"确定"按钮，弹出"链接数据表向导"对话框。

（2）在向导的第 1 个对话框中（类似图 2-66），为数据表选择合适的工作表或区域，本例保持默认，直接单击"下一步"按钮；在向导的第 2 个对话框中（类似图 2-67），设置列标题是否作为表的字段名称，本例保持默认，直接单击"下一步"按钮；在向导的第 3 个对话框中（类似图 2-70），确定链接表的名称。本例将链接表命名为"研究生 3"，然后单击"完成"按钮结束链入工作。导航窗格中表对象中多了个链接表"研究生 3"，如图 2-71 所示。

观察图 2-71，可发现链接表的图标 与一般的表 不相同，明显带有数据源 Excel 工作簿的特征，这是因为"研究生 3"仅仅是一个链接对象，它本身并没有数据，数据依然保存在 Excel 工作簿中，Access 与 Excel 都可以对这些数据进行浏览、编辑。因此，打　图 2-71　表对象中的链接表
开链接表时看到的数据实际上是 Excel 工作表，一旦"研究生"工作簿被删除或重命名，打开"研究生 3"链接表时将弹出图 2-72 所示的出错信息提示对话框。

图 2-72　失去数据源将无法打开链接表

习题与实验

一、思考题

1. Access 2010 数据库系统有几类对象？它们的名称是什么？

2. 假设已创建了"导师"表、"研究生"表结构，且已建立了一对多关系，那么应该先向哪个数据表输入数据？可以改变输入顺序吗？

3. 什么是级联更新？什么是级联删除？

4. 用输入数据创建表结构与在设计视图中创建表结构有何差别？

5. 索引的作用是什么？Access 支持哪些索引类型？

6. 什么时候需要使用字段的查阅属性？

7. 为标示出"导师编号"字段是"导师"表的主键，能否将这列数据单独设置成红色？

8. 形成子数据表的前提是什么？

9. 外部数据的导入操作与链接操作有何区别？

二、实验题

1. 创建"研究生管理"数据库，先保存在桌面上，等下面各题全部完成后关闭数据库并保存备用。

2. 创建 4 个表（表数据暂不输入）：系表、导师表、研究生表、研究方向表。其中"导师"表的结构见表 2-1；"系"表和"研究生"表的结构见表 2-5 和表 2-6；"研究方向"表只有一个文本型字段"研究方向"，字段大小为 10。

3. 为"系"表、"导师"表和"研究生"表创建主键，并建立 3 表之间的表间关系（均为一对多）。

4. 为"导师"表的"年龄"字段指定有效性规则：年龄必须在 40～65 岁，当输入的值超出指定范围时，能给出提示"年龄值应处于 40~65 岁!"。

5. 指定"研究生"表中"性别"字段的有效性规则：数据只能是"男"、"女"或"m"、"f"中的一个；对于错误的数据请提示"性别有误，请重新输入!"。

6. 将"研究生"表的"性别"字段默认值设定为"男"；并通过下拉列表框给"导师编号"赋值，"行来源"为"导师"表。

7. 为"研究方向"表输入数据。假定共有 9 个研究方向：海洋生态、古生物学、地理学、考古学、会计学、古代史、植物学、历史、临床医学。本表用于以下拉列表框的形式给"研究生"表的"研究方向"字段赋值，请完成该字段的查阅属性设置操作。

8. 为 3 个数据表输入数据。"导师"表的数据见表 2-1，"研究生"表的数据见图 2-49，"系"表数据如下：

系编号	系名	电话
D01	计算机系	021-695833××
D02	社科系	021-659845××
D03	生物系	021-659800××

9. 假设学院为每个研究生分配了一个长度固定的 E-mail 地址，地址中包括 3 个字符的用户名和 8 个字符的邮件服务器名（不包括"@""."）。请按___@_____.___格式创建一个掩码，以方便输入诸如 abc@magic.net 形式的地址。

10. 将"系"表、"导师"表和"研究生"表导出为"研究生管理"Excel 工作簿中的 3 个同名表；完成后将工作簿中的"导师"工作表导入成"导师 2"数据表，观察 Access 中两个导师数据表在结构上的异同。

11. 将工作簿中"研究生"工作表链入"研究生管理"数据库中，观察在不同环境下对数据编辑的结果。

12. 通过剪贴板将"系"表数据复制到某个 Word 文档中；通过剪贴板将 Word 文档中的"系"表数据形成"研究生管理"数据库中的一个新表"系 2"。

第3章 | 数据查询与 SQL 命令

在一个企业级数据库中，数据的存储量要用 TB 作单位，即 10^{12} 数量级！要手工在如此浩瀚的数据库中遴选出自己所需的数据无疑是大海捞针；逻辑上相关的数据常保存在几个表中，怎样才能看到它们连接在一起的情形，例如哪位导师带了哪些研究生？伴随着新年钟声的敲响，导师们又添 1 岁，数据库会自动完成所有人的年龄更新操作吗？考古学研究方向需野外作业，条件比较艰苦，能否用一条指令将入学分数降低 15% 以降低入学门槛？入学 3 年后，研究生们要毕业了，他们的数据应该从研究生表转移到毕业生表中，怎样让 Access 自动完成这样的任务？这些对数据作有规律的检索、连接、更新、删除等工作就是本章所讨论的查询操作。简单的查询可以使用 Access 提供的查询向导、查询视图，复杂一些的就需要直接使用 SQL 命令。

3.1 查询对象概述

在 Access 数据库的 6 个成员对象中包括了查询对象。查询对象的实质是 SQL 命令，关于 SQL 将在 3.4 节详述。现在需要了解的是：虽然查询的执行结果在屏幕上以数据表的形式显示数据，但查询本身并不包含数据，所显示的数据是查询对象在执行时从相关数据表中"抽取"的。

Access 提供了查询向导、查询设计视图和 SQL 视图等界面用以生成查询对象。一些日常的、通用的查询可以在向导帮助下生成；对较复杂一些的查询要求，可以在可视化的查询设计视图环境下自己定义完成，或者先用向导生成查询，再在设计视图中予以完善；更复杂的查询则可以在 SQL 视图中直接编写 SQL 命令实现。当然最自由、最强大的查询则是用 VBA 编写程序直接访问数据表，可以到达"无所不能查"的境界；查询的最高境界是 SQL 命令与 VBA 代码的结合，可以用最便捷的方法查找关系最复杂的数据。

概括起来，查询能实现以下功能需求：

（1）根据某种规则，查找数据库中的部分数据，如找出所有考古学研究方向的男同学。

（2）为减少冗余，通常将数据分布在数据库的若干个表中，使用查询可以观察到它们连接在一起时的状态，例如在显示"研究生"表中的记录时，希望能同时显示其导师的名字、职称和所在的系。

（3）对数据表中的某些数据进行计算、分类、汇总，如根据导师的年龄推算他们的出生年份，统计"研究生"表中男、女同学的入学成绩的平均分，以及高于平均分的研究生姓名。

（4）将上述操作的显示结果转换成一个真正的数据表保存。

（5）将数据表作转置并进行分类统计，相当于制作 Excel 的透视表。

（6）根据某种规则，成批更新、成批删除表中的数据，或者将筛选出的数据追加到另一个数据表，等等。

Access 的查询对象需要用户为其提供数据来源，查询的数据源可以是数据表，或者是已经建立的查询对象。

注意：本章中的例题以"导师"表、"研究生"表和"系"表作为查询对象的数据源，为不失一般性，删除研究生马力、李卫星和赵小刚的导师编号，使他们暂无导师，同时让"导师"表中的李小严不带研究生，即"研究生"表的"导师编号"字段不出现 104。

3.2　通过向导创建查询

3.2.1　用简单查询向导生成查询

对于一些简单的查询需求，可以用 Access 提供的简单查询向导完成。下面通过例题说明。

【例 3-1】生成"导师情况表"查询，要求能观察到导师的姓名、职称和所属系的编号。

（1）打开"研究生管理"数据库，单击"创建"选项卡中的"查询向导"按钮，弹出图 3-1 所示的"新建查询"对话框；选择"简单查询向导"选项，单击"确定"按钮进入查询向导的第 1 个对话框。

（2）查询向导的第 1 个对话框用于选择数据源，即数据来源于哪个/哪些表。先在"表/查询"下拉列表框中选择"导师"表；然后在"可用字段"列表框中选中所要查询的字段，单击 ⟩ 按钮送到右侧的"选定字段"列表框中，如图 3-2 所示。如果要选取表中的所有字段，可以单击 ⟩⟩ 按钮；如果字段选择不当，单击 ⟨ 按钮可将误选字段送回到"可用字段"列表框中；要送回全部的选定字段，则单击 ⟨⟨ 按钮。字段选定后单击"下一步"按钮，打开查询向导的第 2 个对话框。

图 3-1　"新建查询"对话框

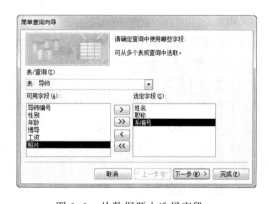

图 3-2　从数据源中选择字段

（3）查询向导的第 2 个对话框也是向导的最后一个对话框，提示为查询对象指定一个名字，默认的名字为"导师 查询"（与数据源的名字相关），本例更改成"导师情况表"，如图 3-3 所示。两个单选按钮提示查询生成后是打开查询对象观察查询结果，还是在查询设计视图中对已建查询作进一步修改，默认为前者；单击"完成"按钮结束查询的生成过程，导航窗格中出现"导师情况表"查询对象，同时该查询被打开，如图 3-4 所示。

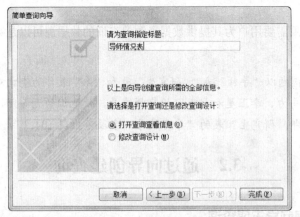

图 3-3 指定查询对象的名称

（a）   （b）

图 3-4 "导师情况表"查询对象及其执行结果

图 3-4（a）表明新建的查询有自己的图标，它作为对象保存在数据库中；在图 3-4（b）中可观察到"导师情况表"查询打开后只有选择的 3 个列，但形式上完全与数据表相同。

说明：

（1）作为查询对象，"导师情况表"只是一条 SQL 命令，本身并不包含数据，但在执行时从数据源（"导师"表）抽取相关数据形成结果。所以查询对象是一个"虚"数据表。

（2）查询对象提供了多种视图方便用户操作，可以通过"开始"选项卡中的"视图"按钮或状态栏右部的"视图"按钮进行选择。"设计视图"采用图形化界面方便地设置查询要求；"SQL视图"可以编写 SQL 命令进行查询；"数据表视图"可以查看查询结果。

（3）如果打开查询对象时对数据进行更新、添加，则数据的变化实际发生在数据源（"导师"表）中。

（4）数据源如果被删除，则查询无法打开，并显示出错信息，如图 3-5 所示。

图 3-5 因数据源被删除导致查询打开出错

【例 3-2】用向导生成查询，显示每位导师的编号、姓名、职称及其所带研究生的学号、姓名和入学分数。

提示： 本题的查询操作涉及导师和研究生两个表，要求正确地显示两者的对应关系，例如研究生"杨柳"的导师编号为"102"，说明他是导师"李向明"的研究生，他不应该和导师"陈平林"并列，因此完成本题的前提是"导师"表和"研究生"表之间必须已建立起一对多的表间关系。

（1）打开简单查询向导对话框，首先在"表/查询"下拉列表框中选择"导师"表，单击 ⟩ 按钮将导师编号、姓名、职称字段送到右侧的"选定字段"列表框中；然后在同一向导对话框中再选择"研究生"表，单击 ⟩ 按钮将表中的学号、姓名、入学分数字段送到"选定字段"列表框中，如图 3-6 所示。由于"导师"表的"姓名"字段与"研究生"表的"姓名"字段的列名相同，系统自动在字段名前加上表名和"_"以区别。字段选定后单击"下一步"按钮。

（2）在查询向导的第 2 个对话框中选择"明细（显示每个记录的每个字段）"单选按钮，如图 3-7 所示，单击"下一步"按钮。

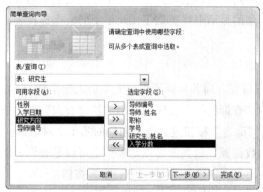

图 3-6　在两个相关表中分别选择字段　　　　图 3-7　确定采用明细查询还是汇总查询

（3）在查询向导的第 3 个对话框中，查询对象名称设定为"导师–研究生"，单击"完成"按钮。图 3-8 显示的是完成后执行查询的结果，反映了导师和研究生之间的从属关系。

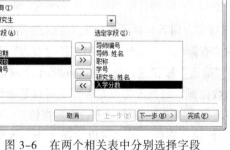

图 3-8　两个关联表的查询结果

仔细观察图 3-8，可以发现：

① 查询对象的字段名一般沿用数据表中的字段名，如果出现相同的字段名，系统自动在字段名前加上表的名字以示区别，如图 3-8 中的"导师_姓名"与"研究生_姓名"。

②"研究生"表中共有 18 个学生，但图 3-8 却只显示 15 条记录，这是因为有 3 个研究生目

前没有导师编号，无法与任何导师产生联系，因此被排除在两个表的关联查询之外。

③"导师编号""导师_姓名""职称"列的数据重复出现，但导师李小严的编号、姓名和职称没有显示，因为她没有带研究生。

说明：如果"导师"表和"研究生"表之间尚未建立表间关系，则查询向导将关闭，同时会自动打开关系窗口，要求用户先建立两个表之间的一对多关系，然后再进行创建查询的操作。

3.2.2　交叉表查询

交叉表查询可利用查询向导创建，它用于显示表中某个字段的汇总值，包括总和、计数和平均等，并将它们分组，一组列在数据表的左侧，另一组列在数据表的上部，行列交叉部分显示某个字段的汇总值。例如，在研究生表中，如果希望看到不同性别研究生的各个专业入学平均分，就需要应用交叉表查询来实现。交叉表查询运行结果的显示形式类似于 Excel 中的数据透视表，有行标题、列标题、汇总值。

1. 用向导生成交叉表

【例 3-3】生成一个交叉表，显示不同性别不同研究方向各导师所带研究生的入学平均分。

（1）在数据库窗口中单击"创建"选项卡中的"查询向导"按钮，弹出"新建查询"对话框（见图 3-1），选择"交叉表查询向导"选项，单击"确定"按钮进入查询向导的第 1 个对话框。

（2）在查询向导的第 1 个对话框中选择查询的数据源，数据源可以是表，也可以是查询，但只能有一个数据源。本例数据源选择"研究生"表（见图 3-9），单击"下一步"按钮。

（3）在查询向导的第 2 个对话框中选择用作行标题的字段，最多可以选择 3 个。本例先选择"性别"字段，再选择"研究方向"字段，单击 > 按钮将选定的字段送到右侧的列表框中，如图 3-10 所示，单击"下一步"按钮。

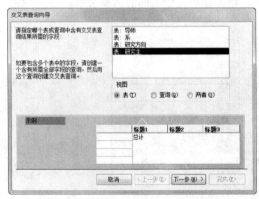

图 3-9　选择交叉表查询的数据源

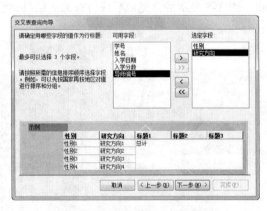

图 3-10　选择交叉表的行标题

（4）在查询向导的第 3 个对话框中选择用作列标题的字段，只能选择一个。本例选择"导师编号"字段，如图 3-11 所示，单击"下一步"按钮。

（5）在查询向导的第 4 个对话框中选择行列交叉点的字段汇总方式，本例选择"入学分数"字段，汇总方式选择"avg"函数（平均），同时包含各行小计，如图 3-12 所示，单击"下一步"按钮。

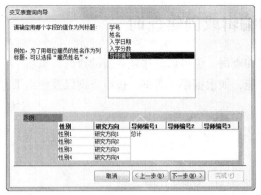
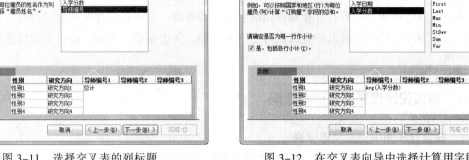

图 3-11　选择交叉表的列标题　　　　图 3-12　在交叉表向导中选择计算用字段

（6）在查询向导的最后一个对话框中命名交叉表，默认名称是"研究生_交叉表"；单击"完成"按钮，交叉表在生成后将自动打开，如图 3-13 所示。

图 3-13　生成后的交叉表

注意：在该交叉表中，原来"导师编号"字段中的数据现在成了列名；记录导航按钮指示本交叉表有 10 行内容，与数据源"研究生"表的记录数无直接关系；有一个列的标题为"<>"，表示"导师编号"为空。

2．引用两个表的字段生成交叉表

【例 3-4】生成一个交叉表，显示不同系不同性别的导师人数，要求使用系名，如图 3-14（b）所示。

本题的难点在于交叉表向导无法同时引用两个表的字段，导师信息（"性别""导师编号"字段）包含在"导师"表中，而"系名"字段包含在"系"表中。

解决方法：首先使用简单查询向导建立一个查询"例 3-4 查询"，包含"系"表中的"系名"字段和"导师"表中的"性别""导师编号"字段，如图 3-14（a）所示；然后根据这个查询用交叉表查询向导创建交叉表"例 3-4 查询_交叉表"，以"性别"为行标题，"系名"为列标题，"导师编号"作为汇总数据，使用的函数是"Count"，结果如图 3-14（b）所示。

（a）　　　　　　　　　　　　　（b）

图 3-14　生成各系不同性别导师人数交叉表

3.3　通过设计视图编辑或创建查询

在查询设计视图中，可打开及修改用向导生成的查询，也可以直接建立新的查询。虽然"自动化"程度不如向导，但可以使查询具有更强的功能，如根据条件查询、按组查询以及使结果有序输出等。

3.3.1　通过设计视图编辑已有查询

1.　在设计视图中完善简单查询

【例 3-5】为例 3-2 建立的查询添加"博导"列（位于"职称"的右侧），用以说明该导师是否为博导，另存为"导师-研究生 2"。

（1）在导航窗格中右击"导师-研究生"查询对象，在弹出的快捷菜单中选择"设计视图"命令，在查询设计视图中打开该查询，如图 3-15 所示。

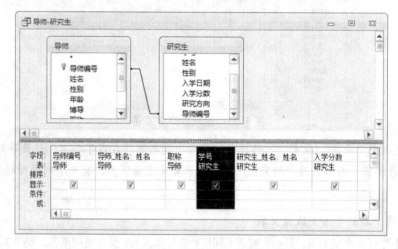

图 3-15　在查询设计视图中打开"导师-研究生"查询

（2）将光标置于"学号"字段之上，待光标变成"↓"形状后单击，选中"学号"列；然后单击"设计"选项卡中的"插入列"按钮，在"职称"与"学号"之间添加一个空列。

（3）在添加的空列中，单击第二行"表"列表框的下拉按钮，选择"导师"表；然后单击第一行"字段"列表框的下拉按钮，选择表中的"博导"字段，查询列添加即告完成，如图 3-16 所示。

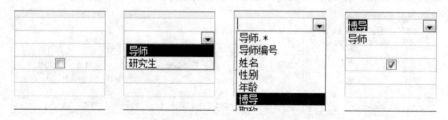

图 3-16　在设计视图中添加一个查询列的过程

（4）单击"设计"选项卡中的"运行"按钮 !，或通过"开始"/"设计"选项卡中的"视图"按钮 ▦ 切换到数据表视图，可以运行查询查看结果，如正确则选择"文件"菜单中的"对象另存为"命令，保存为"导师–研究生 2"，然后关闭查询窗口。

说明：如果在"字段"下拉列表框中选择"导师.*"，则"导师"表的全部字段将被选中。

2．在设计视图中完善交叉表查询

观察例 3-3 生成的交叉表（见图 3-13），可发现还有一些不尽如人意之处，如计算列的标题"总计　入学分数"含义不清，应改成"入学平均分"；平均数的小数点位数太多，实际应用中只需保留两位小数即可，这些都需要在交叉表设计视图中予以改进。操作步骤如下：

（1）在导航窗格中右击"研究生_交叉表"查询对象，在弹出的快捷菜单中选择"设计视图"命令，打开"研究生_交叉表"设计视图，如图 3-17 所示。

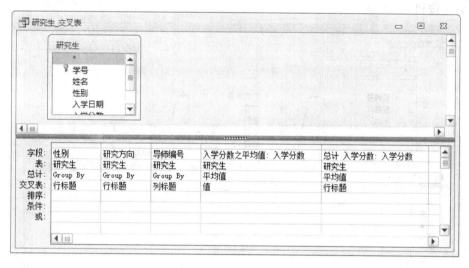

图 3-17　交叉表设计视图

（2）将最后一栏"总计　入学分数"改为"入学平均分"，注意保留冒号"："。

（3）将光标对准最后一栏并右击，在弹出的快捷菜单中选择"属性"命令，在属性表窗格的"常规"选项卡中，将"格式"设置为"固定"，"小数位数"设置为 2，如图 3-18 所示；对"入学分数"字段属性也作相同的处理。编辑后的交叉表运行结果如图 3-19 所示。

图 3-18　字段的属性表窗格

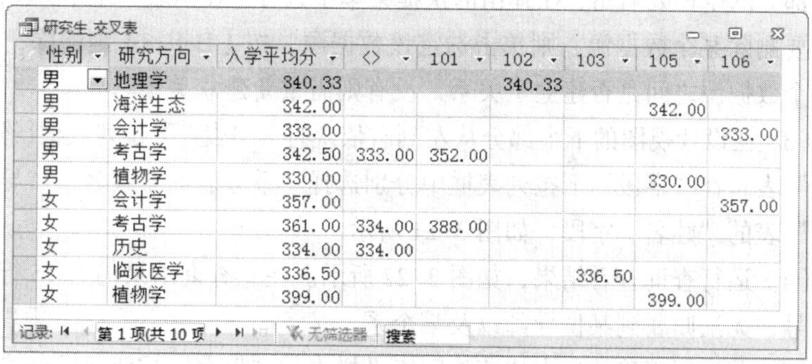

图 3-19　编辑后的交叉表

3.3.2 通过设计视图创建新查询

使用查询设计视图创建查询首先要打开查询设计视图窗口，然后根据需要进行查询设置。

【例3-6】在查询设计视图中新建一个查询，要求能够显示各个系的系名、系中导师的姓名和导师所带的研究生姓名。本查询涉及3个表，事先应建立"系"表与"导师"表、"导师"表与"研究生"表之间的一对多关系。

（1）在数据库窗口中单击"创建"选项卡中的"查询设计"按钮，在打开的设计视图的"显示表"对话框中选择参与查询的数据源（表或/和查询）。本例先选定"系"，单击"添加"按钮，"系"表即出现在查询设计视图中；同理添加"导师"表和"研究生"表，如图3-20所示。也可以按住【Ctrl】键依次单击3个数据表表名，同时选定3个表，然后单击"添加"按钮。

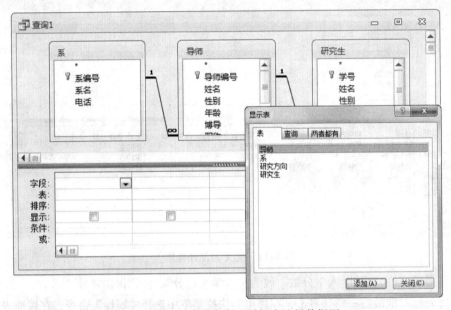

图3-20 在"显示表"对话框中选择数据源

（2）单击"关闭"按钮关闭"显示表"对话框。如果再要添加数据源，可以在查询设计视图上半部分的空白处右击，在弹出的快捷菜单中选择"显示表"命令，再次打开"显示表"对话框。如果要删除某个数据源，则单击选定该数据源，按【Delete】键删除；如果数据源是多个，需注意多个数据源之间是否建立了关系，没有则需重新建立关系。

（3）在设计视图的下半部分从左到右依次打开"表"下拉列表框，分别选择"系""导师""研究生"表，在"字段"下拉列表框中分别选择"系"表的系名、"导师"表的"姓名"和"研究生"表的"姓名"字段，如图3-21所示。

（4）运行查询查看结果，如图3-22所示。注意查询结果仍为15行，因有3位研究生没有导师编号，无法归属到某位导师以及某个系。

（5）若运行正确，单击快速访问工具栏中的"保存"按钮■保存编辑结果。

图 3-21　在设计视图中决定需显示的字段

图 3-22　查询执行结果

说明：

查询的"设计视图"窗口由两部分组成：

（1）上半部分：选择查询的数据源（数据表或查询），并列出数据源的所有字段及数据源之间的关系。

（2）下半部分：查询设计网格，用来指定具体的查询要求。每一列就是一个字段，每一行的含义如下：

① 字段：选择要进行查询的字段名。

② 表：指定字段名所来自的数据源。

③ 排序：查询结果是否按照该字段进行排序（升序、降序或不排序）。

④ 显示：设置该字段是否在查询结果中显示。

⑤ 条件：设置查询条件。

⑥ 或：逻辑"或"，是用于查询的第 2 个条件。

如果"系"表与"导师"表之间、"导师"表与"研究生"表之间没有建立关系，例 3-6 将得到什么结果呢？系统会这样判断：3 个表各有自己的主键，且"系"表的主键"系编号"在"导师"表中作为非主键字段出现，同时"导师"表中"系编号"字段的数据符合参照完整性约束，系统会"猜测"它是一个外键；同理"研究生"表的"导师编号"也会被认为是外键，运行查询得到的结果与例 3-6 是一致的。

如果不修改数据与主键，在删除表间关系的前提下临时改变一下字段名：将"导师"表的"系编号"改为"系"，将"导师"表的"导师编号"改为"导师号"，则 Access 将无从判断谁是外键，只能进行广义笛卡儿积查询，将 3 个表连接成一个逻辑表，其记录数将达 3×6×18 =324 个，这样的结果是没有任何实际意义的。

【例 3-7】按系名显示各研究生的姓名。注："系"表与"研究生"表之间并未建立一对多关系，但两者通过"导师"表存在着间接联系。

操作：在查询设计视图中同时显示"系"表、"导师"表和"研究生"表，选择"系"表的"系名"字段、"研究生"表的"姓名"字段，如图 3-23 所示（3 位没有导师的研究生被排除在外）。本题操作的关键是：查询的数据源必须加上"导师"表，作为"系"表与"研究生"表之间联系的"桥梁"，否则两表之间没有直接联系，Access 系统会进行广义笛卡儿积查询。

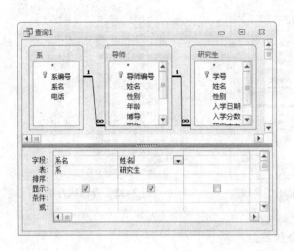

图 3-23   例 3-7 的查询设计视图及执行结果

3.3.3   条件查询

条件的作用是对所选择的记录做进一步的限定，只有符合条件要求的记录才得以显示。通常条件是一个关系表达式或逻辑表达式，例如找出所有的女研究生，显示年龄大于 60 岁的导师，以及入学分数在 200~300 之间的研究生所对应的导师等。

【例 3-8】显示所有女研究生的全部信息。

在设计视图中打开"研究生"表，在第 1 列中选择"研究生.*"字段，即记录的所有字段值都要显示；在第 2 列中选择"性别"字段，在"条件"文本框中输入一个条件 "="女""，并且不选定"显示"行的复选框。设计视图及执行结果如图 3-24 所示。

学号	姓名	性别	入学日期	入学分数	研究方向	导师编号
13004	陈为民	女	2013年9月1日	388	考古学	101
14006	周旋敏	女	2014年3月1日	395	会计学	106
14007	周平	女	2014年9月1日	334	会计学	106
14009	马力	女	2014年3月1日	334	历史	
14010	李卫星	女	2014年3月1日	334	考古学	
14014	马德望	女	2014年3月1日	323	临床医学	103
14016	潘浩	女	2014年3月1日	350	临床医学	103
15002	司马倩	女	2015年9月1日	399	植物学	105
15005	吴为	女	2015年3月1日	342	会计学	106
				0		

图 3-24   女研究生信息的查询设计视图及执行结果

说明：

（1）字段只能通过设计视图的"字段"下拉列表框选取，无法用表达式选择。

（2）单个条件的格式：<表达式 1><关系运算符><表达式 2>，<表达式 1>在设计视图中是指字段，省略。<关系运算符>是用于数据之间比较的运算符，其运行结果是逻辑值 True/False，如表 3-3 所示；如果关系运算符是等号 "="，则可以省略。<表达式 2>通常是一个常量，文本类型的常量必须放置在一对单引号或一对双引号中；日期类型的常量必须放置在一对#号中；是/否类型的常量用 True/False、Yes/No 或 On/Off 表示；数字类型的常量直接使用即可。本例的条件表示：="女"，只有性别是"女"的记录才得以显示。

（3）由于第一列中的"*"表示全部字段，已经包含了性别内容，因此第二列中的"性别"字段只用于筛选记录，它的值已无必要显示，所以不选定"显示"行的复选框，以避免"性别"字段的重复显示。

【例3-9】列出入学分数在 340~360 之间的所有研究生的姓名、性别和入学分数。

设计视图及查询执行结果如图 3-25 所示。注意性别字段的"显示"被设置为 ☑。

图 3-25 例 3-9 的设计视图及运行结果

设计视图中，多个条件涉及相同的字段可以通过逻辑运算符（见表 3-4）进行连接，例如本例；如果多个条件涉及不同的字段，则分别设置相应字段的条件，但需注意：同一行的多个条件是 And 关系（"与"运算），即几个条件同时成立，整个条件才成立；不同行的多个条件是 Or 关系（"或"运算），只要这些条件中的一个成立，条件就成立。见例 3-10。

【例3-10】选出所有入学分数在 340~360 之间的男研究生的姓名、性别和入学分数。

本例的入学分数范围与性别要求同时成立，因此是 And 关系，必须写在同一行中。设计视图及查询执行结果如图 3-26 所示。

图 3-26 例 3-10 的设计视图及运行结果

【例 3-11】选出研究方向为考古学或会计学的所有研究生的姓名、性别、入学分数和研究方向。

本例的研究方向要求是"考古学或会计学",设计视图及查询执行结果如图 3-27 所示。当然也可以在"条件"文本框中填写""考古学" Or "会计学""。

图 3-27 例 3-11 的设计视图及运行结果

【例 3-12】显示导师"马腾跃"所带的全部女研究生以及入学分数超过 340 分的男研究生的相关信息。

本例的设计视图及查询执行结果如图 3-28 所示。注意"马腾跃"必须上下出现两次,如果省略下面的"马腾跃",查询的含义就变成显示马腾跃所带的全部女研究生,以及不分导师、入学分数在 340 以上的全部男同学。

图 3-28 例 3-12 的设计视图及运行结果

【例 3-13】找出所有没有分配导师的研究生姓名。

文本型字段如果没有值,则其值为空,但查询时不能在"条件"文本框中输入"="''(两个单引号）或 "＝""" （两个双引号），而应该使用表达式 "Is Null"。本例的设计视图及查询执行结果如图 3-29 所示。

图 3-29　例 3-13 的设计视图及运行结果

3.3.4　查询的有序输出

默认情况下，查询输出时数据自上而下的排列顺序与数据表中的顺序一致。为便于浏览，可以指定查询的输出按某些字段值的大小升序或降序排列显示，设计视图中的 "排序" 下拉列表框中有 3 个选项：升序、降序和不排序（默认）。如果有多个字段都是排序关键字段，则 Access 按从左到右的顺序依次进行排序。

【例 3-14】建立一个查询，用于输出 "研究生" 表中的姓名、性别、导师编号和入学分数，要求按性别的升序和导师编号的降序显示记录。

设计视图和显示结果如图 3-30 所示。"性别" 字段选择了升序（第一排序关键字），"导师编号" 作为第二排序关键字选择了降序，排序结果表明：记录首先按性别从小到大分成男、女两类（按拼音顺序），每一类又根据导师编号值从大到小显示，以空值为最小。

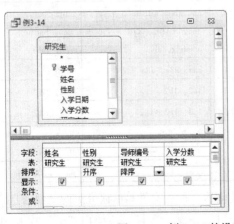

图 3-30　例 3-14 的设计视图及运行结果

【例3-15】要求同例 3-14，但输出时字段的排列顺序为姓名、导师编号、性别和入学分数。

本题不能简单地交换"导师编号"字段和"性别"字段，因为系统总是先对左端的字段排序，这样第一排序关键字将变成"导师编号"。解决的方法是：仍按题目要求安排字段次序，但不针对"导师编号"字段排序，另外添加一个不显示的字段"导师编号"用于排序，如图 3-31 所示。

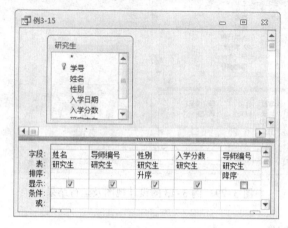

图 3-31　例 3-15 的设计视图

3.3.5　使用通配符查询

在很多场合，我们无法做到一字不漏地记忆完整的信息，通常只是一个大概，如只记得某人姓"马"，一本书的书名中包含"数据库应用"几个字等，在 Access 中要完成对这些残缺信息的查询需借助于通配符。这种查询又称模糊查询。

通配符可以用作其他字符的占位符，用以实现在仅知部分内容的情况下完成对文本、数值等类型字段的查询。在 Access 中，默认使用 Microsoft Jet 数据库引擎 SQL 通配符，其符号、作用与示例如表 3-1 所示。

表 3-1　Microsoft Jet 数据库引擎 SQL 通配符

字　符	作　用	示　例	可　以　找　到	不　能　找　到
*	匹配任何数量的字符	a*a *ab* ab*	aa, aBa, aBBBa abc, AABB, Xab abcdefg, abc	aBC aZb, bac cab, aab
?	匹配单个字符或汉字	a?a	aaa, a3a, aBa	aBBBa
[ ]	匹配[ ]之内的任何字符	1[ah]2	1a2, 1h2	132, 1&2
-	指定一个范围的字符	1[a-z]2	1a2, 1b2, 1k2	132, 1&2
!	被排除的字符	[!a-z] [!0-9]	9, &, % A, a, &, ~	b, a 0, 1, 9
#	匹配任何单个数字	a#a	a0a, a1a, a2a	aaa, a10a

【例3-16】找出所有研究方向的第 3 个字为"医"的所有姓马的研究生的全部信息。

在查询设计视图的"条件"中应用通配符时，注意运算符不能使用"="，而要用 Like，如图 3-32 所示。

【例3-17】找出年龄为 50 余岁的导师，要求其所带的研究生中没有姓马、姓赵的学生。
设计视图如图 3-33 所示。

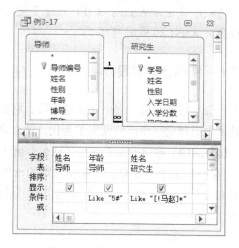

图 3-32　例 3-16 的设计视图　　　　　图 3-33　例 3-17 的设计视图

系统还提供了使用 ANSI-92 通配符的方法，这些通配符与 Microsoft SQL Server 语法兼容。切换的方法是：选择"文件"菜单中的"选项"命令，在左侧窗格中选择"对象设计器"，在右侧窗格的"SQL Server 兼容语法（ANSI 92）"选项组中选中"此数据库"复选框，如图 3-34 所示。

图 3-34　选择 ANSI-92 通配符

Microsoft Jet SQL 通配符与 ANSI-92 通配符的区别在于：后者用%表示任意个数的字符，用_表示单个字符，用^排除不包含在方括号中的字符。因此 ANSI-92 中的%、_、^分别对应 Microsoft Jet 通配符中的*、?、!。

说明：Microsoft Jet 数据库引擎 SQL 属于 ANSI-89 Level 1，Access 能够支持 ANSI-89 SQL 和 SQL-92 SQL，但不能同时支持两者，在默认情况下 Access 使用 ANSI-89。如果希望在将来要将应用程序升迁为 Access 项目，或者要使用 GRANT 和 REVOKE（授权与撤销权限）语句，则可以使用 ANSI-89 SQL 语法。

3.3.6　使用计算字段

计算字段不是数据表中真正的字段，它的值由表达式计算而得，本身并不保存在表中。一旦表达式中引用的字段或值发生了变化，就必须再次执行查询，重新计算该字段的值。

【例 3-18】输出导师的编号、姓名、出生年份和性别。

"导师"表中并没有记录各位导师的出生年份，但有导师"年龄"字段。因此，可通过导师年龄和今年（2015 年）的年份推算出导师的出生年份，即"出生年份=2015–[年龄]"，设计视图如图 3-35 所示。

（a）　　　　　　　　　　　　　（b）

图 3-35　设置导师"出生年份"计算字段及执行结果

从图 3-35（a）的设计视图来看，第 3 个字段为"出生年份：2015–[年龄]"，"："前是字段名，可以自己命名；"："后是表达式，是该计算字段的计算公式。Access 允许字段名中保留空格，引用时需用[ ]括起以表明是一个完整的标识符，例如，假定"导师"表中字段名"姓名"中间有两个空格，引用时应写成"[姓　名]"。如果写成"姓　名"，Access 会认为是两个字段"姓"和"名"，事实上不存在这两个字段，系统报错。

从图 3-35（b）的查询结果来看，形式上"出生年份"与一般的数据表字段并无差别，但该列数据并不保存在导师表中。本例中的计算字段表达式只适合在 2015 年计算导师年龄，到 2016 年就需要对表达式作修改，改进的方法是用日期/时间函数 Date() 取当前日期，再用 Year() 函数从中取出年份，然后减去导师的年龄，即 Year(Date())–[年龄]，就可以一劳永逸地使用这个表达式。

用运算符将常量、变量、函数连接起来的式子称为表达式，表达式计算将产生一个结果。利用表达式可以设置字段的有效性规则（见 2.2.1 节）、在查询中设置条件（见 3.3.3 节）或定义计算字段。

1．常用运算符

运算符是表示实现某种运算的符号。Access 系统提供了算术运算符（见表 3-2）、关系运算符（见表 3-3）、逻辑运算符（见表 3-4）和连接运算符（见表 3-5）。

表 3-2　算术运算符

运算符	+	-	*	/	^	\	MOD
含义	加	减	乘	除	乘方	整除	求余
例子				5/2=2.5	2^3=8	5\2=2	5 MOD 2=1

表 3-3　关系运算符

运算符	=	>	>=	<	<=	<>
含义	等于	大于	大于或等于	小于	小于或等于	不等于

表 3-4　逻辑运算符

运算符	名称	含义
NOT	非	取反，若表达式成立，则取反后不成立，反之则成立
AND	与	若干个关系表达式同时成立才成立，否则不成立
OR	或	若干个表达式中，只要有一个成立，逻辑表达式就成立

表 3-5　连接运算符

运算符	含义
+	当两个操作数都是数字型才做加法，否则进行字符串连接。 51 + 88 的结果为 139；"51" + 88 的结果为"5188"；51 + "88"的结果为"5188"；"51" + "88"的结果为"5188"
&	不管两个操作数是什么类型都是进行字符串连接。 51 & 88 的结果为"5188"；"51" & 88 的结果为"5188"；51 & "88"的结果为"5188"；"51" & "88"的结果为"5188"

2．常量

文本类型的常量必须使用一对单引号或一对双引号进行定界，例如："男"、"教授"、"马腾跃"等。

日期类型的常量必须使用一对#号进行定界，例如：#11-5-2015#、#2015-11-5#等。

是/否类型的常量用 True/False、Yes/No 或 On/Off 表示。

数字类型的常数直接使用即可。

3．变量

字段就是变量的一种，在表达式中表示最好用方括号[ ]括起来，例如：[姓名]、[性别]等。用[ ]括起可以表明这个变量是一个完整的标识符，防止 Access 系统误判。

4．函数

Access 提供了大量的系统预先定义好的函数（又称标准函数），用户使用时只需给出相应的参数值即可自动完成计算。这些函数可以分为数学函数（见表 5.2）、字符串处理函数（见表 5.3）、日期/时间函数（见表 5.4）、聚合函数（见 3.4.4 节）等，其中聚合函数可直接用于查询中。

3.3.7　使用参数查询

参数查询是一种动态查询，可以在每次运行查询时输入不同的参数值，Access 系统据此确定查询结果，而参数值在创建查询时无须定义。这种查询完全由用户控制，能一定程度上适应应用的变化需要，提高查询效率。根据查询中参数个数的不同，参数查询可以分为单参数查询和多参数查询。

【例 3-19】按姓名模糊查询研究生的所有信息。

查询设计视图如图 3-36 所示，在"姓名"字段的条件行中输入"Like "*" & [输入要查询的研究生姓名] & "*""，其中[输入要查询的研究生姓名]是参数，实际上就是一个变量，在运行查询时系统会弹出"输入参数值"对话框。如果输入"马"，则用参数值"马"取代参数[输入要查询的研究生姓名]，"姓名"字段的查询条件就变成"Like "*马*""，系统据此确定查询结果，显示马力、马德里、马德望和司马倩四位研究生的全部信息。

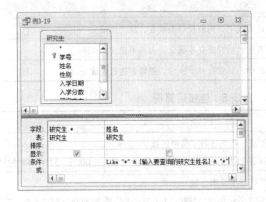

图 3-36　查询设计视图（1 个参数）及输入参数值

说明：Access 系统是如何判断[名称]是参数？还是字段？判断的依据就是：如果[]内的名称是查询数据源中的字段名，则 Access 系统判断[名称]是字段，否则就是参数。

【例 3-20】在给定的入学分数最低分和最高分之间查询研究生的姓名、年级、入学分数和导师的姓名。查询设计视图如图 3-37 所示。

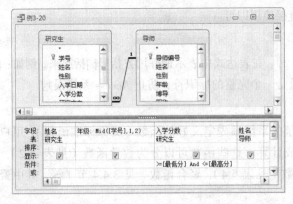

图 3-37　查询设计视图（2 个参数）

　　其中，"年级"字段不存在，采用计算字段来实现，表达式"Mid([学号],1,2)"的功能是取"学号"字段的前 2 位，因为学号的前 2 位表示年级。在"入学分数"字段的条件行中输入">=[最低分] And <=[最高分]"，其中[最低分]和[最高分]都是参数。在运行查询时系统会分别弹出"输入参数值"对话框要求输入具体的参数值，如图 3-38 所示。如果[最低分]输入"340"，[最高分]输入"350"，则"入学分数"字段的查询条件就变成">=340 And <=350"，系统据此确定查询结果。

图 3-38　输入参数值

3.4　使用 SQL 命令查询

　　查询的实质是 SQL 命令。Microsoft 为方便非专业用户使用 Access 数据库，特意开发了向导和设计视图帮助用户建立查询，实际上这些查询仍以 SQL 命令的形式保存在数据库中，用户只需在打开一个查询后，将视图切换到 SQL 视图就可以观察相应的 SQL 代码。如例 3-20，打开该查询后，通过"开始"/"设计"选项卡中的"视图"按钮或状态栏右边的"SQL 视图"按钮切换到 SQL 视图，可以看到如下 SQL 命令：

```
SELECT 研究生.姓名, Mid([学号],1,2) AS 年级, 研究生.入学分数, 导师.姓名
FROM 导师 INNER JOIN 研究生 ON 导师.导师编号 = 研究生.导师编号
WHERE (((研究生.入学分数)>=[最低分] And (研究生.入学分数)<=[最高分]));
```

　　对于高级用户而言，比较复杂的查询应该直接使用 SQL 命令，这样可以完成查询向导无法完成或者设计视图难以完成的查询操作。

3.4.1　SQL 概述

　　SQL（Structured Query Language，结构化查询语言）是一种数据库共享语言，可用于定义、查询、更新、管理关系型数据库系统。SQL 的最大特点是易学易用，它的 30 多个语句由近似自然语言的英语单词组成，是一种非过程语言，用户只需告诉 SQL 命令要做什么，不必关心怎样做。因此 SQL 的功能非常强大，一条简短的命令可达到通常一大段普通程序才能实现的功能。例如，要显示"研究生"表中所有男研究生的学号、姓名、入学分数和研究方向，只要在 SQL 视图中输入下列的 SQL 命令即可实现：

```
SELECT 学号,姓名,入学分数,研究方向
FROM 研究生
WHERE 性别="男"
```

　　如果用面向过程或面向对象程序设计语言来实现，则首先要判断数据表是否为空，如果非空则定位到表中第一条记录，如果该记录的"性别"字段值为"男"则显示 4 个字段，然后将下一条记录作为当前记录；程序中至少要出现一个循环语句，通过判断当前记录是否为最后记录来决定循环能否继续进行，同时用户要非常熟悉数据库内部的一些函数、记录的定位方法、字段值的

引用方法等细节，操作比较烦琐。

正因为 SQL 语句不涉及数据库内部细节，因而它具有很好的通用性，即使不同的 RDBMS（关系型数据库管理系统）内部千差万别，用 SQL 语句编写的脚本可以不加修改或略加修改，就能从一种 RDBMS 移植到另一种 RDBMS 中。

SQL 本身并非是功能完善的程序设计语言，它无法像面向对象程序设计语言（如 VB.NET、C#）那样全面支持客户机/服务器体系。

由于能设计出与用户交互的图形界面，因此在信息管理系统的设计中，需要用 VB.NET、C# 等程序语言作为客户端开发工具，同时在程序中嵌入 SQL 命令，使得 VB.NET 等应用程序对数据库的访问简单而高效。

本节主要讨论 SQL 的查询语句，查询语句的命令是 SELECT，其语法格式可归纳如下：

```
SELECT [ALL|DISTINCT|TOP n] 字段列表
[INTO 新表]
FROM 数据源
[WHERE <条件表达式>]
[GROUP BY <分组字段列表> [HAVING <条件表达式>]]
[ORDER BY  字段列表 [ASC|DESC]]
```

在 SELECT 命令的语法格式中，基本的部分是"SELECT 字段列表"和"FROM 数据源"，方括号[ ]中的内容为可选项，即根据需要可以使用，也可以不用。其中 SELECT 用于选择需要输出的字段，FROM 子句决定数据来自何处，这里的数据源可以是一个数据表，也可以是另一个已经建立的查询；ALL|DISTINCT|TOP n 谓词表示输出的记录范围，ALL 表示所有记录都输出，DISTINCT 表示只输出不重复的记录，TOP n 表示只输出前 n 条记录；WHERE 子句虽是可选项，但非常有用，它能决定哪些记录可以输出，即对数据进行筛选；GROUP 子句用于对数据源进行分组统计；HAVING 短语的作用有些类似 WHERE，它能对分组后的结果再进行筛选，ORDER BY 子句可以将待显示的数据按某些字段值的大小排序后输出。

SQL 命令对书写格式没有太高的要求，所有子句既可以写在同一行上，也可以分行书写，并且大小写字母的含义相同；命令用分号";"结束，也可以不写分号。为提高命令的可读性，可以采用分行书写，同时用大写字母表示命令的关键字。下面将由简入繁，用实例对 SELECT 命令的作用和各个子句逐一进行介绍。

3.4.2　基于单一数据源的查询

单一数据源是指被查询的对象是一个数据表，或者是一个已存在的查询。

Access 没有提供直接进入 SQL 视图的方法，需要先进入查询设计视图（不选择表），然后通过"开始"/"设计"选项卡中的"视图"按钮或状态栏右边的"SQL 视图"按钮切换到 SQL 视图，如图 3-39 所示。

图 3-39　SQL 视图

1. 选取数据源的全部字段或部分字段

在 SELECT 命令中，可以用星号*表示数据源中全部字段。数据源可以在 FROM 子句中指定。

【例 3-21】输出"导师"表的全部字段，并将查询保存为"导师 SQL"。

（1）进入 SQL 视图，输入如下 SQL 命令：

```
SELECT *
FROM 导师
```

（2）单击"设计"选项卡中的"运行"按钮 ，或通过"开始"/"设计"选项卡中的"视图"按钮 切换到数据表视图，可以运行查询查看结果，如图 3-40（a）所示。

（3）单击快速访问工具栏中的"保存"按钮 ，将本查询保存为"导师 SQL"。

本查询显示的数据记录来源于"导师"表，这个结果与直接打开"导师"表的情形完全相同，这是因为该查询显示了全部的记录和所有字段。如果切换到查询设计视图，可发现 SQL 命令自动形成图 3-40（b）所示的设计视图。

| （a） | （b） |

图 3-40　SQL 命令执行结果与相应的查询设计视图

【例 3-22】以例 3-21 所创建的"导师 SQL"查询为数据源，显示其中的"导师编号""姓名""职称"字段。

在 SQL 查询命令的 FROM 子句中，数据源可以是数据表，也可以是一个已有的查询。以查询作为数据源，是用已创建查询作为桥梁，间接地与数据表产生联系，数据源的实质仍是数据表。本查询的 SQL 语句为：

```
SELECT 导师编号,姓名,职称
FROM 导师 SQL
```

说明：

（1）字段名之间的逗号"，"必须是英文字符，不能使用汉字全角逗号。

（2）如果修改查询"导师 SQL"的名称或删除"导师 SQL"查询，Access 将提示"Microsoft Access 数据库引擎找不到输入表或查询'导师 SQL'。请指定它存在且其名称拼写正确。"的错误，无法访问真正的数据表。

（3）当真正的数据源"导师"表中的数据更新时，查询的执行结果也自动更新。

2. 用 DISTINCT 消除重复记录

从理论上说，因为数据表原则上都有主键，它们的记录不应该重复，但只输出部分字段时，某些字段的值可能是重复的。

【例 3-23】显示"导师"表中的所有"职称"名称。本例可以写成：

```
SELECT 职称
FROM 导师
```

执行后的结果如图 3-41（a）所示，其中教授、副教授职称均有重复，不能恰当地描述导师的职称系列。此时可以用 DISTINCT 谓词消除重复的记录，查询命令改写成：

```
SELECT DISTINCT 职称
FROM 导师
```

执行后的结果如图 3-41（b）所示。查询执行结果中，重复的职称名已消除，且职称名称按升序排列。

（a）　　　　　　　　　　　　　（b）

图 3-41　用 DISTINCT 消除重复记录

说明：ALL|DISTINCT|TOP n 谓词省略时，默认值是 ALL。

3．用 TOP 显示前面的若干条记录

TOP 谓词用于输出排列在前面的若干条记录，语法格式是 TOP n，n 为指定记录数。

【例 3-24】显示"导师"表中的前 4 条记录。查询命令为：

```
SELECT TOP 4 *
FROM 导师
```

4．对记录定义条件进行选择

SQL 的查询命令用 WHERE 子句对记录进行选择。WHERE 根据某个表达式或某些字段的值过滤掉不符合条件的记录，类似于程序设计语言中的 If 语句（条件语句）。

WHERE 的语法格式是：

```
WHERE <表达式 1> <关系运算符> <表达式 2>
```

在这里"<表达式 1> <关系运算符> <表达式 2>"构成一个关系表达式表示条件，其中关系运算符名称和含义如表 3-3 所示。

【例 3-25】找出所有年龄不低于 60 岁的导师，显示其姓名、性别和年龄。查询命令为：

```
SELECT 姓名,性别,年龄
FROM 导师
WHERE 年龄>=60
```

在更复杂的查询中，可以用逻辑运算符组合若干个关系运算表达式，形成逻辑表达式表示条件。常用的逻辑运算符如表 3-4 所示。3 个逻辑运算符的优先级依次为 NOT>AND>OR。

【例 3-26】找出所有年龄不低于 60 岁的女导师，显示其姓名、性别和年龄。命令为：

```
SELECT 姓名,性别,年龄
FROM 导师
WHERE 导师.年龄>=60 AND 性别='女'
```

【例 3-27】输出所有入学分数在 350 以上的女研究生，以及所有"考古学"研究方向的研究生的姓名、性别、入学分数、研究方向。

本题对除考古学方向以外的其他所有研究方向有性别和入学分数的限制，相应的 SQL 命令为：

```
SELECT 姓名,性别,入学分数,研究方向
FROM 研究生
WHERE 入学分数>350 AND 性别='女' OR 研究方向='考古学'
```

由于 AND 的优先级别高，故先计算"入学分数>350 AND 性别='女'"，而对于研究方向为"考古学"者，则不分性别和入学分数高低一律入选，如图 3-42 所示。

如果将 WHERE 后的表达式修改为

```
WHERE 入学分数>350 AND (性别='女' OR 研究方向='考古学')
```

则"考古学"方向的研究生也限制在超过 350 分才能显示。

图 3-42　例 3-27 的查询结果

【例 3-28】输出例 3-27 规则以外全部研究生的姓名、性别、入学分数、研究方向。

本题只需对例 3-27 的逻辑表达式取反即可，查询命令为：

```
SELECT 姓名,性别,入学分数,研究方向
FROM 研究生
WHERE NOT(入学分数>350 AND 性别='女' OR 研究方向='考古学')
```

5. 用特殊运算符过滤记录

Access 提供了一些特殊运算符用于过滤记录，其中常用的运算符如表 3-6 所示。

表 3-6　特殊运算符

运 算 符	含 义
BETWEEN	定义一个区间范围，格式：BETWEEN 值 1 AND 值 2
IS NULL	测试属性值是否为空，格式：IS NULL
LIKE	字符串匹配操作，格式：LIKE "匹配字符串"
IN	检查一个属性值是否属于一组值，格式：IN (值 1,值 2,…)

例如"入学分数 BETWEEN 320 AND 360"指入学分数在 320~360 分，包括 320 分和 360 分者，等价于"入学分数>=320 AND 入学分数<=360"；而"入学分数 IN(320,360)"指入学分数等于 320 或者 360 的人，并非 320~360 之间，等价于"入学分数=320 OR 入学分数=360"。

【例 3-29】找出所有入学分数在 320~360 之间的"考古学""会计学"方向的研究生姓名、性别、入学分数、研究方向。查询命令为：

```
SELECT 姓名,性别,入学分数,研究方向
FROM 研究生
WHERE 研究方向 IN('考古学','会计学') AND 入学分数
BETWEEN 320 AND 360
```

查询结果如图 3-43 所示。

图 3-43　例 3-29 的查询结果

【例 3-30】找出所有没有导师的研究生，显示他们的所有信息。

没有导师是指导师编号为空，可用 IS NULL 进行判断，查询语句为：

```
SELECT *
FROM 研究生
WHERE 导师编号 IS NULL
```

【例 3-31】找出所有姓马或者姓名中含有"国"字的研究生。

本题需要用 LIKE 运算符进行字符串匹配，命令如下：

```
SELECT *
FROM 研究生
WHERE 姓名 LIKE '马*' OR 姓名 LIKE '*国*'
```

【例 3-32】显示学号尾数不在 0~4 范围中的研究生。查询语句为：

```
SELECT *
FROM 研究生
WHERE 学号 LIKE '*[!0-4]'
```

当然本题的条件也可以写成：

```
WHERE 学号 LIKE '*[5-9]'
```

6. 将记录排序输出

Access 的查询操作中，可以使用 ORDER BY 子句将筛选出的记录按某个字段或某几个字段的值排序输出，排序的方式有升序（ASC）、降序（DESC），省略时，默认值是升序。其作用与第 2 章中数据表记录的排序输出一致。

【例 3-33】按性别的升序和入学分数的降序，输出入学分数在 340 分以上的研究生的全部信息。查询语句为：

```
SELECT *
FROM 研究生
WHERE 入学分数>340
ORDER BY 性别,入学分数 DESC
```

查询结果如图 3-44 所示。从图中可以看到，记录的输出先按性别排序，男同学在前女同学在后（按拼音字母的顺序从小到大），在相同的性别中再按入学分数的值从大到小排列输出。原始的记录顺序按主键"学号"值升序输出，现在的排序顺序打乱了学号顺序。

图 3-44　按序输出查询结果

3.4.3　基于多个数据源的查询

在实际查询操作中，常常需要组合两个表或者多个表中的字段，以输出完整的信息。例如，要求输出全体导师的姓名及其所带的研究生的姓名，两者的姓名分别保存在"导师"表和"研究生"表中，且研究生的隶属关系不允许错乱，这就需要公共属性（字段）发挥连接两个表的纽带作用。

连接数据表的方式有两种，一种是用 WHERE 子句实现，另一种是通过 JOIN 子句完成表间的连接操作。Microsoft Jet SQL 将 JOIN 分为内连接、左外连接和右外连接。

1. 用 WHERE 实现表间关系

【例 3-34】输出全体导师的姓名及其所带的研究生的姓名。

```
SELECT 导师.姓名,研究生.姓名
FROM 导师,研究生
WHERE 导师.导师编号=研究生.导师编号
```

查询结果共有 5 位导师与 15 名研究生的名字出现，如图 3-45 所示。导师总数为 6 人，研究生总数为 18 人。因为，"导师"表中有 1 人没有带研究生，无法与"研究生"表产生联系，而"研究生"表中有 3 人目前无导师编号，不能与"导师"表建立关系，故 1 名导师 3 名研究生被排除在外。

说明：在 SQL 命令中，不同表的同名字段前要冠以表名以示区别，本例中由于"导师"表和"研究生"表中都有"姓名"和"导师编号"字段，引用时需指定表名。

2. 用内连接 INNER JOIN 实现表与表的连接

内连接是最常用的连接形式，它可以取代 WHERE 实现表间连接。INNER JOIN 出现在 FROM 子句中，其格式为：

```
FROM <表1> INNER JOIN <表2> ON <条件表达式>
```

【例 3-35】用 INNER JOIN 输出全体导师的姓名及其所带的研究生姓名。执行结果如图 3-46 所示，命令如下：

```
SELECT 导师.姓名,研究生.姓名
FROM 导师 INNER JOIN 研究生 ON 导师.导师编号=研究生.导师编号
```

图 3-45　用 WHERE 实现表间关系　　　图 3-46　用 INNER JOIN 实现表间关系

观察图 3-45 和图 3-46,两种组合不同表字段的差别在于 INNER JOIN 可以实现在数据表"一"方添加新的记录,而 WHERE 方式却不行(其添加新记录按钮是灰色的)。不过在本例的"导师"姓名中添加新名字时 Access 将报错,因为新记录没有提供导师编号,作为主键的导师编号是不允许出现空值的。

在较长的组合查询命令中,由于数据表的名字多次出现,为便捷起见可以用别名代替数据表名。

【例 3-36】输出导师马腾跃的姓名、性别及其所带研究生的姓名、性别和入学分数。

```
SELECT t.姓名,t.性别,s.姓名,s.性别,入学分数
FROM 导师 AS t INNER JOIN 研究生 AS s ON t.导师编号=s.导师编号
WHERE t.姓名='马腾跃'
```

命令中用 t 作为"导师"表的别名,s 作为"研究生"表的别名。因入学分数只有"研究生"表才有,不存在二义性,故它前面可以不使用表名。

【例 3-37】显示所有系的系名、系中每位导师的姓名和每位导师所带研究生的姓名。

```
SELECT 系名,导师.姓名, 研究生.姓名
FROM (系 INNER JOIN 导师 ON 系.系编号=导师.系编号) INNER JOIN 研究生 ON 导师.导师编号=研究生.导师编号
```

说明:在查询设计视图中进行多数据源查询时,要求事先在多数据源之间建立关系,这样在设计视图中添加这些数据源时,Access 系统会自动采用 INNER JOIN 实现不同数据源之间的连接。

3. 用左外连接 LEFT OUTER JOIN 实现表与表的连接

左外连接的格式是:

```
FROM <表1> LEFT [OUTER] JOIN <表2> ON <条件表达式>
```

【例 3-38】用下面的左外连接查询命令显示每位导师的姓名及其所带研究生的姓名:

```
SELECT 导师.姓名, 研究生.姓名
FROM 导师 LEFT OUTER JOIN 研究生 ON 导师.导师编号=研究生.导师编号
```

图 3-47(a)显示了查询执行结果,由于李小严没有带研究生,可看到"李小严"对应的研究生姓名为空白,因此左外连接的含义是将查询命令左侧表中连接字段的值全部显示。命令中的 OUTER 可省略。

4. 用右外连接 RIGHT OUTER JOIN 实现表与表的连接

右外连接的格式是:

```
FROM <表1> RIGHT [OUTER] JOIN <表2> ON <条件表达式>
```
它的作用是将命令中右侧表中连接字段的全部值显示。

【例 3-39】显示全部研究生姓名及其带教导师姓名,导师姓名显示在左侧。命令为:

```
SELECT 导师.姓名, 研究生.姓名
FROM 导师 RIGHT OUTER JOIN 研究生 ON 导师.导师编号=研究生.导师编号
```

执行结果如图 3-47(b)所示,"研究生"表中 18 条记录全部显示,包括导师编号为空的马力、李卫星、赵小刚,即右侧表"姓名"字段的所有值都予以显示。

（a）

（b）

图 3-47　左外连接与右外连接

3.4.4　合计、汇总与计算

1. 合计函数

Access 的合计函数又称聚合函数、聚集函数或字段函数，这些函数用于完成各类统计操作。常用的合计函数有 COUNT 函数（计数）、SUM 函数（求和）、MAX 函数（求最大值）、MIN 函数（求最小值）和 AVG 函数（求平均值）。

（1）COUNT 函数

COUNT 函数用于统计符合条件的记录有多少。

格式为：COUNT(字段名|*)

COUNT(字段名)统计字段值的个数，重复值不除去（如想除去请参阅例 3-49），NULL 值不统计；COUNT(*)统计记录的个数。

【例 3-40】要选拔一批入学分数等于或超过 340 分、性别为"男"的研究生，请统计符合要求的人数。查询命令如下：

```
SELECT COUNT(姓名)
FROM 研究生
WHERE 入学分数>=340 AND 性别='男'
```

本例中，"姓名"字段用作计数的对象，也可以改用"学号""性别"等字段。注意图 3-48（a）显示的结果中，输出的字段名为 Expr1000，表示该字段是一个函数的计算结果。为表明字段的含义，可以在 SELECT 中用 AS 子句为该列指定一个输出时的字段名（仅仅用于输出，在其他子句不能使用），整个查询命令修改为：

```
SELECT COUNT(姓名) AS 达标人数
FROM 研究生
WHERE 入学分数>=340 AND 性别='男'
```

输出结果如图 3-48（b）所示。

（a）　　　　　　　　　　　　（b）

图 3-48　例 3-40 的查询结果

（2）SUM 函数

SUM 函数用于求和，参与求和的字段必须为数值类型。

格式为：SUM(表达式)

格式中的表达式通常是一个字段，表示求某字段的总和。

【例 3-41】求导师陈平林所带的研究生入学分数总和。

```
SELECT SUM(入学分数) AS 入学分数总计
FROM 导师,研究生
WHERE 导师.导师编号=研究生.导师编号 AND 导师.姓名='陈平林'
```

（3）MAX 函数和 MIN 函数

这两个函数分别用于在指定的记录范围内找出具有最大值和最小值的字段。

格式为：MAX(表达式)

　　　　　MIN(表达式)

格式中的表达式通常是一个字段，表示求某字段的最大值或最小值。

【例 3-42】找出男研究生中的最高分和最低分。

```
SELECT MAX(入学分数) AS 最高分,MIN(入学分数) AS 最低分
FROM 研究生
WHERE 性别='男'
```

输出结果如图 3-49 所示。

图 3-49　男学生的最高、最低分

（4）AVG 函数

AVG 函数用于输出某个字段的平均值。

格式为：AVG(表达式)

格式中的表达式通常是一个字段，表示求某字段的平均值。

【例 3-43】输出计算机系所属研究生的平均入学分数。

"系"表与"研究生"表没有直接联系，必须以"导师"表为桥梁进行组合查询。命令为：

```
SELECT AVG(入学分数) AS 入学平均分
FROM 系,导师,研究生
WHERE 系.系编号=导师.系编号 AND 导师.导师编号=研究生.导师编号 AND 系名='计算机系'
```

2．分组查询

GROUP BY 子句将输出记录分成若干组，以字段值相同的记录为一组，配合合计函数进行统计汇总操作，一组产生一条记录。

格式为：GROUP BY 分组字段1[,分组字段2[,...]]

【例 3-44】按性别统计导师的平均年龄。

```
SELECT 性别,AVG(年龄) AS 平均年龄
FROM 导师
GROUP BY 性别
```

输出结果如图 3-50（a）所示。平均年龄的小数位过长，可用 ROUND 函数或 FORMAT 函数予以限制。ROUND 函数的格式为：ROUND(data,n)，其中 data 为要输出的数据，n 是需保留的小数位数。FORMAT 函数的格式为：FORMAT(data,"0.00")，其中 data 为要输出的数据，"0.00"为数据的输出格式：保留 2 位小数。设本例需保留小数 1 位，查询命令可修改为：

```
SELECT 性别,ROUND(AVG(年龄),1) AS 平均年龄
FROM 导师
GROUP BY 性别
```

输出结果如图 3-50（b）所示。

（a）　　　　　　　　　　　　　　　　（b）

图 3-50　男女导师的平均年龄

说明：

使用 GROUP BY 子句进行分组时，显示的字段只能是参与分组的字段以及基于合计函数的计算结果，例 3-44 按性别分组，输出的字段只能是"性别"，如果改成"姓名"字段，Access 将提示错误"试图执行的查询中不包含作为聚合函数一部分的特定表达式'姓名'"。

如果确实需要显示非分组字段，可以借助于 FIRST 函数或 LAST 函数。FIRST 函数的格式为：FIRST(字段名)，功能是返回第一条记录中的指定字段值；如果用在分组查询中则返回一组中第一条记录的指定字段值。LAST 函数的格式为：LAST(字段名)，功能是返回最后一条记录中的指定字段值；如果用在分组查询中则返回一组中最后一条记录的指定字段值。例子如图 3-51 所示。

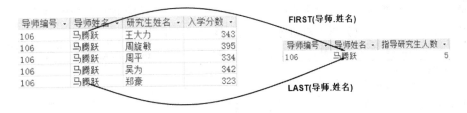

图 3-51　FIRST 函数/LAST 函数

【例 3-45】按导师编号统计各导师所指导的研究生人数，要求显示导师编号、导师姓名和指导研究生人数。

```
SELECT 导师.导师编号,FIRST(导师.姓名) AS 导师姓名, COUNT(学号) AS 指导研究生人数
FROM 导师 LEFT JOIN 研究生 ON 导师.导师编号=研究生.导师编号
GROUP BY 导师.导师编号
```

图 3-52 显示了查询的执行结果。因为两个表是通过左外连接，所以导师"李小严"也出现在统计结果中；如果将"COUNT(学号)"换成"COUNT(*)"，则导师"李小严"所指导的研究生人

数为 1，结果就不对了！读者可以考虑一下为什么？

GROUP BY 后可以有多个分组字段，分组时将这些字段上值相同的记录分在一组。

【例3-46】统计各位导师（按"导师编号"）所带的不同性别研究生的入学最高分，最高分的值按导师编号从高到低排序输出。

```
SELECT 导师编号,性别,MAX(入学分数) AS 最高分
FROM 研究生
GROUP BY 导师编号,性别
ORDER BY 导师编号,MAX(入学分数) DESC
```

图 3-53 显示了查询的执行结果。无导师编号的研究生自成一组，所以第一、二行输出的是无导师编号的 3 个研究生中男、女入学分数最高值。导师编号有 6 个不同的值，性别有 2 个不同的值，本应该分为 6×2=12 组，但因为导师编号为"102"的导师只带了男研究生，导师编号为"103"的导师只带了女研究生，所以实际分为 12-2=10 组，每组产生一条记录，结果共 10 条记录。

图 3-52　各导师所指导的研究生人数　　　图 3-53　例 3-46 的分组查询结果

说明：ORDEY BY 子句总是出现在 SELECT 语句的最后，否则命令执行时会报错。

3. HAVING 短语

HAVING 短语与 GROUP BY 子句联合使用，可以对分组后的结果进行筛选。

【例3-47】计算每一位导师所带研究生的平均入学分数、人数和他们的导师编号，没有导师的 3 位研究生自成一组，对分组人数超过 2 人的组输出统计结果。

```
SELECT ROUND(AVG(入学分数),1) AS 平均入学分数,COUNT(姓名) AS 本组人数,导师编号
FROM 研究生
GROUP BY 导师编号
HAVING COUNT(姓名)>2
```

输出结果如图 3-54（a）所示。查询命令中，ROUND 函数用于将 AVG 函数的结果四舍五入保留 1 位小数，"本组人数"是"COUNT(姓名)"的列名，短语"HAVING COUNT(姓名)>2"则规定只有人数超过 2 的组才能输出。注意本例中 HAVING 短语不能写成"HAVING 本组人数>2"，否则 Access 将"本组人数"当作参数，弹出"输入参数"对话框让用户输入参数值；这是因为 AS 子句为字段起别名，此别名只能用于显示，不能在其他子句中使用；但是 AS 子句为数据表起别名，此别名可以在其他子句中使用。HAVING 短语也不能用"WHERE COUNT(姓名)>2"代替，否则将提示图 3-54（b）所示的出错信息。

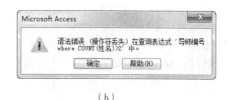

（a）　　　　　　　　　　　　　　　　　　　（b）

图 3-54　使用 HAVING 短语的输出结果及出错提示

说明：WHERE 子句和 HAVING 短语后面都可以跟筛选条件，但两者筛选的对象不同。WHERE 子句对分组之前的表中记录进行筛选，而 HAVING 短语对分组后的结果进行筛选。

4. 计算字段

计算字段的实质是一个表达式，其使用方式如同一个字段。

【例3-48】显示入校时间已达两年的研究生全部信息及在校年数。

```
SELECT 研究生.*,YEAR(DATE())-YEAR(入学日期) AS 在校年数
FROM 研究生
WHERE YEAR(DATE())-YEAR(入学日期)=2
```

命令中，DATE()函数提供了当前系统日期，YEAR()函数用于从一个日期型数据中提取年份信息，表达式 YEAR(NOW())-YEAR(入学日期)的作用是计算两个年份相减的差。因为计算字段没有意义明确的字段名，故命令中用 AS 子句给表达式赋予一个字段名。

3.4.5　嵌套查询

嵌套查询是较复杂的查询操作，它将第一次查询的结果作为第二次查询的数据。

【例3-49】统计显示有研究生入学的研究方向数。

学校开设的研究方向数可以从"研究方向"表查询得到，但有些研究方向比较冷僻，没有招到研究生。所以要统计有研究生入学的研究方向数就必须对"研究生"表进行查询。读者第一反应会输入下面的查询命令：

```
SELECT COUNT(研究方向) AS 研究方向数
FROM 研究生
```

执行后查询结果是 18 个，但实际只有 7 个，结果不对。原因是："COUNT(研究方向)"是统计"研究方向"字段值的个数（不包括空值），没有也无法去除重复的值。正确的 SELECT 命令应该是：

```
SELECT COUNT(研究方向) AS 研究方向数
FROM (SELECT DISTINCT 研究方向 FROM 研究生)
```

执行后查询结果是 7。其中第一个查询"SELECT DISTINCT 研究方向 FROM 研究生"（又称内查询、子查询，应放在一对圆括号中）首先被执行，筛选出不同的研究方向（去掉重复的值），结果将暂存为数据表 X；然后执行"SELECT COUNT(研究方向) AS 研究方向数 FROM X"，在数据表 X 的基础上统计不同研究方向的总数，这层查询又称外查询、父查询。注意内查询是一个完整的、独立的查询，不要遗漏内查询的数据源。

【例3-50】显示所有入学分数高于入学平均分的研究生姓名及其入学分数。

也许读者会想当然地输入下面的查询命令：

```
SELECT 姓名,入学分数
FROM 研究生
WHERE 入学分数>AVG(入学分数)
```

执行后 Access 却提示发生"WHERE 子句(入学分数>AVG(入学分数))中不能有聚合函数"的错误,这是因为在不适当的地方使用了合计函数(没有为 AVG 函数提供数据来源),正确的 SELECT 命令应该是:

```
SELECT 姓名,入学分数
FROM 研究生
WHERE 入学分数>(SELECT AVG(入学分数) FROM 研究生)
```

执行时,内查询"SELECT AVG(入学分数) FROM 研究生"首先被执行,计算出研究生的平均入学分数,结果将暂存为变量 X;然后执行外查询"SELECT 姓名,入学分数 FROM 研究生 WHERE 入学分数>X",查找哪些人的入学分数高于这个 X。查询结果如图 3-55（a）所示。

查看结果会发现一个缺憾:不知道入学平均分究竟是多少,无法与之作比较。解决的方法是同时输出全体研究生的平均分。注意不能简单地将查询命令的第一行修改成"SELECT 姓名,入学分数,AVG(入学分数)",因为"姓名"可以有多个值,而合计函数 AVG()却只有一个值,两者的数量不匹配,解决的方法还是使用嵌套查询,同时用 ROUND 函数将平均分的小数保留 2 位,用"平均分"作为该列的字段名,完整的查询命令是:

```
SELECT 姓名,入学分数,ROUND((SELECT AVG(入学分数) FROM 研究生),2) AS 平均分
FROM 研究生
WHERE 入学分数>(SELECT AVG(入学分数) FROM 研究生)
```

图 3-55（b）所示为本查询的输出结果。

（a）	（b）

图 3-55 高于入学平均分的研究生的信息

【例3-51】找出年龄最大的导师的全部信息及其所在系的系名。

本题也需要作嵌套查询,首先找出所有导师中最大年龄,再将"导师"表中每位导师的年龄逐一与之比较,一旦相同就予以输出,同时输出该导师相应的系名,命令如下（答案可能不止一个）:

```
SELECT 系名,导师.*
FROM 系,导师
WHERE 系.系编号=导师.系编号 AND 年龄=(SELECT MAX(年龄) FROM 导师)
```

【例3-52】找出社科系最年轻导师的全部信息。

本题比较复杂，首先要找出社科系导师的最小年龄，再将社科系每位导师的年龄一一与这个最小年龄比较，若相等则输出这位导师的信息及其所在系的系名，命令如下（同样，答案可以有多个）：

```
SELECT 系名,导师.*
FROM 系,导师
WHERE 系.系名='社科系' AND 系.系编号=导师.系编号 AND 年龄
     =(SELECT MIN(年龄)
       FROM 系,导师
       WHERE 系.系名='社科系' AND 系.系编号=导师.系编号)
```

3.5　操 作 查 询

SELECT 查询又称选择查询。操作查询与选择查询的区别在于前者执行后并非显示结果，而是按某种规则更新字段值、删除表中记录、或者将 SELECT 查询的结果生成一个新的数据表，也可以将 SELECT 的执行结果追加到另一个数据表中。即操作查询不仅能进行数据的筛选查询，而且还能对数据进行修改。

3.5.1　生成表查询

生成表查询的作用是将 SELECT 命令执行后的结果形成一个真正的数据表保存在数据库中。从语法上说，只需在上述 SELECT 命令的字段名列表后加上子句 INTO <新表名>即可，其余部分不变。

【例 3-53】将所有女研究生的全部信息按导师编号降序、入学分数升序的顺序保存为 Female 数据表。命令为：

```
SELECT 研究生.*
INTO Female
FROM 研究生
WHERE 性别='女'
ORDER BY 导师编号 DESC,入学分数
```

执行查询后系统会出现图 3-56 所示的提示对话框。

单击"是"按钮，可观察到导航窗格中新增加了一个 Female 表。注意观察：选择查询对象的图标是 ，而生成表查询的图标为 。

图 3-56　生成新表前的提示信息

也可以在查询设计视图中完成生成表查询操作，操作步骤如下：

（1）单击"创建"选项卡中的"查询设计"按钮，打开查询设计视图。

（2）在"显示表"对话框中选择"研究生"表进行添加，然后关闭对话框。

（3）单击"设计"选项卡中的"生成表"按钮，弹出"生成表"对话框，输入新数据表的名称（见图 3-57），单击"确定"按钮。

（4）在查询设计视图中选择需输出的字段、条件和排序方式，如图 3-58 所示。

图 3-57　输入新数据表的名称　　　　图 3-58　设置生成表查询的字段、条件和排序方式

（5）单击"设计"选项卡中的"运行"按钮 ❗ 执行查询，生成 Female 表。

（6）单击快速访问工具栏中的"保存"按钮 🖫 保存该查询。至此，全部操作完成。

3.5.2　追加查询

追加查询的作用是将一个表中符合条件的全部记录（每个记录包含部分或全部字段）添加到另一个数据表中。下面通过例题说明怎样在查询设计视图中完成记录的追加。

【例3-54】将"研究生"表中的全部男研究生的信息追加到表 Female 中，要求不包含记录中的"性别"信息。

（1）进入查询设计视图，并在"显示表"对话框中选择"研究生"表进行添加，关闭对话框。

（2）单击"设计"选项卡中的"追加"按钮，弹出"追加"对话框，在"表名称"下拉列表框中选择 Female 表（见图 3-59），单击"确定"按钮关闭对话框。

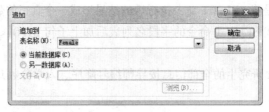

图 3-59　在"追加"对话框中选择被追加表

（3）在追加查询设计视图中，逐一选择所有字段，"追加到"框将自动显示 Female 表中相应的字段名；将"性别"字段下的"追加到"字段清空（因为不需要追加"性别"字段，"性别"字段的出现是为添加一个条件），并在"性别"字段下的"条件"框中输入'男'作为限制条件，如图 3-60 所示。

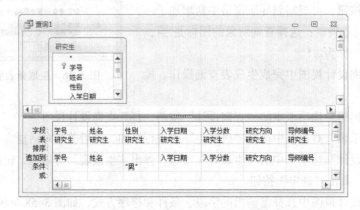

图 3-60　选择待追加的字段、"追加到"目的字段和条件

（4）单击"设计"选项卡中的"运行"按钮 ！执行查询，"研究生"表中的男研究生信息将追加到 Female 表中。

（5）单击快速访问工具栏中的"保存"按钮 🖫 保存该查询。至此，全部操作完成。在导航窗格中，追加查询的图标显示为 ➕！。

打开 Female 表，可观察到新增的记录。本例对应的 SQL 命令是：

```
INSERT INTO Female (学号,姓名,入学日期,入学分数,研究方向,导师编号)
SELECT 学号,姓名,入学日期,入学分数,研究方向,导师编号
FROM 研究生
WHERE 性别="男"
```

注意：

（1）待追加的字段与"追加到"字段的名称可以不一致，但类型应相同或者兼容。

（2）追加操作不应破坏数据的完整性约束。例如，不能将 Female 的记录追加到"研究生"表中，因为"研究生"表的主键是"学号"，若追加操作成功则"学号"值将重复，这将违反实体完整性约束。

（3）待追加的字段数可以少于目的表的字段数，但追加到目的表的主键字段不能省略，追加到外键字段的值也必须是有效值。

3.5.3　更新查询

更新查询可以根据某种规则批量修改数据表中的数据。

【例3-55】将每位导师的年龄增加 1 岁。

（1）进入查询设计视图，并在"显示表"对话框中选择"导师"表进行添加，关闭对话框。

（2）单击"设计"选项卡中的"更新"按钮，在更新查询设计视图的"字段"栏选择"年龄"字段，在"更新到"栏输入一个表达式"[年龄] + 1"，如图 3-61 所示。

注意："更新到"栏中的表达式中引用的字段名必须放在一对方括号中（本例是"[年龄]"），否则 Access 查询会将其理解成是一个字符串常量。

（3）单击"设计"选项卡中的"运行"按钮 ！执行查询，所有导师的年龄将增加 1 岁。

（4）单击快速访问工具栏中的"保存"按钮 🖫 保存该查询，完成更新操作。

本例更新查询对应的 SQL 代码是：

```
UPDATE 导师
SET 导师.年龄 =[年龄]+1
```

新建的更新查询在导航窗格中将显示图标 ✍！。同追加查询一样，更新查询对数据表中记录的修改也不得违反所有的数据完整性约束，如不能将主键字段的值修改成空值或重复值，也不能将外键字段的值更新成对应参照表的主键字段中不存在的值。

【例3-56】将计算机系所有男同学的分数增加 10%。

本例的前提是"系""导师""研究生"3 个表必须建立关系，建立更新查询的操作步骤同上例，完成后的更新查询设计视图如图 3-62 所示。"系名"字段和"性别"字段出现在设计视图中以实现更新的条件；在表达式中用乘以 1.1 表示增加 10%，不能写成"*110%"。

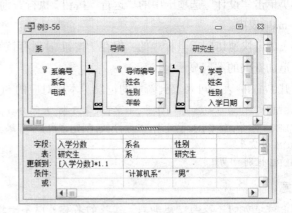

图 3-61　例 3-55 的更新查询视图　　　　图 3-62　例 3-56 的更新查询视图

说明：更新查询在执行时自动遵守各类数据完整性规则，当"系"表中的"系编号"字段发生变化时，"导师"表中原"系编号"值将自动随之更新。

3.5.4　删除查询

删除查询能按用户制定的规则一次删除数据表中所有符合条件的记录。

【例 3-57】用删除查询删除所有入学分数在 340 分或以上的男研究生记录。

首先复制一个"研究生"表的副本以备恢复数据。建立查询的步骤是：

（1）进入查询设计视图，在"显示表"对话框中选择"研究生"表进行添加，关闭对话框。

（2）单击"设计"选项卡中的"删除"按钮，在删除查询设计视图中添加"入学分数"和"性别"字段并设置删除条件，如图 3-63（a）所示。

（3）单击"设计"选项卡中的"运行"按钮 ! 执行查询，Access 显示图 3-63（b）所示的确认对话框，根据需要进行选择。

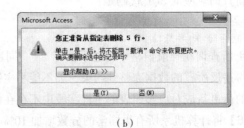

（a）　　　　　　　　　　　　　　　　（b）

图 3-63　例 3-57 的删除查询设计和删除确认对话框

（4）单击快速访问工具栏中的"保存"按钮 🖫 保存该查询。观察数据库的导航窗格，在查询对象组中删除查询对象的图标为 ✕。

注意：

删除查询在删除记录时自动遵守参照完整性规则。本例中：

（1）研究生表是一个"多"表，它不是其他表的参照表，因此记录可以顺利删除，结果不影响其他表。

（2）如果删除的是"导师"表记录，且"导师"表和"研究生"表已建立一对多关系，同时允许级联删除，则删除"导师"表记录的同时，"研究生"表中"导师编号"相同的相关记录也被自动删除。

（3）如果"导师"表和"研究生"表之间有一对多关系但不允许级联删除，则"导师"表记录不能被删除。

（4）当"系""导师""研究生"表三者之间分别建立了一对多关系且允许级联删除时，若删除"系"表中的记录，相同"系编号"的"导师"表记录以及相同"导师编号"的"研究生"表记录将同时自动被删除。

【例3-58】删除导师陈平林所带研究生中分数最低者。

本例的删除操作比较复杂，既涉及表间关系，又需要嵌套查询，同时嵌套查询中也有表间关系，设计视图如图 3-64 所示。在"删除"框中，From 表明哪个数据表中的记录将被删除，Where 指示被删记录的条件。本例首先要找出陈平林所带研究生的入学分数最低分，再从陈平林所带的研究生中逐一匹配谁的入学分数是这个最低分，因此条件中嵌套子查询的全部内容为：

```
(SELECT MIN(入学分数)
 FROM 导师,研究生
 WHERE 导师.导师编号=研究生.导师编号 AND 导师.姓名='陈平林')
```

整个子查询放在一对圆括号中。要注意的是，子查询中的条件表达式"导师.姓名='陈平林'"不能缺少，没有这个条件则找到的将是全体研究生中的最低分；同样删除查询设计视图中的"陈平林"也不可省略，因为其他导师所带研究生的入学分数有可能恰巧与陈平林所带研究生的最低分相同，这样会误删其他导师的研究生。

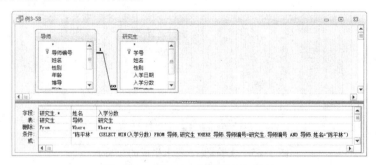

图 3-64　例 3-58 的删除查询设计

习题与实验

一、思考题

1. 查询与数据表中的筛选操作有什么相似和不同之处？

2. Access 查询对象的实质是什么？

3. Access 提供的常用查询有哪几类？

4. ORDER BY 子句用于将结果排序输出，如果没有该子句，用查询输出“研究生”表时记录的顺序是什么？

5. 在 SQL 语句中使用什么方法来建立两个表之间的数据参照关系？

6. 在 SELECT 命令中，HAVING 短语和 WHERE 子句有什么共同点和区别？

二、实验题

（第 1 题~第 11 题请直接使用查询向导、查询设计视图、SQL 命令生成查询，从第 13 题开始的更新、删除等查询请先做好各个数据表的备份。注意：不能随意更新题目中的条件，例如，题目中给出了“计算机系”的查询条件，这说明计算机系的系名已知，但系编号未知，你只能使用“系名='计算机系'”建立查询条件，而不能使用“系编号='D01'”。）

1. 显示导师编号为 101、103、105 的男研究生的姓名、性别和入学分数。

2. 统计 D01 系中女导师的人数。

3. 假定研究生录取规则如下：入学分数线为 350 分，对于报考考古学方向的研究生，分数可降低到 300 分，请从研究生表中挑出合适的人选。

4. 计算研究生中最早和最晚入学的学生相差几年（Year()函数可取出日期中的年份）。

5. 计算男、女研究生人数之比，以男生人数为 1（嵌套查询）。

6. 输出社科系全体导师的名单。

7. 生成一个查询，要求能显示每个系的系名及其该系所培养的研究生的姓名。

8. 陈为民是哪个系的研究生？她的导师是谁？

9. 查询指定年龄范围内的导师详细信息（参数查询）。

10. 统计计算机系中男女研究生入学分数的平均分。

11. 输出导师马腾跃所带研究生中入学日期最早者姓名。

12. 生成如图 3-65 所示的交叉表，内容为各个导师（姓名）所带的不同研究方向男女研究生的最高分。

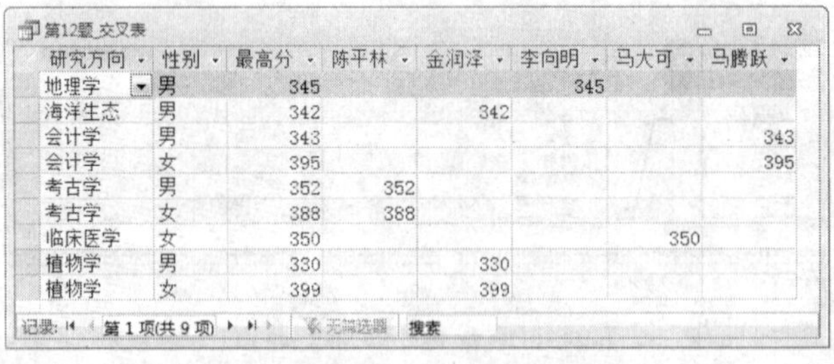
第12题_交叉表

研究方向	性别	最高分	陈平林	金润泽	李向明	马大可	马腾跃
地理学	男	345			345		
海洋生态	男	342		342			
会计学	男	343					343
会计学	女	395					395
考古学	男	352	352				
考古学	女	388	388				
临床医学	女	350				350	
植物学	男	330		330			
植物学	女	399		399			

记录：第 1 项(共 9 项) 无筛选器 搜索

图 3-65 实验题 12 要求生成的交叉表

13. 生成一个数据表，内容为导师的姓名及其所带的研究生的姓名，表名为 t_s。

14. 将社科系和计算机系所有女导师的姓名及其所带研究生的姓名追加到表 t_s 中。

15. 生成一个表 Personal，其内容为比最低分高出 30 分以内的所有研究生的个人信息。

16. 将所有考古学专业研究生的入学分数增加 20%。

17. 删除导师金润泽所带的研究生。

18. 删除所有没有分配导师的研究生。

第4章 创 建 报 表

报表的主要作用是将数据按特定方式组织并输出。要高效率地对数据进行管理、计算和统计工作，以得到符合要求的数据信息，掌握报表的设计与使用方法是非常必要的。本章首先介绍 Access 数据库中报表对象的概念及报表的结构，然后介绍报表的创建和编辑方法。

4.1 报表对象概述

Access 报表是数据库中的一个容器对象，由称为报表控件的对象组成。因此，设计 Access 报表对象也就是在报表容器中合理地设计各个报表控件，以实现用户对报表输出的具体需求。通过报表可实现数据分组或嵌套输出，可对多组数据进行比较、小计和汇总，还可以生成各种形式的图表和标签。报表中可以包含子报表。

Access 为创建报表对象提供了报表向导和报表设计视图。一些简单的通用报表可以通过向导快速生成，此时报表上的控件将与数据表中的字段自动绑定。对有特殊要求的报表，可以在报表设计视图中自定义完成；或者先通过向导生成报表框架，再在设计视图中予以完善。

1. 报表结构

Access 的报表通常由 5 个节组成，从上到下依次为"报表页眉""页面页眉""主体""页面页脚""报表页脚"。如果在报表中进行了分组，则还有"组页眉"和"组页脚"，如图 4-1 所示。

（a）

（b）

图 4-1　报表结构与预览效果

其中：

（1）"报表页眉"出现在报表的最上方，通常放置报表标题、日期时间、制作单位或单位徽标等信息。报表页眉可以看作整个报表的标题，其内容只在报表首页输出一次。

（2）"页面页眉"出现在报表每个打印页的上方，通常用于输出每一页的标题或每一列的标题（字段名）。

（3）"组页眉"出现在报表每个分组的上方，通常用于输出每一组的标题，例如图 4-1 中的"性别页眉"。

（4）"主体"节是报表的主要部分，用于显示记录的内容。报表的主体内容是报表不可缺少的关键内容和核心内容，创建报表主要是针对主体节进行设计。

（5）"组页脚"出现在报表每个分组的下方，通常用于显示分组统计数据，例如图 4-1 中的"性别页脚"。组页眉和组页脚可以根据需要单独设置。

（6）"页面页脚"出现在报表每一页的底部位置，通常用于输出页码、制作人员或打印日期等其他与制作报表相关的信息。

（7）"报表页脚"是整个报表的底部，其内容只在报表最后一页输出一次。所有数据的统计信息通常可放在报表页脚中。

2．报表的数据源

报表中的大部分输出内容来自数据表、查询或者 SQL 语句。与查询相同，通常报表的执行结果在屏幕上也是以数据表的形式显示数据，但报表本身并不包含数据，所显示的数据是报表对象在执行时从相关数据表中"抽取"的。因此，创建报表时，必须为报表对象设定合适的数据源。如果一个报表中的数据源要来自多个表，可在创建报表对象之前，先创建一个查询对象，然后在创建报表对象时指定该查询对象为其数据源；也可以在创建报表时先后选择多次数据源；或者在主报表中嵌入子报表。

本章例题中报表的数据来源取自第 2 章建立的"研究生管理"数据库。

3．报表的视图

为方便用户设计报表，Access 系统设计了 4 种视图：

（1）设计视图：用于报表的创建和修改，用户可以根据需要向报表中添加控件、调整控件大小和位置、设置控件属性，报表设计完成后保存在数据库中。例如，图 4-1（a）就是报表的设计视图，显示报表的各个节，用户在相应节中对报表进行设计。

（2）报表视图：是报表的显示视图，用于在显示器中显示报表内容。在该视图下可以对报表中记录进行筛选、查找等操作。例如，图 4-1（b）就是报表的报表视图，显示报表的实际内容，如果发现有不合适的地方可返回设计视图进行修改。

（3）布局视图：是 Access 2010 新增加的一种视图，实际上是处于运行状态的报表。在该视图中，显示数据的同时可以调整报表设计，可以根据实际数据调整列宽和位置，可以向报表添加分组级别和汇总选项。

（4）打印预览视图：是报表运行时的显示方式，可以看到报表的打印外观。使用打印预览功能可以按不同的缩放比例对报表进行预览，可以对页面进行设置。

视图的切换：报表对象未打开前，可以右击该对象，在弹出的快捷菜单中进行选择，其中"打开"命令是进入报表视图；报表对象打开后，单击"开始"/"设计"选项卡中的"视图"按钮进行选择，或单击状态栏右边的相应"视图"按钮进行切换。

4．创建报表的方法

创建报表的常用方法有如下 4 种：

（1）自动创建报表。自动报表是基于一个表或查询快速创建的报表，这种报表以表格形式自动输出给定表或查询中的所有字段和记录。

（2）创建空报表。首先创建一个空白报表，然后将选定的数据字段添加到报表中。使用这种方法创建报表，其数据源只能是表。

（3）通过向导创建报表。通过向导，可基于一个或多个表/查询创建报表。向导将提示设定报表的数据源、字段、版面等信息，并根据用户的回答生成相关报表。如果对生成的报表不十分满意，可以在设计视图中对其进行修改。

（4）使用设计视图创建报表。在设计视图中手动创建报表，可对其按要求进行自定义，使其满足个性需要。

4.2　自动创建报表

自动创建报表可以快速地创建表格式自动报表，自动化程度高，但报表功能有限。自动创建的报表只能基于一个表或查询，并自动输出给定表或查询中的所有字段和记录。

【例4-1】基于"研究生"表创建一个表格式自动报表。即报表中每条记录在一行显示。

（1）打开"研究生管理"数据库，在导航窗格选定"研究生"表。

（2）单击"创建"选项卡中的"报表"按钮，系统将自动创建表格式报表，并以布局视图显示此报表，如图 4-2 所示。

图 4-2　使用报表工具创建的表格式报表

（3）关闭生成的自动报表窗口时，系统弹出是否保存报表对话框。单击"是"按钮，并在随后弹出的"另存为"对话框中输入报表名称"研究生"。

（4）如果对自动创建的报表不满意，可以在布局视图或设计视图中进行修改和美化处理。

4.3　使用空报表工具创建报表

创建空报表是指首先创建一个空白报表，然后将选定的数据字段添加到报表中。使用这种方法创建报表，其数据源只能是表，但可以是多数据源。对于只在报表中放置很少几个字段时，使用该方法创建报表最为快捷。

【例4-2】创建一个表格式报表显示系名、导师名和研究生姓名。

（1）在"创建"选项卡中单击"空报表"按钮，系统将自动创建一个空报表并以布局视图显示，同时打开"字段列表"窗格，如图4-3所示。

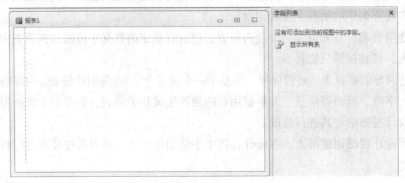

图 4-3　空报表和字段列表

（2）在"字段列表"窗格中单击"显示所有表"选项，显示"研究生管理"数据库中所有的表对象。单击 ⊞ 展开"系"表，将"系名"字段拖动到报表的空白区域，或直接双击"系名"字段将其自动添加到报表中。此时窗格中除了显示"系"表信息外，还显示与之相关联的表的信息，如果需要可以将关联表中的字段添加到报表中。

（3）以相同的操作将"导师"表中的"姓名"字段和"研究生"表中的"姓名"字段添加到报表中，如图4-4所示。

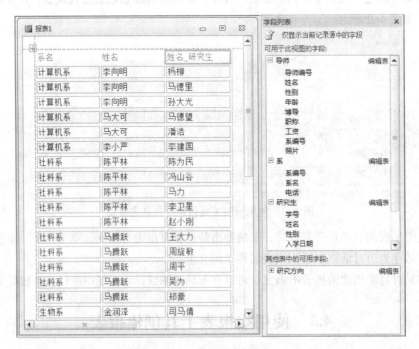

图 4-4　"空报表"创建报表

（4）单击快速访问工具栏中的"保存"按钮 ■ 将报表保存为"系–导师–研究生"。

说明：

（1）报表中的数据如果涉及多个数据源，那么这多个数据源之间必须建立关系，可以事先建立，也可以临时建立。例如：本例报表中的数据分别来自"系""导师""研究生"表，在创建报表前应该先建立3个表间的关系，否则在创建报表时系统会弹出类似图4-5所示的对话框要求建立表间关系。

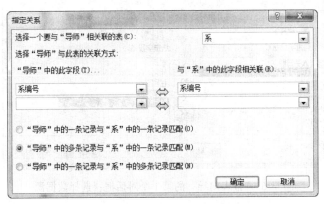

图4-5 "指定关系"对话框

（2）制作简单报表通常先使用"空报表"方法添加字段内容，再使用"设计视图"进行修改和美化，这种方法比较快捷。

4.4 通过向导创建报表

通过 Access 提供的向导，能快速创建各种不同类型的报表：使用"报表向导"可以创建基于单一数据源或基于多个数据源的纵栏式报表或表格式报表；使用"标签向导"可以创建类似邮件标签的报表。在生成过程中，向导会提一些问题（如数据的来源等），并根据问题的答案创建报表。

通常的设计步骤是：先通过向导创建报表对象；然后根据需要进入报表设计视图进行修改或美化，使报表布局或格式更符合具体需求。

4.4.1 创建基于单一数据源的报表

如果一个报表中的数据源来自一个表或查询，则称此报表为基于单一数据源的报表。下面通过例题说明此类报表的创建方法与步骤。

【例4-3】基于"研究生"表创建"研究生信息"报表，要求输出研究生的学号、姓名、性别、入学分数和导师编号。

（1）单击"创建"选项卡中的"报表向导"按钮，弹出"报表向导"的第1个对话框，本对话框为报表选择数据源。

这里的操作方法与查询向导中的操作方法完全一致，即在"表/查询"下拉列表中选择创建报表的数据源，本例选择"研究生"表；在"可用字段"列表框中选中要输出的字段，然后单击 ▶

按钮移到右侧的"选定字段"列表框中，本例的选定字段依次为"学号""姓名""性别""入学分数""导师编号"，如图 4-6 所示。按钮 >> 用于选择全部的字段；按钮 < 和 << 用于撤销误选字段。

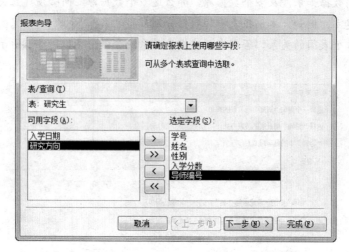

图 4-6 "报表向导"的第 1 个对话框：选择数据源

（2）设置完毕，单击"下一步"按钮，进入"报表向导"的第 2 个对话框，如图 4-7 所示，本对话框根据需要为报表选定相应分组字段。

选中图 4-7 所示对话框左边列表框中的字段后单击 > 按钮，可将该字段作为分组字段添加到右边的示例框中。对误选分组字段，可单击 < 按钮将其退回对话框左边的列表框中；若分组字段不止一个，可以单击 ◆ 或 ◆ 按钮调整其优先级别；单击"分组选项"按钮可设置分组间隔。图 4-7 所示对话框选择的分组字段是"导师编号"，分组间隔为"普通"（默认值）。

图 4-7 "报表向导"的第 2 个对话框：选择分组字段

（3）设置完毕，单击"下一步"按钮，进入"报表向导"的第 3 个对话框，如图 4-8 所示，本对话框确定报表记录的排列顺序和汇总信息。

如果数据源的记录顺序满足所建报表对象的需求，直接单击"下一步"按钮进入第 4 步操作；否则需设定排序关键字段，最多可设置 4 个关键字段。其中，"1"列表框中的字段为主关键字段，其他列表框中的字段为次关键字段。单击排序关键字段右边的按钮可设定排序方式，默认为升序。报表输出时，记录的排列顺序首先按主关键字段排序，主关键字段的值相同时，再按次关键字段排序。单击"汇总选项"按钮，可选择需要计算的汇总字段与汇总方式。

　　本例选择"入学分数"为排序关键字段，排序方式是"降序"；汇总字段是"入学分数"，汇总方式为"平均"。

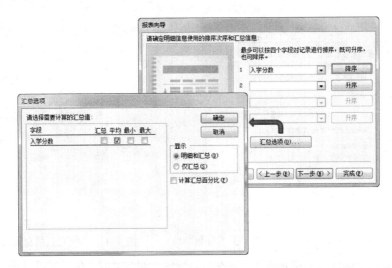

图 4-8　"报表向导"的第 3 个对话框：确定排序和汇总

　　（4）设置完毕，单击"下一步"按钮，进入"报表向导"的第 4 个对话框，如图 4-9（a）所示，本对话框确定报表的布局方式。

　　在对话框中，可为所创建的报表对象设定布局方式和方向，左边的示例框同步显示设置效果的示意图。本例选择"大纲"布局，方向为"纵向"。

　　说明： 若在"报表向导"的第 2 个对话框中没有设定分组字段，则"报表向导"的第 3 个对话框中就没有"汇总选项"按钮，相应的"报表向导"的第 4 个对话框如图 4-9（b）所示。

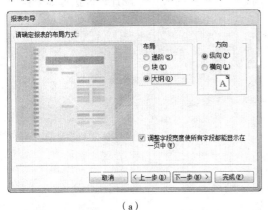
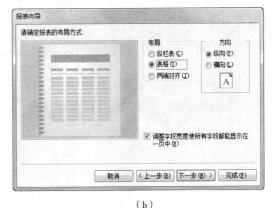

（a）　　　　　　　　　　　　　　　　　　　（b）

图 4-9　"报表向导"的第 4 个对话框：确定报表布局

　　（5）设置完毕，单击"下一步"按钮，进入"报表向导"的第 5 个对话框，如图 4-10 所示，本对话框确定报表的标题。

在对话框中，先输入报表标题，报表标题同时也是该报表对象的名称；然后选择报表创建之后的状态："预览报表"或"修改报表设计"。本例的报表标题输入的是"研究生信息"，并选择"预览报表"单选按钮（默认值）。

单击"完成"按钮，结束报表向导创建报表的操作，预览效果如图 4-11 所示。

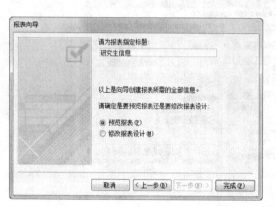

图 4-10　"报表向导"的第 5 个对话框：确定报表标题

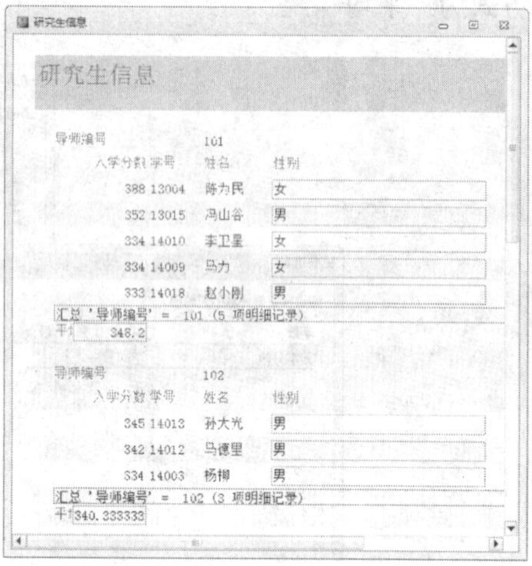

图 4-11　"研究生信息"报表预览

若报表向导创建的报表不符合要求，可在布局视图中调整宽度、位置等：单击"开始"/"设计"选项卡中的"视图"按钮进行选择，或单击状态栏右边的"布局视图"按钮，即可进入报表布局视图窗口，如图 4-12 所示。

说明：布局视图的界面与报表视图几乎一样，但是该视图中各个控件的位置可以移动，用户可以重新布局各个控件，删除不必要的控件，设置各个控件的属性等，但是不能像设计视图一样添加各种控件。

在报表布局视图中，选中其中的控件，就可以像图片一样进行缩放、移动或删除。例如，要将"入学分数"放在最后一栏，去掉汇总函数，并调整相应控件的大小和位置，可执行如下操作（效果如图 4-13 所示）。

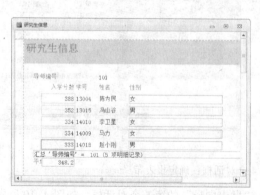

图 4-12　报表布局视图

图 4-13　更改后的报表

（1）将"入学分数"调整到最后，并调整各控件的大小和位置。

① 单击（选定）栏标题上的"性别"控件，移动光标到边框上，待双向箭头出现时拖动即可调整栏标题上"性别"控件的宽度。如果选定数据中的"性别"控件（任意的"男"或"女"），拖动调整的是数据中的"性别"控件宽度。

② 选定栏标题上的"入学分数"控件，移动光标待十字箭头出现时拖动，将该控件拖动到最后，即可调整栏标题上"入学分数"控件的位置。如果选定数据中的"入学分数"（任意一个入学分数的具体值），拖动调整的是数据中"入学分数"控件的位置。

③ 参照图 4-13 调整各个控件的宽度和位置。

说明：控件的位置如需微调，使用键盘上方向键（→、←、↑、↓）更为高效。

（2）去掉汇总函数：选定汇总函数控件（任意一个即可，例如：汇总'导师编号'= 101（5 项明细记录）），按【Delete】键进行删除。

（3）关闭报表布局视图窗口，在随之出现的对话框中单击"是"按钮，保存更改后的报表设计。

4.4.2　报表对象的操作

1．报表的复制、重命名与删除

与表对象相似，对报表对象同样可执行复制、重命名、删除等操作，方法同表对象的相关操作。参见 2.4 节"数据表的操作"。

2．报表的另存

在导航窗格中选定需另存的报表，选择"文件"菜单中的"对象另存为"命令，弹出图 4-14 所示的"另存为"对话框。在该对话框中可定义报表另存的名称。

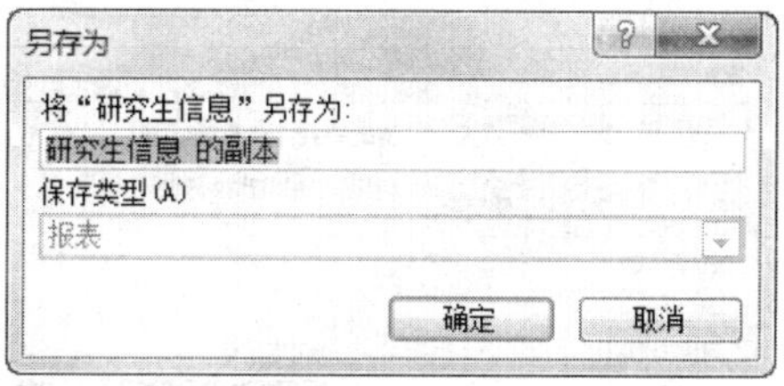

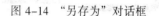

图 4-14　"另存为"对话框

3．报表的导出与打印输出

报表的导出方法同数据表，可以导出为 Excel 工作表、文本文件或 HTML 文档等，参见 2.5 节。报表打印输出的设置方法也与数据表的对应操作相同，参见 2.3.8 节。

4.4.3　创建基于多重数据表的报表

如果一个报表中的数据源来自多个表，则称此报表为基于多重数据表的报表。创建基于多重数据表的报表有以下两种方法。

第一种方法：先建立基于多个表的查询，然后基于该查询创建报表。这样创建的报表，数据源是单一的查询对象，因此，创建报表的方法同 4.4.1 节，区别在于数据源选择基于多表的查询对象。

第二种方法：在"报表向导"的第 1 个对话框中选择"表/查询"中的字段后（见图 4-6），不要单击"下一步"或"完成"按钮，而是重复这一步骤以选择另一个表或查询，并选取要包含到报表中的字段，直至选择了所有需要的字段。

【例 4-4】基于"系"表和"导师"表，创建一个如图 4-15 所示的"各系研究生导师信息"报表。

图 4-15 "各系研究生导师信息"报表

这里采用第二种方法创建基于"系"表和"导师"表的报表，第一种方法作为实验题请读者自己完成。

（1）打开"报表向导"的第 1 个对话框，先在"表/查询"下拉列表中选择"系"表，"选定字段"为"系名"；再在"表/查询"下拉列表中选择"导师"表，"选定字段"为"姓名""年龄""职称""工资"，如图 4-16 所示。

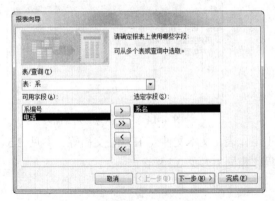

图 4-16 在"报表向导"的第 1 个对话框中先后选择两个表

（2）单击"下一步"按钮，进入"报表向导"的第 2 个对话框。确定查看数据的方式，如图 4-17 所示。

（3）单击"下一步"按钮，进入"报表向导"的第 3 个对话框。根据需要为报表选定分组字段，本例没有设定分组，如图 4-18 所示。

（4）单击"下一步"按钮，进入"报表向导"的第 4 个对话框。接下来的操作与例 4-4 相似，即确定报表记录的排序次序，本例选择"系名"为排序关键字段；确定报表的布局方式，本例选择"表格"布局；确定报表标题，本例输入"各系研究生导师信息"。按向导逐步设置之后，单击"完成"按钮，结果如图 4-15 所示，保存后退出。

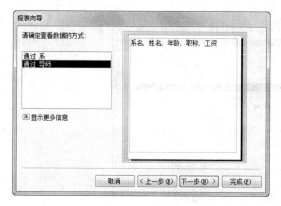
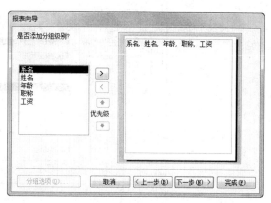

图 4-17 "报表向导"的第 2 个对话框　　　　图 4-18 "报表向导"的第 3 个对话框

4.4.4　创建标签报表

标签报表是一种特殊的报表，它是以记录为单位，创建格式完全相同的独立报表，主要用于制作信封、打印工资条、学生成绩通知、设备/货物标签等。在打印标签报表时甚至可以直接使用带有背胶的专用打印纸，这样就可以将打印好的标签直接贴在设备或货物上。

Access 提供了标签向导，可以快速生成标签报表，但只能基于一个表或查询对象来创建。

【例 4-5】基于"研究生"表创建一个"研究生信息标签"报表，标签内容包括"学号""姓名""导师编号"，如图 4-19 所示。

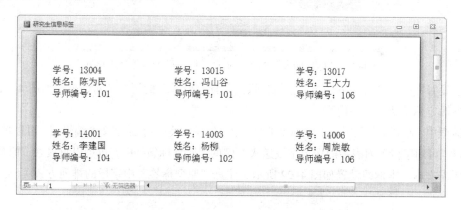

图 4-19 "研究生信息标签"报表打印预览视图

（1）在导航窗格中选定"研究生"表（标签报表的数据源），在"创建"选项卡中单击"标签"按钮，弹出"标签向导"的第 1 个对话框，如图 4-20 所示。本对话框为标签指定尺寸。

根据事先拟定好的报表选取合适的标签尺寸，可以通过列表框选择系统提供的标签型号，也可以自定义标签尺寸。本例选择 Avery 厂商提供的"J8359 型"，这种标签的尺寸是 34 mm × 64 mm，一行显示 3 个。

（2）设置完毕，单击"下一步"按钮，进入"标签向导"的第 2 个对话框，如图 4-21 所示。本对话框为标签中的文本设置格式。

根据需要选择标签文本的字体、字号、粗细和颜色，本例保持默认设置。

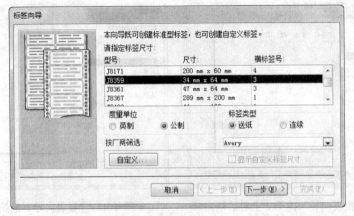

图 4-20　"标签向导"的第 1 个对话框：指定标签尺寸

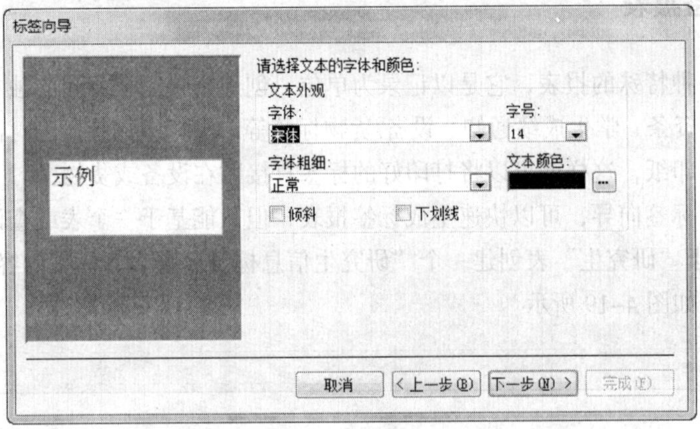

图 4-21　"标签向导"的第 2 个对话框：设置标签文本格式

（3）设置完毕，单击"下一步"按钮，进入"标签向导"的第 3 个对话框，如图 4-22 所示。本对话框确定标签所显示的内容。

对话框中"原型标签"用于确定标签的显示内容，它就是一个微型文本编辑器，可以单击 ▶ 按钮，将"可用字段"列表中的选定字段送入右侧的"原型标签"中；也可以直接在"原型标签"中输入所需文本。本例的设置如图 4-22 所示（注意"原型标签"中字段的排列方式）。

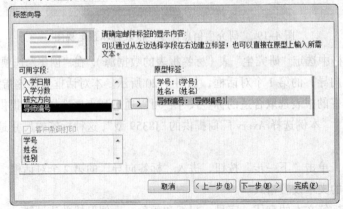

图 4-22　"标签向导"的第 3 个对话框：确定标签内容

（4）设置完毕，单击"下一步"按钮，进入"标签向导"的第 4 个对话框，如图 4-23 所示。本对话框确定标签的输出顺序。本例需按"学号"顺序输出，因此选定"学号"为排序依据。

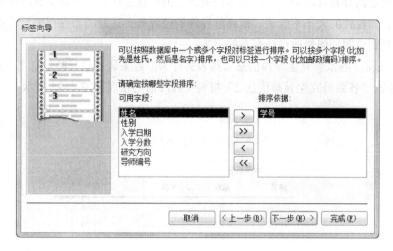

图 4-23 "标签向导"的第 4 个对话框：确定标签输出顺序

（5）设置完毕，单击"下一步"按钮，进入"标签向导"的第 5 个对话框，如图 4-24 所示。本对话框指定标签报表的名称，本例输入"研究生信息标签"。单击"完成"按钮，结束标签报表的创建，弹出图 4-19 所示的打印预览窗口显示标签报表。

如需调整或美化，可进入布局视图/设计视图进行调整或设置。

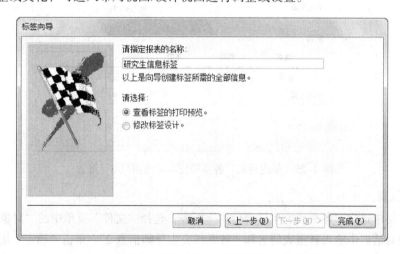

图 4-24 "标签向导"的第 5 个对话框：输入报表名称

说明：打印预览视图是唯一可以看到一行多个标签的视图，其他视图只能看到一行一个标签。

4.5 通过设计视图创建报表

报表设计视图是进行报表设计的窗口。在报表设计视图中不仅可以修改已有的报表设计，还可以创建新报表、设置子报表和创建图表报表。

4.5.1　修改已经存在的报表

尽管使用报表向导和自动报表可以快速完成报表的创建工作，但有时生成的报表布局和格式不能令人满意，如控件的大小不合适，需调整控件的位置等，这就需要在报表设计视图中进行修改。下面通过例题说明如何修改已经存在的报表。

【例4-6】先将"各系研究生导师信息"报表另存为"各系研究生导师信息 2"报表，然后如图 4-25 所示修改"各系研究生导师信息 2"报表（修改前的报表如图 4-15 所示）。

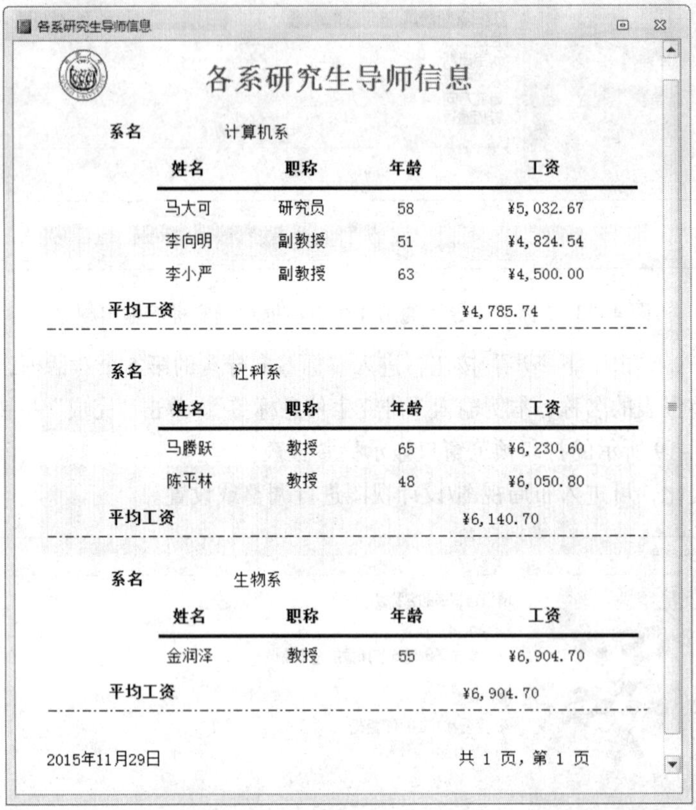

各系研究生导师信息			

各系研究生导师信息

系名	计算机系		
姓名	职称	年龄	工资
马大可	研究员	58	¥5,032.67
李向明	副教授	51	¥4,824.54
李小严	副教授	63	¥4,500.00
平均工资			¥4,785.74

系名	社科系		
姓名	职称	年龄	工资
马腾跃	教授	65	¥6,230.60
陈平林	教授	48	¥6,050.80
平均工资			¥6,140.70

系名	生物系		
姓名	职称	年龄	工资
金润泽	教授	55	¥6,904.70
平均工资			¥6,904.70

2015年11月29日　　　　　　　　　　共 1 页，第 1 页

图 4-25　修改后的"各系研究生导师信息 2"报表

1. 另存报表

在导航窗格中选定"各系研究生导师信息"报表，选择"文件"菜单中的"对象另存为"命令，在弹出的对话框中输入新报表的名称"各系研究生导师信息 2"，单击"确定"按钮。导航窗格即可显示出"各系研究生导师信息 2"报表。

说明：对于初学者，为了避免误操作破坏已经建立的报表，建议修改前先另存报表。

2. 打开报表设计视图

在导航窗格中右击需修改的"各系研究生导师信息 2"报表，在弹出的快捷菜单中选择"设计视图"命令，打开图 4-26 所示的报表设计视图窗口。

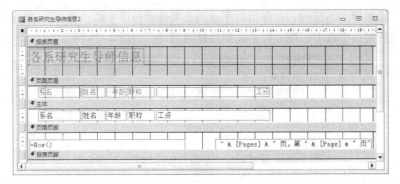

图 4-26　修改前的报表设计视图

3. 修改报表设计

根据需要，可调整排序和分组数据、报表布局、修改报表或控件属性、增加或减少控件等。这里的控件可以是显示名称和数字的文本框、显示标题的标签，或者是以图形方式组织数据以使报表更生动的装饰线。

（1）排序与分组

单击"设计"选项卡中的"分组和排序"按钮，在报表下方出现图 4-27 所示的"分组、排序和汇总"窗格，显示报表已经建立一个排序：按"系名"升序排序，还包括"添加组"和"添加排序"按钮。本例要求按"系名"进行分组，在原有按"系名"排序的基础上，增加按"工资"降序排序，即同一个系中，按工资从高到低排列记录。

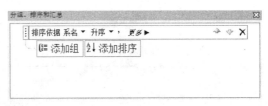

图 4-27　设置前的"分组、排序和汇总"窗格

操作步骤如下：

① 单击 ✕ 按钮删除原有的"排序依据 系名"。

② 单击"添加组"按钮，弹出图 4-28（a）所示的字段列表，选择分组字段"系名"，排序方式默认为"升序"；单击 更多▶ 按钮，在展开的"分组形式"栏中设置：有页眉节（添加组页眉节）、有页脚节（添加组页脚节），汇总方式选择计算平均工资，并在组页脚中显示，如图 4-28（b）所示。设置完后会发现报表设计视图中多了"系名页眉"和"系名页脚"节，并在"系名页脚"节中出现文本框控件 "=Avg([工资])" 计算平均工资，但缺少说明文字。

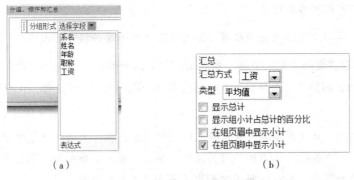

（a）　　　　　　　　　　　　　（b）

图 4-28　选择分组字段和汇总方式

③ 单击"添加排序"按钮，在弹出的字段列表中选择排序字段"工资"，排序方式选择"降序"，用于实现在同一个系中，按工资从高到低排列记录，如图 4-29 所示。

图 4-29　设置后的"分组、排序和汇总"窗格

（2）调整报表布局

调整报表布局就是调整各控件的大小和位置。最直观的方法是用鼠标拖动控件解决：将光标移到控件上，如果光标形状变成双向箭头，此时拖动可以改变控件大小；如果光标形状变成十字箭头，此时拖动可以移动控件位置。本例执行如下操作：

① 选定报表页眉中的"各系研究生导师信息"标签控件，并适当向右边拖动以实现报表标题居中效果，如图 4-30 所示。

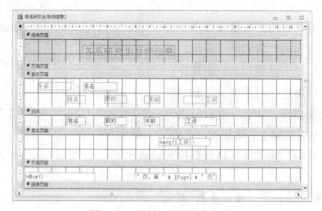

图 4-30　调整后的报表布局

② 将"页面页眉"节中所有标签控件移动到"系名页眉"节，可以采用拖动的方法，也可以采用剪贴板的方法；同样的操作将"主体"节中"系名"文本框控件移动到"系名页眉"节。按图 4-30 所示进行布局：交换"职称"和"年龄"标签控件的位置，适当调整"工资"标签控件的尺寸（宽度缩小）；同理，交换"主体"节中的"职称"和"年龄"文本框控件的位置，并适当调整"工资"文本框控件的尺寸。

说明：标签控件用于显示报表的标题，文本框控件用于显示报表的数据。

③ 将光标移到"页面页眉"节和"系名页眉"节的分界处，待光标变为双向箭头时，按住鼠标左键向上移动，调整"页面页眉"节的高度为 0，即关闭"页面页眉"节的显示，如图 4-30 所示。

说明：在报表的设计视图窗口中右击报表的任何位置，在弹出的快捷菜单中可以添加或删除"报表页眉/页脚"或"页面页眉/页脚"节的操作。不过页眉和页脚的操作只能同时添加或删除，而且如果删除页眉和页脚，Access 将同时删除页眉和页脚中的所有控件。

④ 调整"系名页脚"节中的"=Avg([工资])"文本框控件的大小和位置,调整"页面页脚"节中的"日期"和"页码"文本框控件的大小和位置,如图 4-30 所示。

(3)修改报表属性

任何一个对象都具有属性,报表也同样。单击"设计"选项卡中的"属性表"按钮,在"所选内容的类型:××"下拉列表框中选择"报表";或双击报表(报表设计视图窗口左上角的■按钮);或右击报表,在弹出的快捷菜单中选择"属性"命令,可打开报表的属性表窗格,对报表属性进行设置,如图 4-31(a)所示。

报表对象的属性可分为 4 类,分别列于"格式""数据""事件""其他"选项卡上,"全部"选项卡列出了所有的属性。其中,"格式"选项卡用于设置报表的外观,"数据"选项卡用于设置报表中显示哪些数据,"事件"选项卡用于设置当报表的某个事件发生时触发哪一个宏或者事件过程,"其他"选项卡用于设置报表的其他相关属性。

本例是在"格式"选项卡中进行如下的设置:先单击"最大最小化按钮"右框,在弹出的下拉列表框中选择"最大化按钮";将"宽度"右框中的数值改为 15cm。

注意:设置报表的宽度不能小于报表中已有控件占据的页面宽度,也不能大于"页面设置"中设定的页面宽度。

下面对常用的"格式"和"数据"属性进行说明。

① 报表常用的"格式"属性及含义如图 4-31(a)所示。

- 标题:设置出现在报表窗口标题栏上的字符串,标题可以不与报表名称相同。例如本例中的报表,报表名称为"各系研究生导师信息 2",但报表标题为"各系研究生导师信息"。
- 边框样式:有"无""细边框""可调边框""对话框"4 种样式。若选择"对话框"样式,则报表窗口无最大化和最小化按钮,并且不能通过拖动边框来调整窗口大小。
- 宽度:设置报表的宽度,单位为厘米。
- 图片:设置报表的背景图片。先单击该属性,再单击右边出现的省略号按钮,即可打开"插入图片"对话框。
- 图片类型/图片缩放模式/图片对齐方式/图片平铺/图片出现的页:插入图片后,可根据需要设置这些属性。

② 报表常用的"数据"属性及含义如图 4-31(b)所示。

- 记录源:属性值是本数据库中的一个数据表名、查询名或 SQL 命令,指明该报表的数据源。本报表的数据源就是一个 SQL 命令。
- 筛选:设置数据筛选的规则,如"工资>5000"。
- 加载时的筛选器:设置上述筛选规则在报表加载时是否有效,有"是"和"否"两个选项。
- 排序依据:设置数据排序的规则。例如,输入"年龄",表示按年龄升序排序;输入"年龄 desc",表示按年龄降序排序。
- 加载时的排序方式:设置上述排序规则在报表加载时是否有效,有"是"和"否"两个选项。

注意:如果报表设置过"排序与分组"字段或表达式,这里的排序设置将不起作用。

（a）　　　　　　　　　　　（b）

图 4-31　"报表"属性表窗格

（4）修改控件属性

若欲修改报表对象中某一控件的属性值，先选定这个控件，然后在"格式"选项卡中设置控件的格式，如图 4-32 所示；或单击"设计"选项卡中的"属性表"按钮，弹出该控件的属性表窗格，对控件属性进行设置。控件属性也同样分为"格式""数据""事件""其他"4 类，设置方法与报表属性的设置方法相同。

图 4-32　选定某控件后的"格式"选项卡

控件的常用格式可以通过"格式"选项卡进行设置，不太常用的格式可以通过控件的属性表窗格进行设置。本例先取消"报表页眉"节的蓝色背景，然后将"各系研究生导师信息"标签控件的格式设置为：红色、加粗、居中，如图 4-33 所示。

图 4-33　设置好控件格式后的报表设计视图

若按住【Shift】键选定多个控件，可设置这些控件的共有属性。本例将"系名页眉"节中的标签控件"系名""姓名""职称""年龄""工资"格式设置为：黑色、加粗、居中；将"系名页眉"节中的文本框控件"系名"和"主体"节中的文本框控件"姓名""职称""年龄""工资"格式设置为：黑色、居中；其他控件的颜色都设置为黑色，"=Avg([工资])"文本框控件设置为货币格式、保留 2 位小数、居中对齐，如图 4-33 所示。

提示：*选定一个控件的方法是单击该控件；同时选定多个控件时除了按住【Shift】键依次单击控件外，也可从空白处开始拖动鼠标"圈住"所有待选定控件。*

（5）增加或减少控件

若要删除某一控件，选中后按【Delete】键即可。若要添加控件，可利用"设计"选项卡"控件"组中的控件工具栏进行，如图 4-34（a）所示。如要选择控件工具，可通过上、下箭头键进行；如要看到所有控件工具，则单击右下角的"其他"按钮 ，弹出图 4-34（b）所示的控件工具栏。

（a）　　　　　　　　　　　　（b）

图 4-34　报表设计视图中的控件工具栏

本例要求为"=Avg([工资])"文本框控件添加说明文字"平均工资"，添加两条横线，并插入校徽，如图 4-35 所示。

图 4-35　增加/删除控件后的报表设计视图

操作步骤如下：

① "系名页脚"节中的"=Avg([工资])"文本框控件缺少说明文字，不方便阅读。单击控件工具栏中的"标签"控件 *Aa*，然后在"系名页脚"节中按住鼠标拖动画出一个标签控件，并输入"平均工资"，按【Enter】键结束输入；设置标签控件的格式为：黑色、加粗，并适当调整控件大

小和位置。

② 在"系名页眉"节中添加一条粗横线。单击控件工具栏中的"直线"按钮 ＼，然后在"系名页眉"节各标签控件下按住鼠标拖动出一条直线；保持选定该直线控件，单击"格式"选项卡中的"形状轮廓"下拉按钮，在弹出的列表框中选择"线条宽度"→"2pt"。

③ 在"系名页脚"节中添加一条横线。步骤同上，"线条类型"选择"点画线"。

④ 调整"系名页脚"节的高度。将鼠标指针移到"系名页脚"节和"页面页脚"节的分界处，待指针变为双向箭头时，按住鼠标左键向上移动，适当缩小"系名页脚"节的高度。

⑤ 为报表添加校徽图片。单击"设计"选项卡中的"徽标"按钮，弹出"插入图片"对话框，选择校徽图片的存放位置和文件名，单击"打开"按钮即可将校徽图片添加到"报表页眉"节中。适当调整图片的大小和位置。

4. 关闭报表设计视图

单击设计视图右上角的"关闭"按钮时，将弹出一个确认设计更改的对话框。单击"是"按钮，可保存更改的报表设计；单击"否"按钮，则放弃更改设置。

4.5.2　报表控件简介

报表由各种控件组成，标题、图标、页面页眉、日期及时间等都需要用添加控件的方法来实现。在设计视图中，借助于控件工具栏（见图 4-34）可在报表对象中添加控件。下面介绍报表中的常用控件。

1."标签" Aa

标签用于显示说明文本，如报表上的标题或指示文字。它可以单独使用，也可以和其他控件结合使用。例如，在图 4-35 所示的报表中，标签控件有"各系研究生导师信息""系名""姓名""职称""年龄""工资""平均工资"（加粗显示的）。

报表标签控件的属性比较简单，因为它不用于显示数据源中的数据，所以数据属性不用设置，格式属性主要包括标题（标签中显示的文本）、背景色、前景色、字体名称、字号、字体粗细、倾斜字体等，如图 4-36 所示。这些属性通过"格式"选项卡进行设置更为高效、方便。

2."文本框" ab

文本框控件通常用于显示、输入、编辑数据，不过在报表中只用于显示数据。文本框控件的数据来源可以是"绑定型""非绑定型""计算型" 3 种。

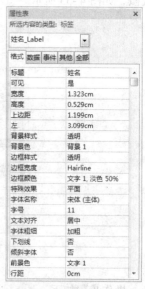

图 4-36　标签控件的格式属性

"绑定型"文本框控件与表或查询中的字段绑定，用于显示数据源字段中的数据；例如，在图 4-35 所示的报表中，"绑定型"文本框控件有："系名""姓名""职称""年龄""工资"（未加粗显示的）。"计算型"文本框控件则以表达式作为数据来源，表达式中可以使用报表数据源字段中的数据；例如，在图 4-35 所示的报表中，"计算型"文本框控件有："=Avg([工资])""=Now()"和"=" 共 " & [Pages] & " 页，

第 "＆[Page]＆" 页""。"非绑定型"文本框控件则没有绑定的数据源。

　　文本框控件的数据来源在"数据"选项卡中进行设置："绑定型"文本框控件的"控件来源"属性是选择报表数据源中的一个字段名，如图 4-37（a）所示；"计算型"文本框控件的"控件来源"属性是一个函数引用或计算表达式，如图 4-37（b）所示，单击属性栏右侧的生成器按钮 <u>...</u>，可利用表达式生成器生成表达式（见 4.5.3 节"创建新报表"中的相关介绍）；如果在"控件来源"中输入其他文本，如图 4-37（c）所示，该文本框控件就是"非绑定型"控件，作用相当于标签控件，即控件上显示所输入的文本。

　　文本框控件的格式属性与标签控件的格式属性基本相同。

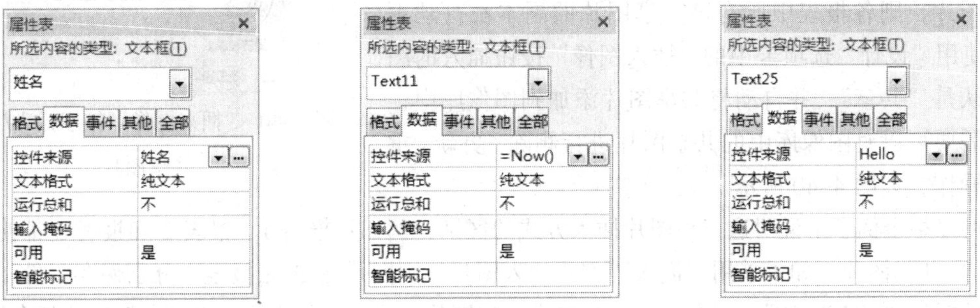

属性表	✕
所选内容的类型: 文本框(T)	
姓名	▾
格式 数据 事件 其他 全部	
控件来源	姓名 ▾ ...
文本格式	纯文本
运行总和	不
输入掩码	
可用	是
智能标记	

（a）

属性表	✕
所选内容的类型: 文本框(T)	
Text11	▾
格式 数据 事件 其他 全部	
控件来源	=Now() ▾ ...
文本格式	纯文本
运行总和	不
输入掩码	
可用	是
智能标记	

（b）

属性表	✕
所选内容的类型: 文本框(T)	
Text25	▾
格式 数据 事件 其他 全部	
控件来源	Hello ▾ ...
文本格式	纯文本
运行总和	不
输入掩码	
可用	是
智能标记	

（c）

图 4-37　设置文本框控件的"控件来源"属性

3．"图像"

　　为了美化报表，可利用图像控件在报表上显示图片。例如，在图 4-35 所示的报表中，校徽图片就是通过图像控件来显示的。插入图像控件的步骤为：单击控件工具栏中的"图像控件"按钮，在报表上需要放置图片的相应位置拖动画出图像控件（或者直接单击），弹出"插入图片"对话框，指定图片来源及图片文件名，单击"确定"按钮，则可在报表视图中显示选中的图片。

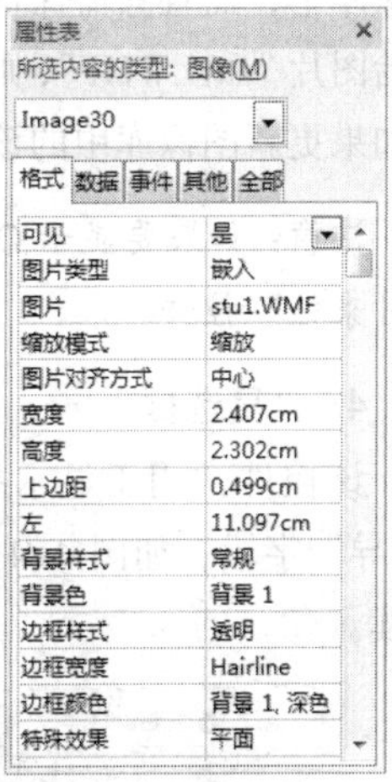

　　报表的图像控件没有需要设置的数据属性，格式属性如图 4-38 所示。其中常用的格式属性有：

　　（1）"图片"属性：设置控件的图片来源。

　　（2）"缩放模式"属性：设置图片以何种方式匹配控件，有"剪裁"

属性表	✕
所选内容的类型: 图像(M)	
Image30	▾
格式 数据 事件 其他 全部	
可见	是
图片类型	嵌入
图片	stu1.WMF
缩放模式	缩放
图片对齐方式	中心
宽度	2.407cm
高度	2.302cm
上边距	0.499cm
左	11.097cm
背景样式	常规
背景色	背景 1
边框样式	透明
边框宽度	Hairline
边框颜色	背景 1, 深色
特殊效果	平面

"缩放""拉伸"3 种选择。默认方式是"缩放"，自动等比例调整图片的大小以适应控件的大小，如图 4-39（a）所示；若选择"剪裁"，插图 4-38　图像控件的格式属性入的图片若比控件大，则对图片进行裁剪以匹配控件的大小，如图 4-39（b）所示；若选择"拉伸"，则自动在横向或纵向调整图片的大小（非等比例）以适应控件的大小，如图 4-39（c）所示。

（a）缩放　　　　　　　　（b）剪裁　　　　　　　（c）拉伸

图 4-39　图片的缩放模式

（3）"图片类型"属性：设置图片的插入方式，有"嵌入""链接""共享"3种选择。"嵌入"方式是将所选图片嵌入到报表中，图片成为报表的一部分；使用图像控件按钮插入的图片默认是"嵌入"。"链接"方式是将所选图片以链接方式插入到报表中，图片不随报表一起保存；如果改变了图片文件名或图片保存位置，则必须重新设置控件的"图片"属性，否则打开报表时将弹出报错对话框。"共享"方式可以在不同报表之间共享图片，共享图片在图像库只保存一份，如果更新图像库中的共享图片，则各报表中所有该共享图片的副本都自动更新；使用"设计"选项卡中的"插入图像"按钮插入的图片默认是"共享"，并自动将共享图片添加到图像库中，如果需要可以对图像库中的共享图片进行删除、更新、重命名操作，如图4-40所示。

图 4-40 "插入图像"按钮插入/编辑共享图片

可以举个例子来说明这三种图片插入方式的区别，例如：报表1、报表2和报表3都使用了"stu1.WMF"图片，如果采用"嵌入"方式插入图片，则图片在3张报表中分别保存一份；若修改原始图片"stu1.WMF"，不会影响3张报表中该图片的副本。如果采用"链接"方式插入图片，则图片在3张报表中都无须保存，只需一个指针指向该图片即可；若修改原始图片"stu1.WMF"，则3张报表中的图片会自动更新。如果采用"共享"方式插入图片，则图片产生一个副本保存在图像库中，而且只需保持一份，3张报表中只需一个指针指向图像库中该图片副本即可；若修改原始图片"stu1.WMF"，则图像库中该图片副本不会自动更新，3张报表中的图片也不会自动更新；但如果更新图像库中的该图片副本，则3张报表中的图片会自动更新。

注意：如果要显示OLE对象型字段数据，例如"导师"表中的"照片"字段，则必须使用"绑定对象框"控件。

4. "复选框" ☑

该控件常用于显示报表数据源中数据类型为"是/否"的字段数据，例如"导师"表中的"博导"字段，如图4-41所示。"是"用☑表示，"否"用□表示，这种图形化表示方便使用和阅读。

图 4-41 复选框控件及其数据属性

　　5. "组合框" 、"列表框"

　　这两个控件用于显示报表数据源中查阅属性为组合框或列表框的字段数据，例如"导师"表中的"性别"字段，如图 4-42 所示。

图 4-42　组合框控件及其数据属性

　　6. "直线" ＼、"矩形" □

　　这两个控件分别用于在报表对象中画直线或矩形。单击这两个按钮后，若先按住【Shift】键，再按住鼠标左键在报表中拖动，可以画出水平或垂直的直线；单击"矩形"按钮后，直接在报表中单击，可画出一个默认大小的正方形。

　　如果要微调直线的位置，则先选中该直线，然后同时按下【Ctrl】键和方向键进行微调整；如果要微调直线的长度或角度，则先选中该直线，然后同时按下【Shift】键和方向键进行微调整。

　　7. "子窗体/子报表"

　　对报表而言，该按钮用于在当前报表中嵌入其他报表，详见 4.5.4 节"设置子报表"。

　　8. "图表"

　　对报表而言，该按钮用于在当前报表中嵌入图表，详见 4.5.5 节"创建图表报表"。

4.5.3　创建新报表

　　在报表设计视图中，也可以从"零"开始手动创建报表，即在报表设计视图窗口中自定义报表布局和控件。下面通过例题说明手动创建报表的方法与步骤。

　　【例 4-7】手动创建图 4-43 所示的"研究生综合信息"报表，要求可以按"系编号"进行查询，研究生信息按学号进行排序。

　　1. 创建新报表并绑定数据源

　　（1）在数据库窗口中，单击"创建"选项卡中的"报表设计"按钮，打开图 4-44 所示的新报表窗口，并进入设计视图。可以看到初始视图中只有 3 个节：页面页眉、主体和页面页脚。如果需要添加报表页眉/页脚，右击报表任何位置，在弹出的快捷菜单中选择"报表页眉/页脚"命令即可；如果需要添加组页眉/页脚，只有在单击"设计"选项卡中的"分组和排序"按钮进行分组时进行设置。

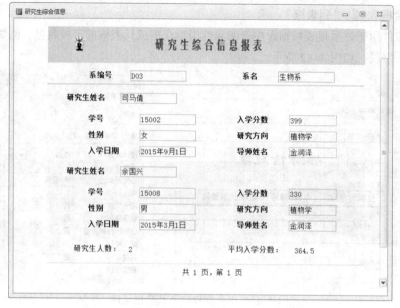

图 4-43　手动创建的"研究生综合信息"报表

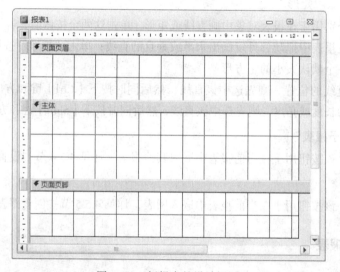

图 4-44　新报表的设计视图

（2）新建的报表没有绑定数据源，此时需要为其绑定合适的数据源。报表的数据源可以是数据表、查询或者 SQL 语句。从图 4-43 可以看出报表中的数据涉及"系"表、"导师"表和"研究生"表，而且还需进行参数查询，没有合适的数据表和查询可以提供，所以本报表的数据源使用 SQL 语句进行临时创建。

为报表绑定数据源的操作步骤如下：

① 双击报表设计视图窗口左上角的▇按钮，打开报表的属性表窗格。

② 在属性表窗格中，切换到"数据"选项卡，单击"记录源"行右边的省略号按钮▇，打开"查询生成器"，进行查询设计，如图 4-45 所示。因为要建立以"系编号"为查询字段的参数报表，所以在"系编号"字段的"条件"行中输入查询条件："[请输入要查询的系编号：]"。

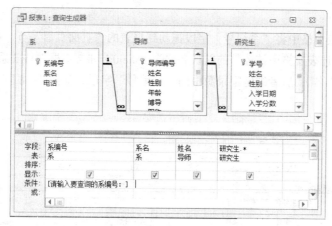

图 4-45　生成新报表数据源的查询生成器

③ 单击"关闭"按钮关闭查询生成器，弹出图 4-46 所示的对话框，单击"是"按钮。发现报表"记录源"属性框中多了一条 SQL 语句。如需修改数据源，可单击省略号按钮再次进入进行修改。

图 4-46　"是否保存对 SQL 语句的更改并更新属性"对话框

2．定义报表页面大小和布局

如果对打开的报表外观不满意，可通过"页面设置"选项卡、报表的属性表窗格、报表各节的属性表窗格等方式进行设置。例如，页面宽度不符合要求，可打开报表的属性表窗格，在"格式"选项卡中进行设置。

本例，在"页面设置"选项卡中，单击"页边距"按钮选择"宽"（左、右页边距都为 1.91 cm，上、下页边距都为 2.54 cm）；在报表的属性表窗格中，将报表宽度设置为 17.18 cm；报表添加"报表页眉"节和"报表页脚"节。

3．自定义报表中的字段控件

在报表的设计视图中，单击"设计"选项卡中的"添加现有字段"按钮，弹出图 4-47 所示的字段列表窗格。该窗格显示报表数据源的所有字段，可以将字段直接拖动到报表的相应节，Access 系统会为该字段自动创建两个控件，一个是标签控件，用于说明，省略时用字段名进行说明；另一个是文本框/复选框/……控件，取决于在数据表对象中定义该字段时查阅属性的设置，此控件自动绑定到报表数据源的此字段。

图 4-47　字段列表窗格

添加到报表中的字段如果要改变显示方式，例如将文本框显示改为组合框显示，可以右击该控件，在弹出的快捷菜单中选择"更改为"命令，在弹出的子菜单中进行设置。如果要调整控件的位置，可以直接拖动，也可以通过"排列"选项卡进行。如果要设置控件的显示格式，可以通过"格式"选项卡进行。

本例的操作如下：

（1）从字段列表窗格中将"系编号"字段拖动到报表的"页面页眉"节，此时自动出现标签控件"系编号"（属性表窗格中该控件的默认名称为 Label0）和文本框控件"系编号"，前者显示的是说明文本（字段名），后者绑定记录源中的"系编号"字段，如图 4-48 所示。

图 4-48　报表中的字段控件（控件位置、大小和格式已调整）

（2）同理将"系名"字段拖动到报表的"页面页眉"节，将"研究生.姓名""学号""性别""入学日期""入学分数""研究方向""导师.姓名"字段拖动到报表的"主体"节，将"研究生.姓名"标签框改为"研究生姓名"（单击定好插入点后直接修改即可），将"导师.姓名"标签框改为"导师姓名"，如图 4-48 所示。

说明：字段一般以文本框控件的形式出现在报表中。但是，如果在设计表结构时，在"查阅"选项卡上将该字段的显示控件由文本框改为列表框或组合框，则报表上相应字段的控件也将自动改变。例如图 4-48 中的"性别"和"研究方向"字段。

（3）调整控件的大小和位置。详述如下：

调整控件大小的方法有：选定需调整大小的控件，控件四周出现 7 个尺寸控制点（左上角的那个不是），如图 4-49 所示；将光标移动到尺寸控制点上，光标形状会变成双向箭头，此时拖动鼠标则可手动调整控件大小。如需微调大小则可借助【Shift】+方向键进行。

调整单个控件的位置可以直接拖动控件。如果将光标放在控件的边框上，等光标形状变成十字箭头时拖动鼠标，如图 4-49（a）所示，此时两个控件一起移动，它们之间一直保持相对位置不变；如果将光标放在控件左上角的黑色方块上，等光标形状变成十字箭头时拖动鼠标，如图 4-49（b）所示，此时移动的是一个控件，这样可以调整两个控件之间的相对位置。如果需要微调，可借助键盘上的方向键进行。本例调整"研究生姓名"标签框和"研究生.姓名"文本框控件位置可以使用本方法。

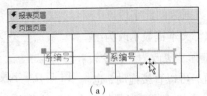
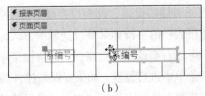

（a）　　　　　　　　　　　　　　　（b）

图 4-49　移动控件

调整多个控件的位置可以使用"排列"选项卡中的"大小/空格"按钮和"对齐"按钮，如图 4-50 所示。在这里可以调整所选控件的大小，可以采用让控件的大小正好容纳控件内容（"正好容纳"），可以以所选控件中高度最高/最短的控件高度调整所有其他控件的高度（"至最高"/"至最短"），控件宽度的调整类似；在这里可以调整所选控件间的距离（即"间距"），可以让所有控件在水平方向的间距都相同（"水平相同"）、增加（"水平增加"）和减少（"水平减少"），垂直方向的间距调整类似；在这里还可以对所选控件进行对齐，可以以所选控件中最靠左的控件为标准对齐其他控件（"靠左"），其他类似。本例调整"页面页眉"节中 4 个控件的位置就可以综合使用这两种方法。

如果需要调整的控件数量比较多而且有规律，可以采用布局来排列控件。自动创建报表和空报表工具创建的报表都是使用布局来排列控件。在 Access 中提供了堆积和表格两种不同的布局方式，而且可以通过

图 4-50　"排列"选项卡中的"大小/空格"按钮和"对齐"按钮

插入行和列来实现局部布局，具体操作可以通过"排列"选项卡中相应按钮来实现，如图 4-51 所示。布局的操作类似于表格操作，一个单元格放一个控件，可以添加/删除布局、插入行/列、选定布局/行/列、合并/拆分单元格、上移/下移控件等。本例"主体"节中除"研究生.姓名"两个控件外，其他控件的排列就是通过布局实现的。

图 4-51　"排列"选项卡（部分）

具体操作步骤如下：

① 添加布局。先选定"主体"节中"学号""性别"和"入学日期"字段产生的 6 个控件，然后在"排列"选项卡中单击"堆积"按钮，系统会自动产生一个 3×2 的布局（虚线表示）来排列这 6 个控件，一个单元格一个控件。此时如果调整某个控件的大小（宽度或高度），则该控件所在的列或行中所有控件的大小一起调整。

② 为了增加说明文字和数据之间的距离，在第 2 列前插入一个空列。先将光标移动到第 2 列的最上方，等光标形状变成向下箭头时单击即可选定第 2 列；也可先单击选定第 2 列中的任意一个控件，然后单击"排列"选项卡中的"选择列"按钮也可选定第 2 列。选定第 2 列后单击"排列"选项卡中的"在左侧插入"按钮即可完成空列的插入。每个空单元格都有一个空控件（见图 4-52），调整任意一个空控件的宽度就可以调整整个空列的宽度。

③ 将其他控件添加到布局。在现有布局的第 3 列后插入一个新列，将"入学分数""研究方向""导师.姓名"产生的控件分别拖动到相应单元格中，布局会自动再新增一列来存放。新增的 2 列前都插入一个空列用于间距，并调整间距大小，如图 4–52 所示。

图 4–52　通过布局排列控件（已取消网格显示）

（4）设置控件的格式。可以通过"格式"选项卡或各控件的属性表窗格进行设置，可以单独设置，也可以一次选定多个控件一起进行设置。本例将"页面页眉"节和"主体"节中所有标签框控件的格式都设置为黑色、加粗，其他控件的格式都设置为黑色，如图 4–48 所示。

（5）设置排序。单击"设计"选项卡中的"分组和排序"按钮，在弹出的"分组、排序和汇总"窗格中单击"添加排序"按钮，设置排序字段为"学号"，排序方式为升序。

4．自定义报表中的其他控件

除了从字段列表中添加控件，还可以通过控件工具栏在报表中添加其他控件，以显示报表标题、计算总计、显示当前日期与时间以及其他有关报表的有用信息。本例执行如下操作：

（1）报表页眉：添加标题"研究生综合信息报表"和徽标，如图 4–53 所示。

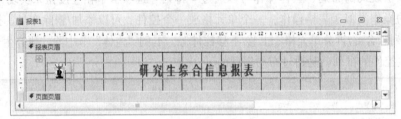

图 4–53　报表页眉

① 单击"设计"选项卡中的"标题"按钮，在"报表页眉"节中出现一个 1×3 的布局，其中第 3 个单元格已经拆分成上、下两个单元格。在第 2 个单元格的标签控件中输入报表标题"研究生综合信息报表"，并设置格式为：方正姚体、加粗、红色、居中。

② 单击"设计"选项卡中的"徽标"按钮，在弹出的"插入图片"对话框中选择徽标图片。徽标图片通过图像控件自动放置在布局的第 1 个单元格中。

③ 布局第 3 列的两个单元格是准备插入当前日期和时间的，如果不需要可以删除：选定第 3 列，按【Delete】键。拖动布局调整位置，将布局放置在"报表页眉"节的中间，如图 4–53 所示。

说明：报表标题和徽标也可以通过控件工具栏中的标签控件和图像控件实现，不过实现效率要低些。

（2）页面页眉：单击控件工具栏中的"直线"按钮＼，在"页面页眉"节各字段的控件下按住鼠标拖画出一条直线；然后双击该线条，打开属性表窗格；在"格式"选项卡中设置"边框宽度"为 2 pt，"边框颜色"同"报表页眉"节的背景色（深蓝，文字 2，淡色 80%）。

（3）页面页脚：添加页码及其上的一条直线。

① 单击"设计"选项卡中的"页码"按钮，弹出图 4-54 所示的对话框："格式"选择"第 N 页，共 M 页"，"位置"选择"页面底端（页脚）"，"对齐"选择"居中"。单击"确定"按钮在"页面页脚"中间插入"页码"文本框控件。设置控件格式为黑色。

② 调整"页码"文本框控件的位置，并在该控件上面添加一条直线控件，直线控件的格式为：1 pt、颜色同"报表页眉"节的背景色。

（4）报表页脚：添加统计报表中研究生人数和平均入学分数的控件。

图 4-54　"页码"对话框

① 单击控件工具栏中的"文本框"按钮 [ab]，在"报表页脚"中按住鼠标拖画出一个矩形框，如图 4-55（a）所示。系统会自动产生两个控件："Text195"标签控件和"未绑定"文本框控件。

② 右击"未绑定"文本框，在弹出的快捷菜单中选择"属性"命令，在打开的属性表窗格中选择"数据"选项卡，在"控件来源"属性框中输入计算研究生人数的表达式"=Count(*)"，如图 4-55（b）所示；切换到"格式"选项卡，"前景色"选择"黑色"，"边框样式"选择"透明"，"文本对齐"选择"左"。

③ 将标签中的文本"Text195"改为"研究生人数:"，设置其格式为红色、加粗。如图 4-55（c）所示，适当调整文本框控件和标签控件的大小和位置。

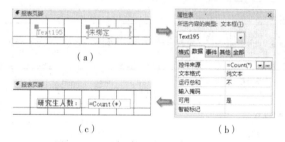

图 4-55　添加求研究生人数的控件

④ 以同样的操作添加求平均入学分数的控件。文本框控件的"控件来源"为表达式"=Avg([入学分数])"，"格式"选择"固定"，"小数位数"选择"1"（注意，这里的"格式"一定要选择"固定"，否则"小数位数"不起作用），"前景色"选择"黑色"，"边框样式"选择"透明"，"文本对齐"选择"左"；标签控件显示内容为"平均入学分数:"，格式为红色、加粗。适当调整文本框控件和标签控件的大小和位置，如图 4-56 所示。

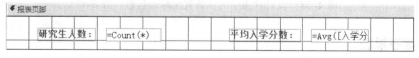

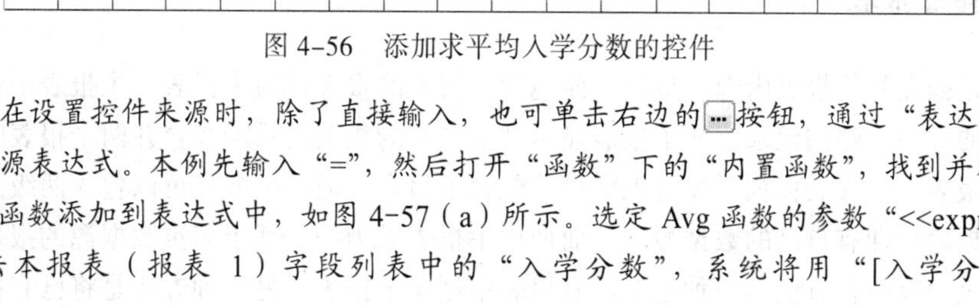

图 4-56　添加求平均入学分数的控件

说明：在设置控件来源时，除了直接输入，也可单击右边的 [...] 按钮，通过"表达式生成器"创建控件来源表达式。本例先输入"="，然后打开"函数"下的"内置函数"，找到并双击"Avg"函数，将该函数添加到表达式中，如图 4-57（a）所示。选定 Avg 函数的参数"<<expression>>"，找到并双击本报表（报表 1）字段列表中的"入学分数"，系统将用"[入学分数]"替换

"<<expression>>",如图 4-57(b)所示。单击"确定"按钮返回。

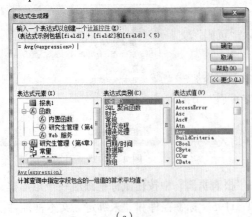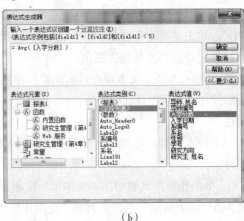

(a)   (b)

图 4-57   通过"表达式生成器"创建控件来源表达式

5. 报表保存及退出

适当调整各节的高度,设计好的报表设计视图如图 4-58 所示。将报表保存为"研究生综合信息"。

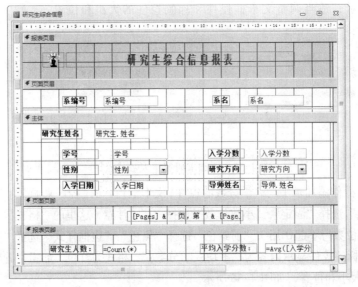

图 4-58   设计视图中的"研究生综合信息"报表

4.5.4   设置子报表

子报表是插在其他报表内部的报表,而包含子报表的报表称为主报表。主报表中包含的是一对多关系中的"一"端的记录,而子报表显示"多"端的相关记录。在合并两个报表时,其中一个必须是主报表。主报表根据需要可无限量地包含子报表,但是最多只可以包含两级子报表。由于每一个子报表均拥有自己的数据源,从而使得主报表成为一个基于多重数据源的报表对象。

设置子报表有两种方法,一种是在已有报表中创建子报表,另一种方法是将已有报表作为子报表添加到另一个报表中。下面通过例题说明这两种创建与设置子报表的方法。

1. 在已有报表中创建子报表

【例 4-8】先将例 4-4 创建的"各系研究生导师信息"报表另存为"各系导师所指导研究生信息"，然后进行适当的美化，最后在其中创建"研究生子报表"子报表，使"各系导师所指导研究生信息"报表成为基于多重数据源的报表，如图 4-59 所示。

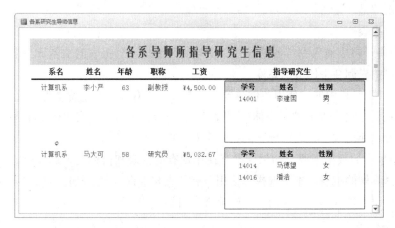

图 4-59　合并了子报表的主报表

（1）另存报表。在导航窗格中选定"各系研究生导师信息"报表，选择"文件"菜单中的"对象另存为"命令，在弹出的对话框中输入新报表的名称"各系导师所指导研究生信息"，单击"确定"按钮。

（2）报表美化。在导航窗格中右击需要美化的"各系导师所指导研究生信息"报表，在弹出的快捷菜单中选择"设计视图"命令，打开报表设计视图窗口。按下列步骤对报表进行美化，最终效果如图 4-59 所示。

① 报表页眉：标签控件内容改为"各系导师所指导研究生信息"，控件格式设置为：方正姚体、红色、加粗，调整标签控件位于报表页眉中央位置。

② 页面页眉：各标签控件的格式设置为：黑色、加粗、居中、字号为"12"。调整各标签控件的位置和大小，建议在布局视图内进行。在各标签控件下添加一条黑色、宽度为 2 pt 的线条。

③ 主体：各文本框控件的格式设置为黑色。调整各文本框控件的位置和大小，建议在布局视图内进行。

（3）确定数据源及其联系。在创建子报表前，要确保主报表和子报表的数据源之间已经建立关联，这样才能保证在子报表中显示的记录和主报表中显示的记录之间有正确的对应关系。

本例，主报表"各系导师所指导研究生信息"的数据源是一个 SQL 语句：

```
SELECT [系].[系名], [导师].[姓名], [导师].[年龄], [导师].[职称], [导师].[工资]
FROM ([系] INNER JOIN [导师] ON [系].[系编号] ＝[导师].[系编号])
```

SQL 语句涉及"系"和"导师"两个表，而"研究生子报表"子报表的数据源涉及"研究生"表，为了能正确地显示主报表和子报表的对应关系，例如：主报表中的导师是陈平林，则子报表就应该只能显示导师陈平林所指导的研究生信息。因此完成本题的前提是"导师"表和"研究生"表之间必须已建立起以"导师编号"为关联字段的一对多表间关系（具体操作在第 2 章已经介绍过，本例已经建立好），这样主报表和子报表之间才会通过"导师编号"建立关联。但是主报表数据源（SQL 语句）中缺少"导师编号"字段，需要添加。添加操作如下：

① 双击主报表设计视图窗口左上角的 █ 按钮，打开报表的属性表窗格。

② 在属性表窗格中，切换到"数据"选项卡，单击"记录源"行右边的省略号按钮 █，打开"查询生成器"，进行查询设计修改，添加显示"导师编号"字段。单击"关闭"按钮，在弹出的对话框中单击"是"按钮。

（4）创建子报表：

① 本例要将子报表插入到"各系导师所指导研究生信息"报表的主体节当中，因此在主报表设计视图窗口中先调高主体节的高度。

② 观察控件工具栏中的"使用控件向导"是否有效（有红框黄色背景为有效），若无效则单击它；再单击控件工具栏中的"子窗体/子报表"按钮 █，然后在报表主体节中按子报表位置大小绘制一个矩形，弹出"子报表向导"的第 1 个对话框。

③ 选择子报表的数据来源。如果选择"使用现有的报表和窗体"单选按钮，则需要在下面的列表框中选择具体的报表。本例选择"使用现有的表和查询"单选按钮，如图 4-60 所示。单击"下一步"按钮，进入"子报表向导"的第 2 个对话框。

④ 先在"表/查询"下拉列表中选择子报表的数据源，本例选择"表：研究生"；然后选择子报表中包含的字段，本例依次用 █ 按钮将"学号""姓名""性别"字段送入右侧的"选定字段"列表框中，如图 4-61 所示。单击"下一步"按钮，进入"子报表向导"的第 3 个对话框。

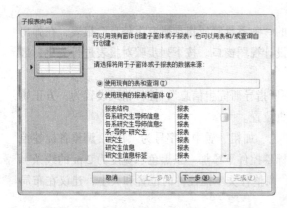

图 4-60 "子报表向导"的第 1 个对话框   图 4-61 "子报表向导"的第 2 个对话框

（5）为报表定义链接字段。本例的选择如图 4-62 所示。单击"下一步"按钮，进入"子报表向导"的最后一个对话框。

说明：如果前面没有为主报表数据源添加"导师编号"字段，那么此处就无法为主报表和子报表建立链接字段。

（6）给新建的子报表指定标题，本例输入的标题为"研究生子报表"，如图 4-63 所示。单击"完成"按钮之后，Access 将在报表中添加子报表控件，同时单独创建一个对应子报表的报表"研究生子报表"。

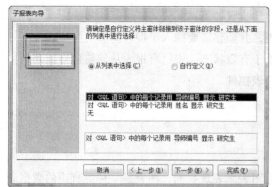

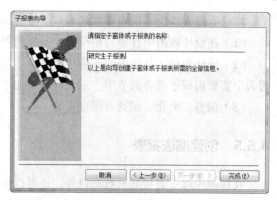

图 4-62　"子报表向导"的第 3 个对话框　　　　图 4-63　"子报表向导"的第 4 个对话框

（7）将子报表控件的标签内容"研究生子报表"改为"指导研究生"，格式设置为：黑色、加粗、居中、字号为"12"，并通过剪贴板的"剪切"和"粘贴"命令移动到"页面页眉"节中。

美化子报表："报表页眉"节中所有标签控件的格式设置为黑色、加粗、居中，"主体"节中"性别"组合框控件的"边框样式"设为"透明"。在主报表中适当调整子报表控件的大小和位置，如图 4-64 所示。

（8）关闭设计视图，弹出图 4-65 所示的对话框，单击"是"按钮，保存对"各系导师所指导研究生信息"报表和"研究生子报表"报表的设计更改。

图 4-64　插入子报表后的"各系导师所指导
研究生信息"报表设计视图

图 4-65　"保存"对话框

说明：如果满足下列条件，Access 将自动使子报表与主报表保持同步。

（1）已为所选的表依据公共字段建立了关系。

（2）主报表是基于具有主键的表创建的报表，而子报表基于的表包含与该主键同名并且具有相同或兼容数据类型的字段。例如，如果主报表基础表的主键是"自动编号"字段，该字段的"字段大小"属性设为"长整型"，则子窗体的基础表中相应的字段就应该为"数字"类型的字段并且它的"字段大小"属性设置也应为"长整型"。如果选中了一个或多个查询，这些查询的基础表必须满足相同的条件。

2．将已有报表作为子报表添加到另一个报表中

在 Access 中，可以通过将某个已有的报表作为子报表，添加到其他已有报表来创建子报表。在将子报表添加到主报表之前，必须确保两个报表数据源所涉及的表之间已经正确建立关系。

将已有报表作为子报表添加到另一个报表的操作步骤如下：

（1）在设计视图中打开希望作为主报表的报表，并调整需要插入子报表的节的高度。

（2）确认控件工具栏中的"使用控件向导"处于有效状态，将已有报表从导航窗格拖动到主报表中需要出现子报表的节中，系统自动添加子报表控件。

（3）调整、美化、预览及保存报表。

4.5.5　创建图表报表

在报表中除了直接显示数据以外，还可以使用图表来表现数据，图表是一种更直观的数据表达工具，它会给人一种更加直观和耳目一新的感觉。利用 Access 的图表向导可以快速创建柱形图、饼图、直方图、折线图等各种形式的图表报表。

【例 4-9】基于"导师"表创建一个如图 4-66 所示的"导师年龄图表"报表。

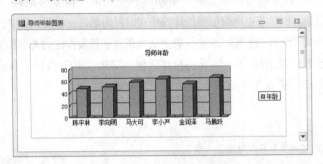

图 4-66　"导师年龄图表"报表

（1）在数据库窗口中，单击"创建"选项卡中的"报表设计"按钮，打开一个新报表窗口，并进入设计视图。

（2）确保控件工具栏中的"使用控件向导"有效；单击控件工具栏中的"图表"按钮，然后在报表主体节中按图表位置大小绘制一个矩形，弹出"图表向导"的第 1 个对话框。

（3）选择图表数据源：在"请选择用于创建图表的表或查询"列表框中选择"表：导师"，使用该表的数据作为图表的数据源，如图 4-67 所示。设置完毕，单击"下一步"按钮，进入"图表向导"的第 2 个对话框。

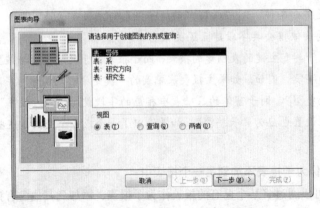

图 4-67　"图表向导"的第 1 个对话框

（4）选择用于创建图表的字段数据：在"可用字段"列表框中选择图表报表所需的字段，然后单击 ▷ 按钮移动到右侧的"用于图表的字段"列表框中，本例的选定字段依次为"姓名"和"年龄"，如图 4-68 所示。设置完毕，单击"下一步"按钮，进入"图表向导"的第 3 个对话框。

图 4-68　"图表向导"的第 2 个对话框

（5）选择图表类型：根据需要选择合适的图表类型。本例选择三维柱形图，如图 4-69 所示。选择完毕，单击"下一步"按钮，进入"图表向导"的第 4 个对话框。

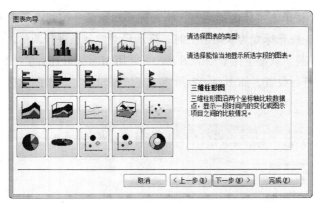

图 4-69　"图表向导"的第 3 个对话框

（6）设置图表布局：根据需要选择指定数据在图表中的布局方式。本例的布局设置如图 4-70 所示。单击对话框左上角的"预览图表"按钮，可观察图表布局是否符合要求。单击"下一步"按钮，进入"图表向导"的第 5 个对话框。

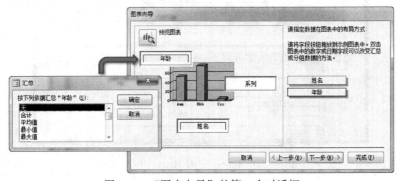

图 4-70　"图表向导"的第 4 个对话框

（7）设置图表标题：为所创建的图表报表输入一个标题。本例输入"导师年龄"作为图表标题，如图 4-71 所示。单击"完成"按钮，结束图表报表的创建，返回报表的设计视图窗口。

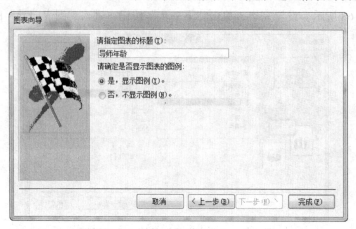

图 4-71　"图表向导"的第 5 个对话框

（8）根据需要在报表设计视图中，可以调整报表页面宽度、各节的高度，或者对图表的外观进行如下更改操作。

① 调整图表大小：单击主体区的图表，将光标移动到尺寸控制点（出现在选定对象各角和各边上的小方点）上，待光标变为双向箭头时，拖动尺寸控制点进行调整。

② 更改图表的外观：双击主体节中的图表，可调用 Microsoft Graph 对图表类型、图表选项、图表中各元素的格式进行设置，如图 4-72 所示。完成编辑后，单击图表区以外的区域，即退出 Microsoft Graph。

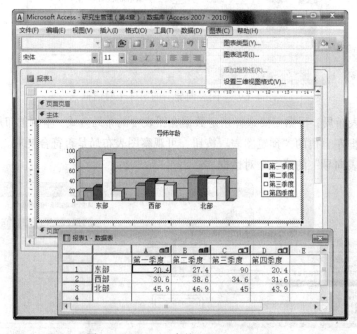

图 4-72　Access 中的 Microsoft Graph

提示：

（1）用 Graph 设置图表的方法与 Excel 图表操作方法基本相同。例如，双击图表中的数据系列，可打开图 4-73（a）所示的对话框；双击图表中的坐标轴，可打开图 4-73（b）所示的对话框。

（2）使用 Graph 的更多信息，可通过"帮助"菜单中的"Microsoft Graph 帮助"命令获得。

（3）尽管可以通过编辑 Graph 中的数据表来更改图表中所显示的数据，但对数据和某些格式所做的更改将被 Access 覆盖掉。所以，要更改图表中所显示的数据，应该更改图表数据源中的数据。

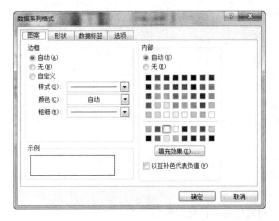

（a）　　　　　　　　　　　　　　　　　（b）

图 4-73　图表元素的格式设置对话框

（9）关闭图表报表窗口时，会弹出是否保存报表的对话框。单击"是"按钮，并在随后弹出的"另存为"对话框中输入图表报表名称"导师年龄图表"。

习题与实验

一、思考题

1. 简述报表的主要功能，并举例说明。

2. 创建报表有哪些方法？各有何特点？

3. 报表通常由哪些部分组成？一个实际报表中，"标题""表头""表体""表尾""表脚标"分别位于报表的哪一节中？

4. 报表的页面页眉与报表页眉有什么不同？

5. 报表的数据源来自哪里？如何为报表指定数据源？如果想让系统自动添加数据源，可以使用哪种方法建立报表？

6. 利用自动创建报表可否创建基于多个表或查询的报表？

7. 在报表设计视图中可否进行"打印预览"？

8. 显示报表的汇总数据需使用什么控件？要对报表中所有记录进行汇总，应将控件放在报表的什么位置？

9. 报表图像控件的"图片类型"属性有"嵌入""链接""共享"3 种选择，它们之间有什么区别？

10. 什么是子报表？如何设置子报表？

二、实验题

1. 基于"研究生"表，按如下要求创建研究生入学信息报表。

（1）用报表向导创建图4-74所示的报表：按"入学日期"分组，输出研究生的学号、姓名、性别、入学分数和导师编号；并按入学分数从高到低排列，分组计算平均入学分数。报表保存为"实验1-1"。

提示：因报表宽度问题，"导师编号"字段未能显示。

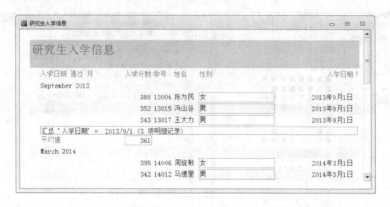

图4-74   报表向导创建的"研究生入学信息"报表

（2）通过设计视图/布局视图修改和美化"研究生入学信息"报表，如图4-75所示。报表保存为"实验1-2"。

提示：

（1）用于分组的"入学日期"列的日期格式设置：通过将"入学日期页眉"节中文本框控件的"控件来源"属性修改为"=Format$([入学日期],"yyyy-mm-dd",0,0)"来实现。后面的"入学日期"列直接删除即可。

（2）报表中交替颜色显示效果的取消，是设置相应节中的"备用背景色"属性实现的。

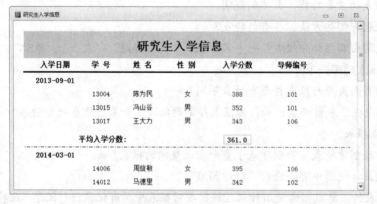

图4-75   修改美化后的"研究生入学信息"报表

2. 基于"导师"表和"系"表，按如下要求创建各系研究生导师信息报表。

完成本题的前提是"系"表和"导师"表之间已建立起一对多的表间关系。

（1）先建立基于这两个表的查询"系-导师查询"，然后基于该查询创建报表，报表数据按系名进行排序，如图 4-76 所示。报表保存为"实验 2-1"。

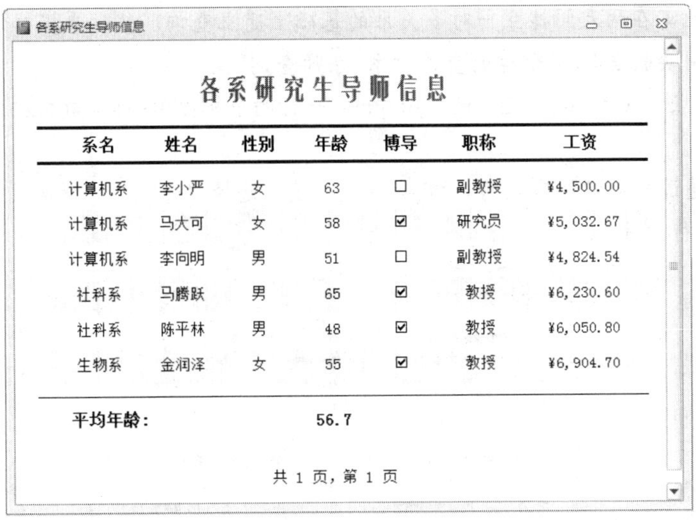

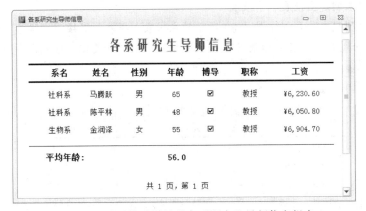

图 4-76 基于查询创建的各系研究生导师信息报表

（2）修改上面创建的报表：筛选出工资大于 6000 的研究生导师，如图 4-77 所示。报表保存为"实验 2-2"。

图 4-77 设置筛选属性的各系研究生导师信息报表

（3）基于创建的"系-导师查询"创建图 4-78 所示的图表，图表标题的填充效果采用预设颜色的"雨后初晴"。报表保存为"实验 2-3"。

3. 基于"系"表和"导师"表，创建研究生导师工作证标签报表，并在设计视图/布局视图中进行调整和美化，结果如图 4-79 所示。报表保存为"实验 3"。

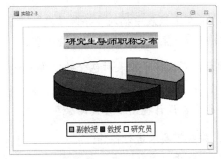

图 4-78 基于查询创建的研究生导师职称分布图表报表

提示：

（1）因为标签向导只能基于一个表或查询对象来创建，而本题的标签报表涉及"系"和"导师"两个表，因此需在两表间建立一对多关系的基础上建立查询，然后再根据该查询创建标签报表。可以考虑使用实验 2（1）创建的查询"系-导师查询"。

（2）标签尺寸选"C2166"（52 mm × 70 mm，一行两个标签），标签数据按照"导师编号"进行排序。

（3）框线是通过矩形控件实现的，"背景样式"属性选择"透明"，"特殊效果"属性选择"凸起"，其他属性自行设置。

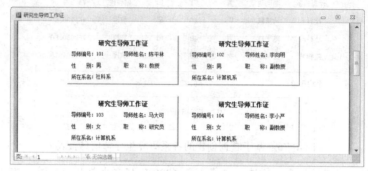

图 4-79　教师工作证标签报表

4.　按如下要求创建主报表和子报表。

（1）基于"研究生"表创建图 4-80 所示的主报表，报表数据按照"学号"进行排序，报表页眉中需插入一个图片，并在设计视图/布局视图中进行调整和美化。报表保存为"实验 4-1"。

学号	姓名	性别	入学日期	入学分数	研究方向
13004	陈为民	女	2013年9月1日	388	考古学
13015	冯山谷	男	2013年9月1日	352	考古学
13017	王大力	男	2013年9月1日	343	会计学
14001	李建国	男	2014年9月1日	342	海洋生态

图 4-80　"研究生信息"主报表

（2）在主报表中插入"导师信息"子报表，并在设计视图/布局视图中进行调整和美化，如图 4-81 所示。主报表保存为"实验 4-2"。

提示：在选择子报表所包含的字段时应该加上"导师编号"字段，虽然从结果上看不需要此字段，但在建立主报表和子报表的关系时需要此字段。这样子报表在创建时会自动多产生"导师编号"列，在设计视图中直接删除即可。

5.　按如下要求进行操作：

（1）基于"导师"表，创建图 4-82 所示的导师基本信息报表，报表数据按照"导师编号"进行排序，报表页眉中需插入一个图片，并在设计视图/布局视图中进行调整和美化。报表保存为"实验 5-1"。

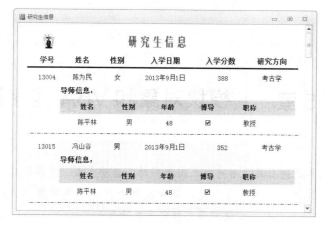

图 4-81 插入"导师信息"子报表的"研究生信息"主报表

图 4-82 "导师基本信息"报表

（2）在导师基本信息报表中插入实验 2（3）中创建的"研究生导师职称分布"图表报表，如图 4-83 所示。报表保存为"实验 5-2"。

提示：本题是将已有的图表报表作为子报表添加到另一个报表中，图表子报表需插入在报表页脚节。

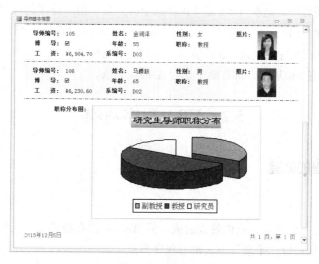

图 4-83 插入图表子报表的导师基本信息报表

第 5 章 | 模块对象和 VBA 程序设计

在 Access 中，简单的数据库应用可以在向导帮助下自动生成，复杂的应用就需要用"手工"编写程序代码实现。作为一个数据库开发人员和高级用户，必须掌握 VBA（Visual Basic for Application）的编程方法和技巧，以适应各类特定开发项目的要求。

模块是 Access 数据库系统中 6 个对象之一，其实质就是没有界面的 VBA 程序。本章介绍 VBA 编程方法，包括 VBA 的基本语法和过程的设计方法，不涉及数据库中的表对象、查询对象和窗体界面设计。

5.1　模块对象概述

模块是 Access 数据库管理系统中的一个独立单元，称为标准模块，简称模块。标准模块与窗体、报表中内含的模块不同，后者被称为类模块。标准模块可以在数据库内部任意位置处运行，具有很强的通用性，窗体、报表等对象都可以调用标准模块内部的过程。

模块包含若干由 VBA 代码组成的过程，这些代码可以不涉及界面，不涉及任何对象，是"纯"程序段，每个过程完成一个相对独立的操作；一个大任务的程序代码可以分解成若干个过程，各个过程相互调用、各有分工，协同完成任务。

一般认为，VBA 是 VB 的子集，Office 家族中的 Word、Excel、PowerPoint 等应用程序均提供了 VBA 用于开发应用程序，这些 VBA 是 VB 家族中的一员。由于应用的环境不同，处理的对象不同，上述 VBA 之间、VBA 与 VB 之间并不完全相同。Access 内置的 VBA 程序无法像 VB 程序那样通过编译生成 EXE 文件而脱离 VB 环境独立运行，只能包含于 Access 中，用于开发、执行特定的应用程序。如果有 VB 基础，将有助于学习 Access VBA。

5.2　VBA 程序基础

5.2.1　模块和过程的创建

1. 新建模块

模块是 Access 的一个对象，它由过程组成，但 Access 没有提供，也无法提供创建过程的向导，必须由程序员或用户以"手动"方式编写程序形成。

【例 5-1】创建一个名为"模块入门"的新模块，供以后各例题保存过程。

（1）建立模块：在数据库窗口中，单击"创建"选项卡中的"模块"按钮，打开图 5-1 所示的 VBA 编程环境，并新建一个模块"模块 1"。

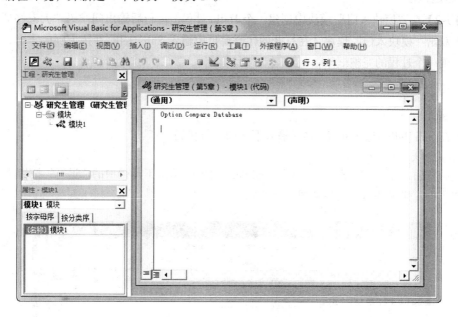

图 5-1　Access 的 VBA 编程环境窗口

（2）保存模块：单击 VBA 编程环境窗口工具栏中的"保存"按钮![按钮]，弹出"另存为"对话框，输入文件名"模块入门"。当然，此时保存的模块是空的，没有任何代码。

Access 的 VBA 编程环境窗口除了熟悉的菜单栏和工具栏以外，其余的屏幕可以分成 3 部分：代码窗口、工程窗口和属性窗口。

（1）代码窗口。代码窗口是模块代码的编写、显示窗口，在该窗口中实现 VBA 代码的输入和显示。打开代码窗口后，可以对不同模块中的代码进行查看，并且可以通过右键快捷菜单进行代码的复制、剪切和粘贴操作。

（2）工程窗口。工程窗口用一个分层结构列表来显示数据库中的所有工程模块，并对它们进行管理：插入、删除模块等。双击工程窗口中的某个模块，会弹出代码窗口显示这个模块的 VBA 程序代码。

（3）属性窗口。属性窗口可以显示和设置选定对象的各种属性，有两种查看方式：按字母序和按分类序。

说明：如果这些窗口被关闭，可以通过"视图"菜单中的相应命令重新显示。

2. 过程

过程（Subroutine）由 VBA 语句组成，是一段相对独立的代码，完成一个特定任务。一个较大的任务通常由多个过程组成。过程与过程之间相互隔离，系统不会从一个过程自动执行到另一个过程，但一个过程可以通过调用执行另一个过程。

模块是 Access 的一个独立对象，而过程不是，因此过程不能单独保存，它只能保存在模块中。过程都以 Sub <过程名>() 的形式开头，以 End Sub 结束，其中圆括号内放置该过程被调用时需接受的参数。

3．新建过程

【例5-2】在"模块入门"模块中创建一个 Hello 过程，运行后输出问候语"大家好！"。

（1）双击"模块入门"模块，在打开的代码窗口中输入 Sub Hello 并按【Enter】键，代码窗口中将出现一个过程的完整框架：

```
Sub Hello()

End Sub
```

（2）在 Sub Hello() 与 End Sub 之间输入下面的一行代码：

```
MsgBox "大家好！"
```

完成后将插入点置于过程中（Sub 与 End Sub 之间），单击工具栏中的"运行"按钮 ▷，Hello 过程即被执行。代码及运行结果如图 5-2 所示。

图 5-2　Hello 过程及运行结果

（3）单击工具栏中的"保存"按钮 💾，将 Hello 过程保存到当前模块中。

4．模块的构成

模块中除了包含过程，有时在上端会出现一些变量定义语句，这些变量可以在本模块的各个过程中发挥作用，称为模块级变量；而在某个过程内部定义的变量称为过程级变量，其作用范围只限于本过程。定义模块级变量之处称为模块的通用段，关于模块级变量的声明又称为通用声明。模块构成示意图如图 5-3 所示。

出现在代码窗口顶端的 Option Compare 语句表示在 VBA 中使用哪一种字符串比较方式。Option Compare Database 只能在 Access 中使用，表示当需要字符串比较时，将根据数据库的区域 ID 确定的排序级别进行比较。

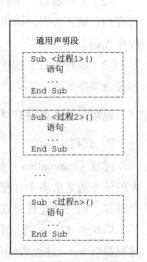

图 5-3　模块构成

5.2.2　数据类型、常量、变量与表达式

1．VBA 的数据类型

与数据表中的字段类型相似，VBA 中的常量与变量同样具有各种数据类型，有的表示数值，可以进行加减乘除，有的表示文字，还有一些表示日期/时间、是否成立等。用户应根据实际需要，定义、使用不同数据类型的变量和常量。VBA 的数据类型、类型名、类型符以及占用的存储空间如表 5-1 所示。

表 5-1　VBA 数据类型

数 据 类 型	类 型 名	类 型 符	占用存储空间
日期型	Date		8 字节
布尔型	Boolean		2 字节
字节型	Byte		1 字节
整型	Integer	%	2 字节
长整型	Long	&	4 字节
单精度型	Single	!	4 字节
双精度型	Double	#	8 字节
货币型	Currency	@	8 字节
实型	Decimal		14 字节
字符串（变长）	String	$	0~2 000 000 000 字节
字符串（定长）	String*Size	$	1~65 400 字节
变体型（字符）	Variant		22 字节+字符串长度
对象型	Object		4 字节

2．标识符

标识符是程序中常量、变量、过程等对象的名称。VBA 为标识符规定了下列原则：

（1）任何标识符的第一个字符必须是字母。

（2）标识符包含的字符数不超过 255 个。

（3）标识符不得与 VBA 的关键字同名，例如不能使用 Sub、For、If、Dim 等，因为这些单词均为 VBA 内部保留的特殊标识符。

（4）变量名中不能使用下列字符：

　　! 　@ 　& 　$ 　# 　（空格）

从增强程序可读性角度出发，标识符应使人望文知义，了解其代表的内涵。例如表示平均工资的标识符可使用 AverageSalary，表示运输日期可使用 ShipDate 等，尽可能使用一些有实际意义的单词词组，同时用大写字母作区分。

3．常量

常量是 VBA 在运行时其值始终保持不变的量。例如 3.1415926、"同济大学"、#9/1/2016#等。注意字符串应放在一对英文双引号内（VBA 不使用单引号），而日期/时间型常数则需用一对"#"作定界。

可以用标识符保存一个常量值，称符号常量。在程序运行时，符号常量的值不允许修改。符号常量的引入，可以使过程的各处都可通过这个标识符引用常量，而当需要改变常量的值时，只需修改一处。

符号常量定义时需要使用 Const 语句，例如：

```
Const Pai = 3.1415926
Const University = "同济大学"
Const TermBeginDate = #9/1/2016#
```

4. 变量

变量代表一个在程序运行期间值可以改变的量，相当于保存数据的"容器"，本身需要占用一定的存储空间，具体空间大小由变量的类型决定，详见表 5-1。变量在使用前应该用 Dim 语句进行声明，定义一个变量的名称和类型，格式为：

```
Dim <变量 1> As <类型 1>[, <变量 2> As <类型 2>[,...]]
```

例如：

```
Dim StudentName As String
Dim Grade As Integer, AvgGrade As Single
Dim Passed As Boolean, ExamDate As Date
```

在默认情况下，一个变量可以不经声明即可使用，这时该变量被自动声明为 Variant 类型（变体型）。Variant 类型变量可以接纳各种类型的数据，不过提倡变量在使用前应根据其实际类型进行声明。

可以改变 VBA 窗口的设置参数，强制实现变量先定义后使用，方法：在代码窗口中，选择"工具"菜单中的"选项"命令，在弹出的"选项"对话框中选择"编辑器"选项卡，选中"要求变量声明"复选框，如图 5-4 所示。在以后新创建的模块中，顶端会自动出现 Option Explicit 字样，意为"（变量定义）选择明确"；在运行程序时，凡遇到未经定义的变量或者写错的变量，系统将弹出图 5-5 所示的对话框报错。

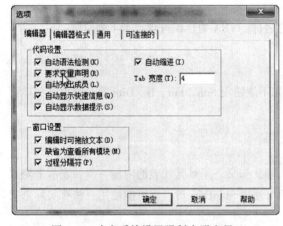

图 5-4　改变系统设置强制声明变量

图 5-5　未声明的变量运行出错

5. 运算符

运算符用于连接构成表达式的常数、变量、函数等内容，它可分成 4 类，以执行不同类型的运算。

（1）算术运算符。完成算术运算，按优先级顺序依次是：

　　-（取负）　　　^（幂）　　　*　　/（除）　　\（整除）　　Mod（取余）　　+　　-

（2）关系运算符。确定两个表达式的大小是否相等。用关系运算符连接而成的式子称为关系表达式，其值为一个布尔量，或者是 True，或者是 False。常用的关系运算符有：

　　>　　　>=　　　=　　　<=　　　<　　　<>（不等于）

（3）连接运算符。连接运算符包括+、&。其中，"+"用于将几个字符串连接成一个新的字符串，"&"将几个不同类型的值连接成一个字符串。

【例5-3】在 Today()过程中用一个消息对话框输出当天日期及距 2016 年元旦的天数。

打开"模块入门"模块，添加如下 Today()过程：

```
Sub Today()
    MsgBox "今天的日期是" & Date & "，距2016年1月1日还有" & (#1/1/2016# - Date) & "天"
End Sub
```

执行后，在消息对话框中输出由字符串、日期型和数字型数据连成的一个字符串，如图 5-6 所示。其中 Date 是一个函数，用于输出系统的日期，(#1/1/2016# – Date) 是用一个日期型常量与当天日期相减，得到两个日期之间的天数。

图 5-6　例 5-3 的输出结果

（4）逻辑运算符。逻辑运算符用于连接几个关系表达式：

　　Not（取反）　　And（与）　　Or（或）　　Xor（异或）　　Eqv（相等）　　Imp（蕴涵）

6. 表达式

表达式是用运算符将常量、变量、函数等连接起来的式子。注意，无论是除法还是指数，在 VBA 表达式中均书写在一行上，无高低、大小之分。例如，计算球体积的表达式 $V = \frac{4}{3}\pi r^3$，VBA 表达式应写成 4/3*3.14*r^3；一元二次方程的实根之一 $\frac{-b+\sqrt{b^2-4ac}}{2a}$ 可用 VBA 表达式(-b+Sqr(b^2-4*a*c))/(2*a)表示，其中 Sqr()是平方根函数（VBA 的标准函数之一），注意分母的圆括号不能省略。

表达式可以分为：

（1）算术表达式。用加、减、乘、除等算术运算符将常量、变量、函数等连接而成的式子，其结果是数字类型。例如 AvgGrade=(A+90)/2、Count=Count+1 等。

（2）关系表达式。用关系运算符连接而成的式子，如 A>3、B<=10、C<>20 等。

（3）逻辑表达式。用逻辑运算符连接关系表达式而得到，例如 AvgGrade>85 And Count<=10、Age<=5 Or Age>=60、Not (Age<=5 Or Age>=60)。

5.2.3　VBA 的常用内部函数

内部函数又称标准函数。VBA 提供了很多常用内部函数供调用。函数的一般格式为：

函数名(参数)

参数是函数的自变量，输入一个自变量值，将得到函数的返回值。例如求 Sin(30°)，可使用正弦函数 Sin(X)，这里参数 X 用弧度表示，VBA 表达式为：

```
Sin(3.14 * 30 / 180)
```
计算结果为 0.499 770 102 643 102（计算有误差，标准答案 0.5）。

根据函数返回值的类型，可以将函数分为数值型函数、字符串函数、日期/时间函数以及类型转换函数等。

1. 数值型函数

数值型函数（见表 5-2）通常为数学函数，返回值均为数值，其中三角函数角度的单位为弧度。

表 5-2　VBA 的数值型函数

函　数　名	功　　　　能
Abs(X)	取 X 的绝对值
Atn(X)	返回 X 的反正切弧度值
Cos(X)	X 弧度的余弦值
Exp(X)	e 的 X 次方，即 e^x
Fix(X)	对 X 取整，截去 X 后的小数点
Hex(X)	将十进制数 X 转换成十六进制数（字符串）
Int(X)	对 X 取整，取小于或等于 X 的最大值。例如：Int(12.8)=12, Int(-12.4)=-13
Log(X)	以 e 为底的自然对数
Oct(X)	将十进制数 X 转换成八进制数（字符串）
Rnd[(X)]	返回[0,1)之间的单精度随机数
Round(X,n)	四舍五入函数，n 为保留的小数位数
Sgn(X)	符号函数，X>0, Sgn(X)=1; X<0, Sgn(X)=-1; X=0, Sgn(X)=0
Sin(X)	X 弧度的正弦函数
Sqr(X)	平方根函数，要求 X>=0
Tan(X)	X 弧度的正切函数

2. 字符串型函数

字符串型函数（见表 5-3）的返回值多数为字符串，用于将数值转换成字符串、截取子串、返回字符串长度等。

表 5-3　字符串型函数

函　数　名	功　　　　能
Asc(X)	取字符串 X 的第一个字符的 ASCII 值
Chr(X)	返回以数值 X 作为 ASCII 码的字符
Lcase(X)	将字符串 X 中的字母全部转换成小写
Left(X,n)	返回字符串 X 左侧的 n 个字符
Len(X)	返回字符串 X 的长度（字符个数）
Ltrim(X)	截去字符串 X 首部的空格
Mid(X,n1,n2)	从字符串 X 的第 n1 个字符起，连续取 n2 个字符

函　数　名	功　　　　能
Right(X,n)	取字符串 X 右侧的 n 个字符
Rtrim(X)	截去字符串 X 尾部的空格
Space(n)	产生有 n 个空格的字符串
String(n,X)	返回由字符串 X 第一个字符重复 n 次形成的字符串
Trim(X)	截去字符串 X 首部、尾部的空格
Ucase(X)	将字符串 X 中的字母全部转换成大写
Val(X)	将字符串 X 转换成数值

3．日期/时间型函数

日期/时间型函数（见表 5-4）函数的返回值为日期或时间。

表 5-4　日期/时间型函数

函　数　名	功　　　　能
Date	返回系统当前日期
Day(X)	返回日期型数据 X 的日，如 Day(#2015-12-15#)=15
Hour(X)	返回时间值 X 中的小时数，如 Hour(#11:45:43 PM#)=11
Minute(X)	返回时间值 X 中的分钟数
Month(X)	返回日期型数据 X 的月份，如 Month(#9/8/2015#)=9
Now	返回系统当前日期和时间
Second(X)	返回时间值 X 中的秒数
Time	返回系统当前时间
Timer	返回自午夜 0:00 开始至现在经过的秒数
Weekday(X)	计算日期型数据 X 是星期几，默认以星期日为 1
Year(X)	返回日期型数据 X 的年份

4．类型转换函数

类型转换函数（见表 5-5）用于实现不同类型数据的转换。

表 5-5　类型转换函数

函　数　名	功　　　　能
CBool(X)	X 为数值，当 X=0 时返回 False，否则返回 True
CByte(X)	将数值 X 转换成字节型
CCur(X)	将数值 X 转换成货币型
CDate(X)	将字符串型 X 转换成日期型，如 Cdate("2015-5-12")转换成#2015-5-12#
CDbl(X)	将数值 X 转换成双精度类型
CDec(X)	将数值 X 转换成 Decimal 实型
CInt(X)	将实数 X 转换成 Integer（整型）
CLng(X)	将实数 X 转换成 Long（长整型）
CSng(X)	将数值 X 转换成单精度类型

函 数 名	功　　　能
CVar(X)	将数值 X 转换成 Variant（变体型）
IsArray(X)	判断变量 X 是否为一数组
IsDate(X)	判断字符串 X 能否转换成日期型，能则返回 True，否则返回 False；或者判断一个变量是否为日期型，是则返回 True，不是则返回 False
IsEmpty(X)	X 是变量名，检查一个变量声明后是否已赋值，返回布尔型结果
IsNull(X)	判断变体型参数 X（如文本框）是否为空，返回布尔型值
IsNumeric(X)	判断字符串 X 是否能成功地转换成数值，返回布尔型值

【例 5-4】已知一元二次方程 $8x^2-10x-75=0$ 有两个实根，编写过程求解。

根据求根公式 $\dfrac{-b\pm\sqrt{b^2-4ac}}{2a}$，在"模块入门"模块中建立如下 Root()过程：

```
Sub Root()
    Dim A As Integer, B As Integer, C As Integer
    Dim S As Single, Root1 As Single, root2 As Single
    A = 8: B = -10: C = -75
    S = Sqr(B ^ 2 - 4 * A * C)
    Root1 = (-B + S) / (2 * A)
    root2 = (-B - S) / (2 * A)
    MsgBox "Root1=" & Root1 & ", Root2=" & root2
End Sub
```

运行，得到结果 Root1=3.75，Root2=-2.5。

5.2.4 数据的输入与输出

在构成模块的过程中，少量的、变化不大的数据可以用赋值语句保存在变量中，如例 5-4 中 A=8、B=-10 等。而在数据量不大却常常要变化的场合，可以通过 InputBox()函数用输入对话框输入；计算结果的输出一般用 MsgBox()函数（消息对话框），数据量较大时用立即窗口输出。

1．InputBox()函数

InputBox()函数的语法格式为：

```
InputBox(Prompt[,Title][,Default][,Xpos][,Ypos])
```

说明：

（1）Prompt 是必不可少的参数，它用于在对话框窗体上显示一个输入提示项。

（2）Title 参数用于指定该对话框的标题，可以省略；省略时对话框标题为"Microsoft Access"。

（3）Default 用于为对话框提供一个默认值。例如在输入学生年龄时，如果一个班级多数学生为 18 岁，就可以指定 InputBox()函数的默认值为 18，这样可提高输入速度，减少输入错误。

（4）Xpos、Ypos 决定对话框出现在屏幕上的位置，省略则出现在屏幕的中心位置。

【例 5-5】输入一个年龄值，默认为 18 岁，然后用 MsgBox()输出。

下面的过程 Age()用于实现本例操作：

```
Sub Age()
    Dim N As Byte
    N = InputBox("请输入你的年龄值", "输入年龄", 18)
    MsgBox "该生年龄为" & N & "岁"
End Sub
```

InputBox()函数返回值的类型由接受返回值变量的类型决定。例如，当 D 是一个整型变量时，D = InputBox("测试", , 1)，D 输出的是默认值 1；当 D 为日期型数据时，同样的默认值赋给 D，D 的输出却是日期 1899-12-31；而当 D 的类型改为 Boolean 时，默认值 1 赋给 D，D 的值为 True。

2. MsgBox()函数

MsgBox()函数的语法格式为：

```
MsgBox(Prompt[,Buttons][,Title])
```

说明：

（1）Prompt 参数不可省略，它用于在对话框上输出结果或提示性文本。

（2）Buttons 是一个或一组按钮，供用户进行操作选择，省略时只有一个"确定"按钮。

（3）Title 是消息对话框的标题，省略时默认值为"Microsoft Access"。

如果消息对话框上有多个按钮，运行时需要根据用户选择的按钮决定下一步的操作，就可以预先定义一个整型变量，用以接受用户的选择结果并根据变量值进行判断。

【例 5-6】让管理人员用消息对话框决定李卫星是否为马腾跃的研究生。

下面的过程 IsGraduate()用于实现本例操作：

```
Sub IsGraduate()
    Dim Answer As Integer
    Answer = MsgBox("李卫星是马腾跃的研究生吗? ", vbYesNo)
    If Answer = vbYes Then MsgBox "李卫星是马腾跃的研究生"
    If Answer = vbNo Then MsgBox "李卫星不是马腾跃的研究生"
End Sub
```

运行过程时，先弹出图 5-7（a）所示的消息对话框，用户可以单击"是"按钮或者"否"按钮进行选择。图 5-7（b）显示单击"是"按钮的结果，图 5-7（c）显示单击"否"按钮的结果。

（a）　　　　　　　　　　　　（b）　　　　　　　　　　　　（c）

图 5-7　例 5-6 执行结果

说明：

（1）本例中，第一个 MsgBox()要返回一个值赋给变量 Answer，因此必须写成函数的形式，在 MsgBox 参数表的左右加上一对圆括号。

（2）MsgBox()的 Buttons 参数 vbYesNo 表示要在对话框上设置两个按钮，一个是 Yes 按钮，一个是 No 按钮。

（3）过程中使用了条件语句：If Answer=vbYes Then …，这里的 vbYes 以及下一行中的 vbNo 均为 VBA 内部常量，分别是单击"是"和"否"按钮的返回值。这些内部常量的值为整型数，其中 vbYes 的值约定为 6，vbNo 的值为 7。

（4）除了用 vbYesNo 设置"是"和"否"按钮外，还可以使用数字设定，本例中的第一个 MsgBox() 语句可改写成：

```
Answer = MsgBox("李卫星是马腾跃的研究生吗？", 4)
```

（5）MsgBox()还提供了若干个图标以加强显示效果。若将本例的 MsgBox()改写如下：

```
Answer = MsgBox("李卫星是马腾跃的研究生吗？", vbYesNo
+ vbQuestion)
```

运行后该消息框显示结果如图 5-8 所示，对话框的左侧增加了一个问号图标。

图 5-8　带有图标的消息框

MsgBox()消息框函数的返回值如表 5-6 所示，其界面上的 Buttons 参数设置方法如表 5-7 所示。

表 5-6　MsgBox 函数的按钮名称及返回值

按钮名称	返回值	符号常量
确定	vbOk	1
取消	vbCancel	2
放弃	vbAbort	3
重试	vbRetry	4
忽略	vbIgnore	5
是	vbYes	6
否	vbNo	7

表 5-7　MsgBox 函数中按钮与图标参数的值

功　能	符号常量	数　值
"确定"按钮	vbOkOnly	0
"确定"+"取消"按钮	vbOkCancel	1
"放弃"+"重试"+"忽略"按钮	vbAbortRetryIgnore	2
"是"+"否"+"取消"按钮	vbYesNoCancel	3
"是"+"否"按钮	vbYesNo	4
"重试"+"取消"按钮	vbRetryCancel	5
"×"停止图标	vbCritical	16
"?"询问图标	vbQuestion	32
"!"感叹图标	vbExclamation	48
"i"信息图标	vbInformation	64

3. Debug 窗口

Debug 窗口在 VBA 编程环境窗口的"视图"菜单中称为"立即窗口"，也是通过它来显示 Debug 窗口。对于数据量较大的运行结果，可以用 Debug 窗口的 Print 方法输出。语法格式为：

```
Debug.Print 输出项
```

Print 方法比较灵活，它使用";"或"&"连接若干个输出项，也可以用","使各个输出项之间空开一定距离。

【例 5-7】用随机函数产生两个 100 以内的整数并相加，结果在立即窗口中输出。相关过程如下：

```
Sub Add()
    Dim X As Integer, Y As Integer
    Randomize Timer
    X = Rnd * 100: Y = Rnd * 100
    Debug.Print X; "+"; Y; "="; X + Y
End Sub
```

其中，Randomize Timer 用于设置随机数种子，使得程序执行时产生的随机数尽可能不一致。

图 5-9 显示本过程执行 4 次的结果。

VBA 还提供了 Tab(n)函数用于控制输出项的列位置，n 从 1 开始，例如 Tab(5)表示下一个输出项将开始于本行左侧的第 5 个字符位置上。

【例 5-8】输出 1、3、5 及其对应平方根，保留小数 3 位。相关过程如下：

```
Sub Sqr_Root()
    Debug.Print Tab(5); 1; Tab(12); 3; Tab(19); 5
    Debug.Print Tab(5); Round(Sqr(1), 3); Tab(12); Round(Sqr(3), 3);
    Debug.Print Tab(19); Round(Sqr(5), 3)
End Sub
```

图 5-10 是本例在立即窗口中的输出情况，注意观察各个输出项之间的空隙。

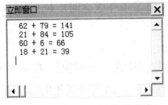
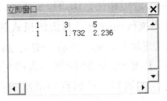

图 5-9　例 5-7 的输出结果　　　　　图 5-10　例 5-8 的输出结果

5.3　选 择 语 句

选择语句又称分支语句、条件语句。使用选择语句可让程序中语句的执行次序除了自上而下的顺序进行外，还能根据某个变量或表达式的值"跳跃"执行，即根据条件的值选择所执行的语句：当表达式的值成立时执行某些语句；不成立时不执行，或者执行另外一些语句。

5.3.1　If…Then…语句

If…Then…语句是最简单的选择语句，其语法格式为：

```
If <关系表达式或逻辑表达式> Then <语句>
```

当 If 后的关系表达式或逻辑表达式成立时，才能执行 Then 后的语句，否则不执行 Then 后的语句，直接执行 If 的下一条语句。

说明： 语法格式中的<语句>实际上是语句组，可以是若干条用冒号":"隔开的 VBA 语句；当<表达式>成立时这些语句全部被执行，不成立则全部不执行。

【例 5-9】编写 test()过程，随机出一道两位数加法题让小学生回答，答案正确予以肯定，否则给出正确答案。

本例中小学生的答案通过 InputBox()函数输入，判断结果用 MsgBox 消息框输出。

```
Sub test()
    Dim A As Integer, B As Integer, Sum As Integer
    Randomize Timer
    A = 10 + Int(Rnd * 90): B = 10 + Int(Rnd * 90)
    Sum = InputBox(A & "+" & B & "=?", "两位数加法")
    If Sum = A + B Then MsgBox "答案正确！"
```

```
    If Sum <> A + B Then MsgBox "答错了！正确答案是" & A + B
End Sub
```

本例中 If 后的 Sum=A+B 是关系表达式，判断 Sum 的值是否与 A+B 表达式的值相等，若相等则判断结果为 True，不相等时判断结果为 False。注意不要将 Sum=A+B 理解成赋值语句。如果变量 X 是一个单精度实数，要判断变量 X 是否为不小于 10 的整数，If 语句可写成：

```
If X>=10 and X=Int(X) Then ...
```

此时 If 后面是一个用 and 连接的逻辑表达式。

5.3.2　If…Then…Else…语句

与 If…Then…语句相比，If…Then…Else…语句不但考虑了条件成立时应执行的语句，也考虑了条件不成立时要执行的语句，其语法格式为：

```
If <关系或逻辑表达式> Then <语句 1> Else <语句 2>
```

这里<语句 1>和<语句 2>同样均为语句组。当 If 后的表达式成立时执行 Then 后的语句，不成立时执行 Else 后的语句，然后程序继续执行 If 后的其他语句。语法格式里的<语句 1>和<语句 2>两者中必有一个被执行。例 5-9 中的两个 If 语句可合并成一个：

```
If Sum=A+B Then MsgBox "答案正确！" Else MsgBox "答错了！正确答案是" & A+B
```

【例 5-10】编写 Passed()过程，要求：通过键盘输入一门课程的考试成绩，用消息对话框显示该分数是否合格。

```
Sub Passed()
    Dim Grade As Integer
    Grade = InputBox("请输入考试分数: ")
    If Grade >= 60 Then MsgBox "合格" Else MsgBox "不合格"
End Sub
```

本例的 If 语句也可改写成：

```
If Grade < 60 Then MsgBox "不合格" Else MsgBox "合格"
```

到目前为止所介绍的选择语句有一个缺憾，就是当条件成立或不成立时，要执行的语句不能写得太多，否则语句行太长，降低程序的可读性，5.3.3 小节介绍的块状 If 语句可很好地满足可读性要求。

5.3.3　块状选择语句

块状选择语句由 If 开头，End If 结尾，其语法格式为：

```
If <关系或逻辑表达式> Then
    <语句组>
End If
```

或者

```
If <关系或逻辑表达式> Then
    <语句组 1>
Else
    <语句组 2>
End If
```

可用块状选择语句改写例 5-10 的 If 语句：

```
If Grade >= 60 Then          '合格者
    MsgBox "合格"
Else
    MsgBox "不合格"
End If
```

注意： 块状选择语句的 Then 后不能有其他语句（单引号引导的注释语句除外），一旦有语句，VBA 就认为是行式 If 语句，从而断定 End If 是多余的，程序运行将出错。

5.3.4　选择语句嵌套

选择语句嵌套用于情况比较复杂的场合，当条件不成立时，在 Else 后再用 If 语句作进一步判断。

【例 5-11】 编写 Grade() 过程，要求：通过键盘输入一个成绩值，判断它是优秀（90 分及 90 分以上）、合格还是不合格。

```
Sub Grade()
    Dim Grade As Integer, Evalu As String
    Grade = InputBox("请输入考试分数: ")
    If Grade < 60 Then
        Evalu = "不合格"
    ElseIf Grade < 90 Then
        Evalu = "合格"
    Else
        Evalu = "优秀"
    End If
    MsgBox Grade & "分的等级为" & Evalu
End Sub
```

如果对本例的过程代码进行如下修改，请指出下面用非条件嵌套改写的条件语句中隐含的错误：

```
If Grade < 60 Then Evalu = "不合格"
If Grade < 90 Then
    Evalu = "合格"
Else
    Evalu = "优秀"
End If
```

当需要判断的条件较多时，嵌套选择语句的可读性将降低，这时可以选择 Select Case 语句。

5.3.5　Select Case 语句

Select Case 语句又称情况语句，它是一种多分支选择语句，当测试表达式的值满足某个表达式时，程序就执行该语句，如果没有一个表达式的值能满足测试表达式，则执行 Case Else 后的语句。Select Case 语句的语法格式为：

```
Select Case <测试表达式>
    Case <表达式 1>
```

```
              <语句 1>
        Case <表达式 2>
              <语句 2>
              ...
        [Case Else
              <语句 n+1>]
    End Select
```

【例 5-12】编写 Grade1()过程，要求：将百分制成绩转换成文字表述的等级分。

```
Sub Grade1()
    Dim Grade As Integer, Evalu As String
    Grade = InputBox("请输入考试分数: ")
    Select Case Grade
        Case 100
            Evalu = "满分"
        Case 90 To 99
            Evalu = "优秀"
        Case 80 To 89
            Evalu = "良好"
        Case 70 To 79
            Evalu = "中"
        Case 60 To 69
            Evalu = "合格"
        Case Is >= 0
            Evalu = "不合格"
        Case Else
            Evalu = "数据错误"
    End Select
    MsgBox Grade & "分的等级为" & Evalu
End Sub
```

说明：

（1）测试表达式与选择语句中的表达式不同，它不一定是关系表达式或逻辑表达式，可以是任意类型，而 Case 子句中的表达式类型必须与之相一致。

（2）如果 Case 子句中的表达式是一个常量或多个常量，则该常量直接写在 Case 之后，并用逗号隔开，如 Case 90,95,100。

（3）如果 Case 子句后的表达式是一个范围，范围可以用 To 从小到大指定，如 Case 90 To 99、Case "A" To "Z"。

（4）如果 Case 子句后的表达式是一个条件，条件可以用 Is 进行指定，格式为：Is <关系运算符> <表达式>，如 Case Is >= 0。

（5）前面的三种条件形式可以混用，多条件之间用逗号隔开。

5.3.6　条件函数

除了 If 语句和 Select Case 语句外，VBA 还提供了 3 个条件函数。

1. IIf 函数

格式：`IIf(条件表达式,表达式 1,表达式 2)`

功能：根据"条件表达式"的值来决定函数的返回值，如果"条件表达式"的值为 True 则函数返回"表达式 1"的值，否则函数返回"表达式 2"的值。

例如：将变量 a 和 b 中值大的数据存放在变量 Max 中。

`Max=IIf(a>b,a,b)`

2. Switch 函数

格式：`Switch(条件表达式 1,表达式 1[,条件表达式 2,表达式 2[,…[,条件表达式 n,表达式 n]]])`

功能：如果"条件表达式 1"的值为 True，则函数返回"表达式 1"的值，否则判断"条件表达式 2"；如果"条件表达式 2"的值为 True，则函数返回"表达式 2"的值，否则判断"条件表达式 3"……如果"条件表达式 n"的值为 True，则函数返回"表达式 n"的值。

例如：根据变量 x 的值来为变量 y 进行赋值。

`y=Switch(x>0,1,x=0,0,x<0,-1)`

3. Choose 函数

格式：`Choose(索引表达式,选项 1[,选项 2[,…[,选项 n]]])`

功能：根据"索引表达式"的值返回不同的选项值。如果"索引表达式"的值为 1，则函数返回"选项 1"的值；如果"索引表达式"的值为 2，则函数返回"选项 2"的值……如果"索引表达式"的值为 n，则函数返回"选项 n"的值。如果"索引表达式"的值小于 1 或大于选项个数，则函数返回无效值（ Null ）。

例如：根据变量 x 的值为变量 y 赋值。

`y=Choose(x,"讲师","副教授","教授","高级工程师")`

5.4　循 环 语 句

计算 100 位研究生的入学分数平均分时，若用 99 个"+"将它们相加，显然难以做到。此时，用循环语句有限次地重复执行某个程序段，完成若干个数据的求和，既便捷，可读性又强，程序的修改也很方便。

VBA 提供了 4 类循环语句：For...Next 循环、Do While...Loop 循环、For Each...Next 循环和 While...End 循环。本节介绍最常用的 For...Next 循环和 Do While...Loop 循环。

5.4.1　For...Next 循环

For...Next 循环一般用于循环次数已知的程序中，其语法格式为：

```
For <循环变量>=初值 To 终值 [Step <步长值>]
      [循环体]
Next [循环变量]
```

当步长值为 1 时，可以省略 Step 子句。

【例 5-13】编写 Even()过程，要求：输出 10~20 的所有偶数。

提示：根据数学知识，相邻偶数相差 2。

```
Sub Even()
    Dim I As Integer, S As String
    For I = 10 To 20 Step 2
        S = S & " " & I            '将筛选出的偶数连成一个字符串
    Next I
    MsgBox S, , "10 至 20 之间的偶数"
End Sub
```

分析:

（1）本例中 I 是循环变量，循环初值为 10，终值为 20，步长为 2。

（2）由于步长是正值，循环变量的值将由小到大变化；每当执行到 Next I，I 就要加上一个步长 2，然后与终值 20 进行比较，一旦超过终值则终止循环，转而执行 Next I 后面的语句，否则继续执行循环体。

（3）如果在本例程序的最后添加 MsgBox 消息框语句输出 I 值，显示结果应为 22。

【例 5-14】编写 Average()过程，要求：用随机函数模拟 10 位研究生的入学分数，分值为 300~399 之间的整数，要求在立即窗口中输出他们的成绩和平均分数。

```
Sub Average()
    Dim X As Integer, I As Integer, Sum As Single
    Randomize Timer
    Sum = 0                    '累加和清零，本语句可省略
    For I = 1 To 10            '循环 10 次
        X = 300 + Int(Rnd * 100)
        Sum = Sum + X
        Debug.Print X;
    Next I
    Debug.Print               '换行
    Debug.Print "入学平均分="; Round(Sum / 10, 1)  '保留 1 位小数
End Sub
```

执行结果为（10 个 300～399 之间的随机数）：

374 357 358 301 348 320 334 398 309 310

入学平均分= 340.9

本例中，循环变量 I 没有参与循环体中表达式计算，因此 I 可以取任意值，只要能保证循环 10 次，例如可以修改成：

```
For I = 11 To 20
For I=110 To 119
For I=1000 To 100 step -100
```

等，均不影响过程的运行结果。

如果需要强制终止 For...Next 循环，可以使用 Exit For 语句，该语句可以跳出循环后执行 Next 后的语句。

5.4.2 Do While...Loop 循环

Do While...Loop 循环通常用于循环次数未知的程序中，不过 Do While...Loop 与 For...Next 并无

本质的区别，仅仅是使用的场合不同，相互可以替代。Do While...Loop 的语法格式为：

```
Do While <循环条件表达式>
    [循环体]
Loop
```

这里<循环条件表达式>是一个关系表达式或者逻辑表达式。当<循环条件表达式>成立时（值为 True），循环体得以执行，否则循环终止，转而执行 Loop 的下一个语句。因此要确保 Do While...Loop 为有限次循环，循环体中必须有"破坏"循环条件成立的语句，使得循环不会成为"死循环"。

强制终止 Do While...Loop 循环的语句是 Exit Do，跳出循环后执行 Loop 后的语句。

【例 5-15】编写 Average2()过程，要求：通过键盘输入若干个研究生的入学分数，以-1 为结束标志，求出这些学生的入学平均分。

本例适合使用 Do While...Loop 作循环。由于事先不知道具体的人数，要通过输入的成绩进行判断，如果不是-1，说明是入学分数，予以累加，否则输入值为-1，程序流程应转到 Loop 后面的语句上。

```
Sub Average2()
    Dim X As Integer, Avg As Single, I As Integer
    X = InputBox("输入第" & I + 1 & "位研究生的入学分数: ")
    Do While X <> -1
        Avg = Avg + X        '入学分相加
        I = I + 1            '人数增1
        X = InputBox("输入第" & I + 1 & "位研究生的入学分数: ")
    Loop
    If I <> 0 Then
        MsgBox "入学平均分=" & Round(Avg / I, 1)
    Else
        MsgBox "无有效入学分数! "
    End If
End Sub
```

本例也可使用 For...Next 循环语句：将循环终值设为一个足够大的数，一旦输入的成绩为-1 即跳出循环。程序改写如下：

```
Sub Average2()
    Dim X As Integer, Avg As Single, I As Integer
    For I = 1 To 10000
        X = InputBox("输入第" & I & "位研究生的入学分数: ")
        If X = -1 Then Exit For
        Avg = Avg + X    '入学分相加
    Next I
    I = I - 1
    If I <> 0 Then
        MsgBox "入学平均分=" & Round(Avg / I, 1)
    Else
        MsgBox "无有效入学分数! "
    End If
End Sub
```

在后续章节编程访问数据表时，由于不知道表中的记录数，需要用记录集的 EOF 属性判断记录是否已读尽，因此更多使用的是 Do While...Loop 循环。

5.4.3 双重循环和多重循环

双重循环是指一个循环语句的循环体里又包含一个循环。对于 Access 数据库中的一个数据表对象，常常需要用双重循环才能访问到数据表中的每一个字段。外层循环控制记录，有多少条记录外层循环就循环多少次；内层循环控制一条记录中的字段，有多少个字段内层循环就循环多少次。

【例 5-16】编写 SquareRootTable()过程，要求：在立即窗口中输出 10 以内的平方根表，每行的第 1 列是十位数，每列的第 1 行是个位数，其余数据均为由首行、首列组成的正整数的平方根（保留 2 位小数），如图 5-11 所示。例如，查表可得 84 的平方根为 9.17。

立即窗口									
	0	1	2	3	4	5	6	7	8	9
0	0.00	1.00	1.41	1.73	2.00	2.24	2.45	2.65	2.83	3.00
1	3.16	3.32	3.46	3.61	3.74	3.87	4.00	4.12	4.24	4.36
2	4.47	4.58	4.69	4.80	4.90	5.00	5.10	5.20	5.29	5.39
3	5.48	5.57	5.66	5.74	5.83	5.92	6.00	6.08	6.16	6.24
4	6.32	6.40	6.48	6.56	6.63	6.71	6.78	6.86	6.93	7.00
5	7.07	7.14	7.21	7.28	7.35	7.42	7.48	7.55	7.62	7.68
6	7.75	7.81	7.87	7.94	8.00	8.06	8.12	8.19	8.25	8.31
7	8.37	8.43	8.49	8.54	8.60	8.66	8.72	8.77	8.83	8.89
8	8.94	9.00	9.06	9.11	9.17	9.22	9.27	9.33	9.38	9.43
9	9.49	9.54	9.59	9.64	9.70	9.75	9.80	9.85	9.90	9.95

图 5-11　100 以内正整数的平方根表

```
Sub SquareRootTable()
    Dim I As Integer, J As Integer
    For J = 0 To 9                          '输出个位数
        Debug.Print Tab(J * 6 + 5); J;
    Next J
    Debug.Print                             '换行
    For I = 0 To 9
        Debug.Print I;                      '输出十位数
        For J = 0 To 9
            '输出 100 以内整数的平方根
            Debug.Print Tab(J * 6 + 5); Format(Sqr(10 * I + J), "0.00");
        Next J
        Debug.Print                         '换行
    Next I
End Sub
```

说明：程序中 Format()函数是打印项的格式函数，"0.00"表示保留 2 位小数，小数不足 2 位最后用 0 填补。

多重循环指三重循环或更多层次嵌套的循环，在使用数组和访问数据表时，常常需要使用多重循环。

5.5　数　　组

假设有 300 个研究生，现在需要知道其中的哪些人入学分数在入学平均分之上，于是需要先对 300 个入学分数求和。因为不可能定义 300 个变量保存每个入学分数，一般都采用循环语句，以流水方式用一个变量临时保存当前从键盘输入的入学分数，然后累加到另一个变量中，见例 5-15。问题在于，求出平均分后，在将每个研究生的入学分数与平均分相比较时，却发现只保留了最后一个研究生的成绩，其余 299 个都丢失了，除非通过键盘重新输入一遍。本节介绍的数组就可以很方便地解决这类问题。

5.5.1　数组概念

数组是一种数据存储结构，它用一个标识符保存若干个数据，用不同的下标予以区分。图 5-12 所示为一个名为 Array 的数组示意图。

图 5-12　数组概念示意图

图 5-12 所示的数组 Array 犹如一排平房，平房内有若干个房间，每个房间保存一个数据；下标类似房间号码，用于区分不同的房间。图 5-12 中，Array(0)=17，Array(1)=19，Array(2)=2，……，数组中的每个数据称为元素。数组具有以下特性：

（1）同简单变量一样，数据同样具有数据类型。

（2）数组的每个元素数据类型相同，占用同样大小的存储空间。如整型数组中每个元素占用 2 字节，日期型数组每个元素占用 8 字节。

（3）数组中所有元素在内存中是连续存放的。

（4）通过下标可访问数组中的每个元素；下标的类型是一个整数，可以是常量、变量或者算术表达式，因此可以通过循环方便地使用数组。

（5）数组可分为一维数组、二维数组和多维数组。

5.5.2　一维数组

一维数组中的元素呈直线状排列，每个下标对应一个元素。数组在使用前必须先行定义，声明其数组名、类型、维数和每一维的大小（元素个数）。声明一维数组的语法格式为：

`Dim <数组名>([<下界>] To 上界) As 数据类型`

如果定义数组时省略下标下界，则数组的最小下标为 0。例如：

`Dim A(10) As Double`

定义了一个名为 A 的双精度型数组，共有 11 个元素，下标的起止范围是 0~10；每个元素的类型是双精度型，占用 8 字节，整个数组占用内存 88 字节。定义完毕，数组中每个元素的值自动清 0。而语句 Dim B(-5 To 5) As Integer 同样声明了有 11 个元素的数组，但下标从-5 开始，每个元素只占用 2 字节空间。

说明：

（1）定义数组时，下标的下界值和上界值必须是常量或符号常量，不能使用变量。

（2）引用数组元素时，下标不得超出所定义的下界和上界，否则程序的执行将被中断，同时系统报错。

（3）使用数组时，用 LBound() 和 UBound() 函数可得到该数组下标的下界和上界值。

【例 5-17】 编写 Avg() 过程，要求：在立即窗口中输出 10 位研究生中入学分数超出入学平均分的成绩，入学分数通过键盘输入。

```
Sub Avg()
    Dim D(10) As Integer, I As Integer, Avg As Single
    For I = 1 To 10        '输入入学成绩
        D(I) = InputBox("输入第" & I & "位研究生的入学分数: ")
    Next I
    For I = 1 To 10        '10 个分数累加，并保存到下标为 0 的元素中
        D(0) = D(0) + D(I)
    Next I
    Avg = D(0) / 10        '求出平均分
    For I = 1 To 10        '输出超过平均分的成绩到立即窗口
        If D(I) > Avg Then
            Debug.Print D(I);
        End If
    Next I
End Sub
```

【例 5-18】 编写 Max_Age() 过程，要求：根据表 5-8 给出的数据，找出年龄最大的导师的姓名及年龄，数据通过键盘输入。

表 5-8　导师姓名和年龄表

姓名	陈平林	李向明	马大可	李小严	金润泽	马腾跃
年龄	48	51	58	63	55	65

分析：

（1）由于姓名与年龄的数据类型不一致，不能保存在同一个数组中，因此需用两个不同数据类型的一维数组分别保存导师姓名和年龄，它们的下标相互对应，年龄最大值所在的下标也就是对应的导师姓名所在数组的下标。

（2）寻找最大值的方法：可假设年龄数组中第一个元素就是最大值，将其保存到变量 Max 中，并用变量 Loc 记录其下标；然后 Max 与第二个元素作比较，若该元素值大于 Max 则将该元素值保存到 Max 中，同时修改 Loc 变量；再依次与其他元素继续比较，直到比较完毕，保存在 Max 变量中的值就是最大年龄。

（3）为使程序能具有更大的适用性，程序中导师人数用符号常量 N 表示，一旦导师人数发生变化，只需在过程开始处修改 N 值即可。

```
Sub Max_Age()
```

```
    Const N = 6                            '符号常量 N 表示导师人数
    Dim T_Name(N) As String, T_Age(N) As Byte
    '字符串数组 T_Name 保存导师姓名，字节型数组 T_Age 保存导师年龄
    Dim I As Integer, Max As Byte      'Max 用于保存当前的最大年龄值
    Dim Loc As Integer                 'Loc 保存当前最大年龄的下标值
    For I = 1 To N
        T_Name(I) = InputBox("第" & I & "位导师的姓名：")
        T_Age(I) = InputBox("第" & I & "位导师的年龄：")
    Next I
    '以第一位导师的年龄作为最大值，记录其年龄和位置
    Max = T_Age(1): Loc = 1
    For I = 2 To N
        If Max < T_Age(I) Then
            Max = T_Age(I)              '保存当前最大年龄值
            Loc = I                     '保存当前最大年龄的下标
        End If
    Next I
    MsgBox "年龄最大的导师是" & Max & "岁的" & T_Name(Loc)
End Sub
```

运行 Max_Age 过程，输入表 5-8 中的数据（顺序是一个姓名一个年龄），得到结果"年龄最大的导师是 65 岁的马腾跃"。

5.5.3 二维数组

二维数组中数据排列呈平面状，可保存一个二维表的信息，例如：Access 数据库中的数据表对象。数组中的数据使用行下标和列下标定位。定义二维数组的语法格式为：

```
Dim <数组名>([<下界> To] 上界,[<下界> To] 上界) As 数据类型
```

定义和引用二维数组时，两个下标之间用逗号隔开；一般将第一个下标作为行位置，第二个下标作为列位置。如果省略下标的下界值，则下界值默认为 0。例如：

```
Dim A(3,4) As Integer
```

将声明一个数组名为 A、长度为 4×5=20 个元素的二维整型数组，占用 40 字节的内存空间。

二维数组的操作通常需要与双重循环相结合。下面的例题将围绕表 5-9 提供的"导师"表和表 5-10 提供的"研究生"表进行处理工作。

表 5-9 "导师"表

导师编号	姓名	性别	年龄
101	陈平林	男	48
102	李向明	男	51
103	马大可	女	58
104	李小严	女	63

表 5-10 "研究生"表

姓名	性别	导师编号
陈为民	男	101
冯山谷	男	101
杨 柳	男	102
周旋敏	女	104
马 力	女	
马德里	男	101
潘 浩	女	104

【**例** 5-19】编写 Teacher_Age()过程，要求：找出"导师"表中所有年龄在 55 岁以上的导师的全部信息并在立即窗口中输出。

分析：由于"导师"表有姓名等文本信息，所以用一个字符串型的二维数组保存全部导师的所有信息，在需要进行算术运算时，用 Val()函数作类型转换。本题需要对"导师"表作遍历，即用一个循环从第一行到最后一行比较所有的年龄值，一旦超过 55 则嵌套一个循环输出本行的全部列的值。

```
Sub Teacher_Age()
    Dim T(4, 4) As String, I As Integer, J As Integer
    '以下语句为数组赋值
    T(1, 1) = "101": T(1, 2) = "陈平林": T(1, 3) = "男": T(1, 4) = "48"
    T(2, 1) = "102": T(2, 2) = "李向明": T(2, 3) = "男": T(2, 4) = "51"
    T(3, 1) = "103": T(3, 2) = "马大可": T(3, 3) = "女": T(3, 4) = "58"
    T(4, 1) = "104": T(4, 2) = "李小严": T(4, 3) = "女": T(4, 4) = "63"
    For I = 1 To 4
        If T(I, 4) > 55 Then        '某行的年龄值超过 55
            For J = 1 To 4          '从该行的第 1 起输出全部列的值
                Debug.Print Tab(7 * J); T(I, J);
            Next J
            Debug.Print            '输出一行后换行
        End If
    Next I
End Sub
```

运行结果是输出导师马大可和李小严的全部信息。

【**例** 5-20】编写 T_S()过程，要求：在立即窗口中输出研究生的姓名、性别、带教导师的姓名和年龄。

分析：导师与研究生存在一对多关系，一名导师可以带多名研究生，两者通过"导师编号"产生联系。

程序思路：首先遍历"导师"表，根据当前的"导师编号"遍历"研究生"表，寻找所有与之相同的"导师编号"并输出相关列。

```
Sub T_S()
    Dim T(4, 4) As String, I As Integer, J As Integer
    Dim S(7, 3) As String
    '为导师数组赋值
    T(1, 1) = "101": T(1, 2) = "陈平林": T(1, 3) = "男": T(1, 4) = "48"
    T(2, 1) = "102": T(2, 2) = "李向明": T(2, 3) = "男": T(2, 4) = "51"
    T(3, 1) = "103": T(3, 2) = "马大可": T(3, 3) = "女": T(3, 4) = "58"
    T(4, 1) = "104": T(4, 2) = "李小严": T(4, 3) = "女": T(4, 4) = "63"
    '为研究生数组赋值
    S(1, 1) = "陈为民": S(1, 2) = "男": S(1, 3) = "101"
    S(2, 1) = "冯山谷": S(2, 2) = "男": S(2, 3) = "101"
    S(3, 1) = "杨  柳": S(3, 2) = "男": S(3, 3) = "102"
    S(4, 1) = "周旋敏": S(4, 2) = "女": S(4, 3) = "104"
```

```
S(5, 1) = "马  力": S(5, 2) = "女": S(5, 3) = ""
S(6, 1) = "马德里": S(6, 2) = "男": S(6, 3) = "101"
S(7, 1) = "潘  浩": S(7, 2) = "女": S(7, 3) = "104"
For I = 1 To 4
    For J = 1 To 7
        If T(I, 1) = S(J, 3) Then
            Debug.Print S(J,1); " "; S(J,2); " "; T(I,2); " "; T(I,4)
        End If
    Next J
Next I
End Sub
```

程序的运行结果如图 5-13 所示。注意输出结果中将各有一位
导师和研究生不出现，因为她们没有相对应的研究生或导师。

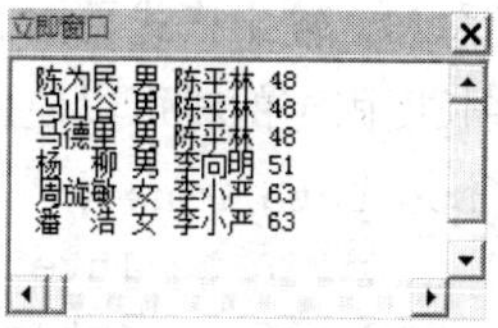

图 5-13　例 5-20 的执行结果

5.6　过　　程

过程是一个完整的程序段，可以完成一个相对独立的任务。前几节的讲解已经列举了较多的
过程。在实际应用中，一个较大的应用程序往往由几个过程组成，过程间可以互相调用，通过参
数的传递协同完成一个大任务。

VBA 模块的过程可分为 Sub 过程和 Function 过程两大类，其区别在于前者没有返回值而后者
有，因此 Function 过程实际上就是用户自定义函数。

5.6.1　Sub 过程

1. Sub 过程的定义

定义 Sub 过程的完整语法格式为：

```
[Private][Public][Static]Sub <过程名> (参数表)
    语句
End Sub
```

说明：

（1）过程名前面冠以 Private 表示本过程为模块级过程，而 Public 表示本过程是全局过程，在
整个应用程序的各个模块中均有效。默认值是 Public 过程。

（2）Static 表示本过程中声明的局部变量均为静态变量，变量的值在整个程序运行期间予以
保留，即使过程执行完毕也不例外。

（3）在被另一个过程调用时，参数表用于接纳所需的数据；如果没有参数可传递，被调用过
程就是无参过程。

2. Sub 过程的调用

一个过程在执行中可以调用另外一个过程，同时将参数传递过去；调用完毕后，再回到本过
程继续执行。被调用过程还可以再调用其他过程。过程的调用方法是：

```
Call <过程名>(参数表)
```

或者

<过程名> 参数表

如果过程在调用时不发生参数传递，被调用过程只能完成一些固定操作。

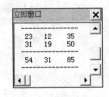

图 5-14　例 5-21 的
输出格式

【例 5-21】建立模块"例 5-21"，在该模块中用过程 Data_Plus 输入 4 个数据排列成矩形，例如 23、12 与 31、19，分别求出它们横向、纵向的和及总和，输出格式见图 5-14。输出结果中有 3 条由"-"组成的横线，这些长度固定的线可以使用一个过程生成，名为 Line1。

```
Sub Data_Plus()
    Dim A As Integer, B As Integer
    Dim C As Integer, D As Integer
    '4 个原始数据
    A = 23: B = 12: C = 31: D = 19
    Call Line1          '调用过程绘制第 1 条横线
    Debug.Print A; Tab(6); B; Tab(12); A + B
    Debug.Print C; Tab(6); D; Tab(12); C + D
    Call Line1          '调用过程绘制第 2 条横线
    Debug.Print A + C; Tab(6); B + D; Tab(12); A + B + C + D
    Call Line1          '调用过程绘制第 3 条横线
End Sub
Sub Line1()             '该过程绘制由 15 个"-"组成的横线
    Dim I As Integer
    For I = 1 To 15
        Debug.Print "-";
    Next I
    Debug.Print         '取消最后的";"作用，即实现换行的效果
End Sub
```

主调过程可以向被调过程传递参数，以控制调用过程的结果。对于主调过程传递来的参数，被调过程必须使用相等数量、相同数据类型的变量接受参数值；主调过程的参数称为实际参数（简称实参），被调过程的参数称为形式参数（简称形参）。

【例 5-22】建立模块"例 5-22"，在该模块中用过程 InputData 输入两个数据，并分别调用 DataPlus 过程和 DataSub 过程，完成这两个数据的加法和减法运算并输出。

```
Sub InputData()
    Dim X As Integer, Y As Integer
    X = InputBox("第一个数据: ")
    Y = InputBox("第二个数据: ")
    Call DataPlus(X, Y)      '调用 Dataplus 过程
    DataSub X, Y             '调用 DataSub 过程
End Sub
Sub DataPlus(A As Integer, B As Integer)
    Dim Sum As Integer
    Sum = A + B
    MsgBox A & "+" & B & "=" & Sum
End Sub
```

```
Sub DataSub(X As Integer, Y As Integer)
    Dim Subst As Integer
    Subst = X - Y
    MsgBox X & "-" & Y & "=" & Subst
End Sub
```

在 InputData 过程中，用 Call DataPlus(X, Y)调用 DataPlus 过程，这里 X、Y 是实参，Sub DataPlus(A As Integer, B As Integer)中的 A、B 是形参，接受实参传递来的值，两种参数的数据类型完全一样，DataPlus 过程称为被调过程。

在调用 DataSub 过程时，使用的语句是 DataSub X, Y，与 Call DataSub(X,Y)相比两种方法的效果一致，形式有所不同，前者没有使用语句定义符 Call。注意，如果不使用 Call，实参就不能放在一对圆括号内。为提高程序可读性，建议使用 Call 命令。

DataSub 的形参的名称与实参一样，都是 X 和 Y，不用担心这样做会引起混乱，因为这些 X、Y 都是过程级变量，其作用域局限于本过程，换句话说，InputData 过程内部的 X、Y 无法在 DataSub 过程中发挥作用，反之亦然。

5.6.2 Function 过程

Function 过程的完整语法格式为：

```
[Private][Public][Static]Function <过程名> (参数表) As [类型]
    语句
End Function
```

Function 过程亦称函数过程，与 Sub 过程的区别在于 Function 过程具有返回值。注意语法格式最后的"As [类型]"指返回值的数据类型，如果省略则返回值数据类型默认为变体型。Function 过程的返回值通过过程名带回。

Function 过程的返回值既能像内部函数的返回值一样赋给相同数据类型的变量，也可以直接输出到立即窗口，或者用 MsgBox 消息框输出。

【例 5-23】建立模块"例 5-23"，在该模块中建立过程计算 $Sum = \dfrac{1}{2!} - \dfrac{3}{4!} + \dfrac{5}{6!} - \dfrac{7}{8!} \cdots \cdots$ 的值，直到某一项的绝对值小于 10^{-4} 为止，要求将阶乘运算用 Function 过程 Factorial 实现。

```
Sub Sum()
    Dim I As Integer, Sum As Single
    Dim F As Integer        '符号项
    Dim X As Single         '某项的绝对值
    F = 1: I = 2
    Do While True           '永久循环
        X = (I - 1) / Factorial(I)    '调用函数过程，计算当前项绝对值
        If X <= 10 ^ -4 Then Exit Do  '不满足题意，跳出循环
        Sum = Sum + F * X
        I = I + 2: F = -F
    Loop
    MsgBox "Sum=" & Sum & ",I=" & I
End Sub
```

```
Function Factorial(X As Integer) As Long
    'Factorial 过程用于计算 X 阶乘的值
    Dim I As Integer, Mult As Long
    Mult = 1
    For I = 1 To X
        Mult = Mult * I
    Next I
    Factorial = Mult          '用函数过程名返回计算结果
End Function
```

运行结果如图 5-15 所示。模块用不同的过程实现了分工，使得程序的设计更为简洁，可读性更好，特别是计算阶乘值的 Function 过程 Factorial 可以被模块中其他的 Sub 过程、Function 过程所共享，减轻了编程劳动强度，缩短了程序的篇幅。

图 5-15　例 5-23 的运行结果

5.6.3　过程调用中的参数传递方式

调用 Sub 过程和 Function 过程时，参数的传递方式有两种：按地址传递和按值传递。

1. 按地址传递

在这种参数传递方式中，无论形参与实参是否名称相同，在内存中它们占用相同的存储单元，实质上是同一个变量在两个过程中使用不同的标识符。当被调过程的形参值发生变化时，实参值也产生同样的变化。默认的参数传递方式是按地址传递，上述各例中过程的调用均为按地址传递传输值。如果要显式地指定按地址传递方式，可以在每个形参前增加关键字 ByRef。

【例 5-24】建立"例 5-24"模块，在其中建立下面两个过程，分析输出结果。

```
Sub ByRef_Demo()
    Dim X As Byte, Y As Byte, Z As Byte
    X = 10: Y = 20
    Call ByRef_Add(X, Y, Z)
    MsgBox X & "+" & Y & "=" & Z
End Sub
Sub ByRef_Add(ByRef A As Byte, ByRef B As Byte, ByRef C As Byte)
    C = A + B
End Sub
```

输出结果是：10+20=30。

分析：ByRef_Demo 过程以按地址方式传递 3 个参数值，即 X=10、Y=20 和 Z=0，相应地 ByRef_Add 过程的 3 个形参值分别为 A=10、B=20、C=0；经过加法计算，C=30，因为 Z 和 C 实际上是同一变量，故 Z 的值也随之改变成 30，虽然被调用的是 Sub 过程，用此方法却得到了其"返回值"。

2. 按值传递

按值传递指实参和形参是两个不同的变量，占用不同的内存单元，实参将其值赋给形参，以后形参的变化不会影响到实参的值。也就是说，即使形参和实参同名，它们也是两个不同的变量。要按值传递，必须在形参前冠以关键字 ByVal。

【例5-25】建立"例5-25"模块并建立两个过程，将第一个过程中的两个变量的值传递到另一个过程中，交换形参值，观察实参的变化。

```
Sub First()
    Dim X As Integer, Y As Integer
    X = 10: Y = 20
    MsgBox "Sub 过程调用前: " & "X=" & X & ",Y=" & Y
    Call Second(X, Y)
    MsgBox "Sub 过程调用后: " & "X=" & X & ",Y=" & Y
End Sub
Sub Second(ByVal A As Integer, ByVal B As Integer)
    Dim T As Integer
    MsgBox "A、B 交换前: " & "A=" & A & ",B=" & B
    T = A: A = B: B = T                     '交换A、B
    MsgBox "A、B 交换后: " & "A=" & A & ",B=" & B
End Sub
```

执行 First 过程，如图 5-16 所示，可发现调用 Second 过程之前或之后 X、Y 的值没有变化，如图 5-16（a）、（d）所示；但被调过程 Second 中，形参 A、B 的值进行了交换，如图 5-16（b）、（c）所示，它们的交换不影响 X、Y 的值。

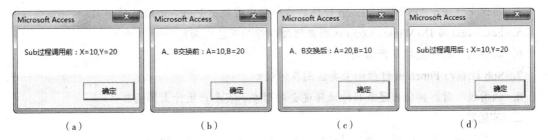

（a）　　　　　　　　（b）　　　　　　　　（c）　　　　　　　　（d）

图 5-16　例 5-25 的运行结果（依照执行顺序从左往右排列）

5.6.4　数组参数的传递方法

　　调用 Sub 过程或 Function 过程时，数组参数的传递只能使用按地址传递的方式，形参数组和实参数组在内存中共用同一段地址，尽管它们的名称可以不一样。在被调过程中，用 LBound()函数和 UBound()函数可测出形参数组的下标下界与下标上界。

【例5-26】建立"例5-26"模块并建立两个过程，Array_Sum 过程产生 N 个研究生的入学分数：300~399 之间的随机正整数，N 是符号常量，通过调用 Plus 函数过程求和，并输出平均入学分数。

```
Sub Array_Sum()
    Const N = 10                    '符号常量N表示研究生人数
    Dim I As Integer
    Dim Score(N) As Integer, Sum As Integer
    Randomize Timer
    For I = 1 To N                  '产生N个研究生的入学分数
        Score(I) = 300 + Int(Rnd * 100)
    Next I
```

```
    Sum = Plus(Score(), N)        '以数组 Score、常量 N 为形参调用 Plus 过程
    MsgBox "研究生的平均入学分数为" & Sum/N
End Sub
Function Plus(D() As Integer, N As Integer) As Integer
    Dim I As Integer, S As Integer
    For I = 1 To N
        S = S + D(I)
    Next I
    Plus = S               '返回数组中所有数据的和
End Function
```

习题与实验

一、思考题

1. 未经声明就使用的变量是什么类型？怎样强制实现变量必须先定义后使用？

2. 将不同类型的数据连接在一起输出时，能用 "+" 代替 "&" 吗？

3. 解释 InputBox()函数的 3 个参数 Prompt、Title 和 Default 各自的作用是什么，其中哪个参数不能省略？

4. 写出中途跳出 Do While...Loop 循环的语句和中途跳出 Function 过程的语句。

5. For...Next 与 Do While...Loop 区别在何处？能相互替代吗？

6. 数组的下标一定从 0 开始吗？

7. Sub 过程与 Function 过程的主要区别在何处？

8. 调用过程时，按值传递或按地址传递会对形参、实参产生什么影响？

二、实验题

1. 编写程序，要求：通过输入对话框输入一个半径值，求该圆的面积。

2. 编写程序，要求：产生两个 10 以内随机正整数，用输入对话框显示并要求输入它们的和，如果答案正确用消息对话框显示"正确！"，如果答案不对则显示正确结果。

3. 设有一种商品，售价 50 元/千克，如果购买 10 千克以上，则超出 10 千克部分可享受 9 折优惠，超出 20 千克部分可享受 8 折优惠。编写程序，任意输入一个质量值，显示应付的货款。

4. 输入 10 个数据，统计其中正数的个数、负数的个数以及 0 的个数。

5. 用随机函数生成 20 个两位数在立即窗口中输出，并找出其中的最小数，指出它是第几个数。

6. 根据表 5-9 和表 5-10 找出所有姓李的导师的姓名及其所带研究生的姓名，在立即窗口中输出。

7. 修改例 5-21，使 Line1 过程绘制的直线长度能由 Data_Plus 过程决定；如果 Data_Plus 过程要求绘制的直线长度少于 15 个 "-" 或多于 25 "-"，Line1 过程将按 15 个 "-" 绘制，否则按指定的直线长度进行绘制。

8. 圆周率 π 可以用级数公式 $\dfrac{\pi^2}{6} = 1 + \dfrac{1}{2^2} + \dfrac{1}{3^2} + \dfrac{1}{4^2} + \cdots + \dfrac{1}{n^2}$ 求得，编程计算当 $n=20$ 时 π 的近似值。要求使用一个函数过程求整数的平方，另一个函数过程求解整数的倒数。

9. 编程查找研究生的最大和最小入学分数，研究生的入学分数由随机函数产生，范围是[300，399]之间的随机整数。要求使用一个函数过程查找研究生的最大入学分数，另一个函数过程查找研究生的最小入学分数。

第6章　　窗体应用基础

Access 的窗体是用户与数据库进行交互的界面，通过窗体，用户可以输入、编辑数据，也可以将查询到的数据以适当的形式输出。在 Access 数据库系统中，简单的窗体可以通过向导由系统自动生成，此时窗体将与数据库产生联系，而窗体上的控件将与数据表中的字段绑定，形成一种"联动"；要求较高的应用可以在向导生成窗体后，再在窗体设计视图环境下作适当的修改，如添加控件、更新样式、改变格式等，使之满足用户的特殊要求；对于更复杂的用户需求，向导无法面面俱到，必须运用第 7 章的知识，以手工方式设计窗体、控件并设置控件属性、编写访问数据库的应用程序。对于计算机专业人员来说，编程访问数据库是一种必备的能力。

6.1　窗体对象概述

在前几章中，已经介绍了数据的输入、编辑和查询的方法，这里存在这样几个问题：

（1）表视图、查询视图提供的是"专家"使用的环境，普通用户必须经过学习、培训，学会数据的编辑方法、查询的建立修改方法，最好能熟练使用 SQL 命令，才能很好地使用 Access，因此对非计算机专业的用户来说，学习负担较重。

（2）如果一个用户只需要使用表中部分字段，而其他一些字段信息是敏感的，不应公示于所有用户，这一点很难做到，因为数据表视图、查询视图没有提供任何数据安全机制。

（3）当用户希望查询的值在一定范围内任意变化时（例如要根据不同的年龄、不同的性别查找不同部门的人），固定不变的查询对象无法满足这类需求。

（4）查询对象或者 SQL 命令没有提供用户界面，即不能像其他 Windows 应用程序那样提供由文本框、列表框、单选按钮、复选框、命令按钮等组成的程序窗口。

因此，在很多场合，普通用户并不总是直接在表视图、查询视图中操作数据，而是运行由数据库专家开发的应用程序，这些应用根据用户业务规则编写，能最大程度地方便用户使用，同时用身份验证等手段维护数据的安全。

Access 窗体的实质是运行于 Windows 环境下的面向对象、事件驱动的应用程序，所有来自 I/O 设备（如键盘、鼠标等）的操作均被 Windows 操作系统认为是发生了一个事件，而应用程序的窗体、按钮等控件被认为是对象，针对不同对象的事件将引导系统驱动不同的程序段（称为事件过程）执行，完成特定的任务。例如，窗体有两个按钮，一个是"求和"，一个是"退出"，单击前者可以在文本框中得到导师们的年龄总和，单击后者则关闭窗体结束操作，同样是单击事件，因为作用在不同对象上，从而运行了不同的事件过程，导致了不同的结局。

应用程序以窗口作为与用户交互的界面。严格地说，在程序尚未执行的设计阶段，窗口

（Window）被称为窗体（Form）。Access 2010 环境下窗体（窗口）的基本功能是输入数据、编辑数据，通过命令按钮控件改变应用程序的流向（如通过单击不同的按钮打开不同的窗体以执行相应功能），更多的应用则是输出相关表、查询对象的数据。

制作窗体对象时，系统提供了 6 种视图模式，可以根据需要相互切换。这 6 种视图是：窗体视图、设计视图、布局视图、数据表视图、数据透视表视图、数据透视图视图，其中常用的有如下 3 种：

（1）窗体视图：用于观察窗体的执行效果，是代码在运行时输出的结果。

（2）设计视图：提供生成窗体的环境，设计者在此视图下增加或删除控件、对控件进行格式化操作、编写代码等。

（3）布局视图：允许以直观的方式更改窗体上各控件的布局，如在窗体运行时调整控件大小、位置等。

6.1.1　窗体的组成

Access 窗体可分成 5 个节，从上到下依次为窗体页眉节、页面页眉节、主体节、页面页脚节、窗体页脚节，通过窗体的右键快捷菜单（见图 6-1）进行相应设置。图 6-2 所示为该窗体的运行结果。

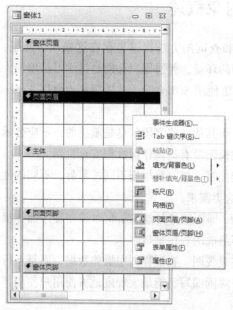

图 6-1　Access 窗体的 5 个节

图 6-2　窗体的运行结果

1. 窗体页眉

运行窗体时，窗体页眉出现在窗体的顶部，或者打印结果第一页的顶部，用于显示诸如窗体标题等信息，其内容不因记录内容的变化而改变。

2. 页面页眉

如果打印结果多于一页，则将在每个打印页的上方显示列标题等信息。页面页眉只出现在窗体打印页中，运行窗体时屏幕上不显示页面页眉内容（见图 6-2）。

3. 主体

主体节是窗体最常用、最主要的部分，用于显示一条或若干条记录的内容，文本框、列表框、命令按钮、选项卡等控件通常分布在主体节中。一般而言，用 Access 开发数据库应用主要针对主体节设计用户界面。

4. 页面页脚

同页面页眉相似，页面页脚只出现在窗体打印页中，一般用于输出页码、总页数、打印日期等信息。

5. 窗体页脚

出现在运行中的窗体或窗体打印页的最底部，用于输出一些提示性信息，或者设置一些命令按钮，用于进行关闭窗体、退出数据库等操作。出现在窗体页脚节的"记录导航"按钮用于选择记录。

6.1.2 窗体的分类

根据具体的应用需求，可以将窗体运行形式简单地分成若干类型：单窗体、多页窗体、连续窗体、子窗体、弹出式窗体等。

1. 单窗体

单窗体用于在一个窗体中显示一条记录的全部字段，这是窗体最简单、最常用的形式。

2. 多页窗体

当一条记录中的字段较多，或者一个实体涉及若干个表时，可以用选项卡等控件在一个窗体上切换显示多项数据。例如，要实现研究生的成绩输入、编辑，还要完成成绩统计，就可以使用选项卡的两个页来表示，如图 6-3 和图 6-4 所示。选项卡的"编辑成绩数据"页提供成绩编辑界面，而"成绩统计"页则用于查询、统计研究生的成绩情况，这样既实现了相关信息分组，又保持了它们之间的联系。

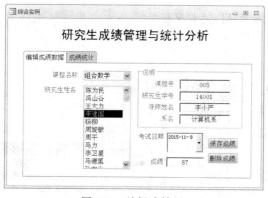

图 6-3 编辑成绩页

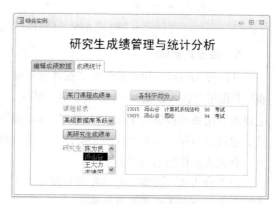

图 6-4 成绩统计页

3. 连续窗体

单窗体中一般一个窗口显示一条记录，连续窗体在记录字段数较少的情况下，可在一个窗口中显示若干条记录；当记录很多时，窗体上将自动添加滚动条，如图 6-5 所示的"研究生情况表"，注意窗体上有垂直滚动条和水平滚动条。

图 6-5　研究生情况表

4. 子窗体

其表现方式为窗体中镶嵌另一个窗体。在两个表呈一对多关系，且需要立足于"一"表观察全部情况时，可以使用子窗体的形式。图 6-6 显示导师信息及其所带的研究生信息，当用窗口底部的记录导航按钮选择一位导师时，该导师所带的全部研究生的信息即在右侧子窗体中显示；当研究生人数较多时，子窗体将自动添加垂直滚动条。

图 6-6　子窗体形式的导师–研究生情况表

5. 弹出式窗体

可以将 Access 应用中的弹出式窗体理解成对话框，其作用是输入数据、参数，或者显示特定信息，它既可以用系统提供的 InputBox 和 MsgBox 函数生成，也可以由用户预先生成一个窗体，在需要时打开。弹出式窗体包括两种类型：

（1）独占式。该窗体总是在所有窗体之上，除非被关闭，否则无法操作其他窗体。

（2）非独占式。各个窗体可根据需要切换使用。

图 6-7 所示为用输入对话框输入导师的年龄，这是一个独占式的弹出窗体。

图 6-7　独占式的输入对话框

6.2　用向导生成窗体

Access 提供了用向导生成简单窗体的方法，在生成过程中，需要告知窗体上数据的来源（即数据源）；数据源有两种形式：数据表和基于数据表的查询。字段一般以文本框控件的形式出现在窗体上，如果在设计表结构时，在"查阅"属性选项卡上将该字段的显示控件形式由文本框改为列表框或组合框，则生成窗体时相应字段的控件也将自动改变。

6.2.1　基于单数据源的窗体

下面通过一个实例说明基于单个数据表的窗体的创建过程。

【例 6-1】用向导产生关于"导师"表的窗体，用于显示、编辑和删除导师数据。

操作步骤如下：

（1）打开"研究生管理"数据库，单击数据库窗口左侧的"导航窗格"标题，选择"窗体"对象；单击"创建"选项卡中的"窗体向导"按钮（见图 6-8），弹出"窗体向导"对话框，如图 6-9 所示。

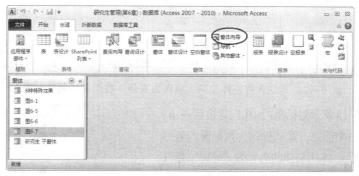

图 6-8　选择"窗体向导"创建窗体

（2）观察图 6-9 所示的"窗体向导"对话框，"表/查询"下拉列表框可供用户选择一个数据表或查询对象作为窗体的数据来源，"可用字段"列表框可选择数据源中需要的字段，选定后用按钮 > 传送到"选定字段"列表框中，按钮 >> 则用于选择全部的字段；< 和 << 用于撤销误选字段。本例中，选择"导师"表作数据源，选择表中"导师编号""姓名"等 7 个字段，如图 6-10 所示；单击"下一步"按钮。

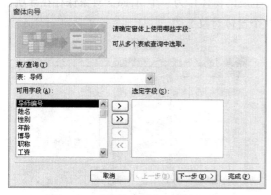

图 6-9　"窗体向导"对话框

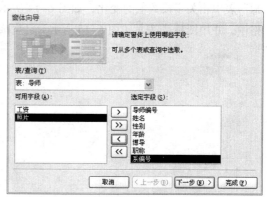

图 6-10　选择数据源和相应字段

（3）在新打开的向导对话框中，选择窗体布局方式，即未来的窗体上"导师"表字段的排列位置。窗体布局有 4 种形式，如图 6-11 和图 6-12 所示，这里选择"纵栏表"布局；单击"下一步"按钮。

图 6-11　选择窗体布局（纵栏表）

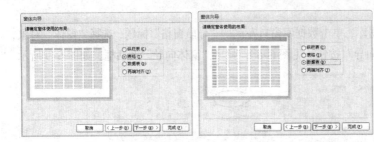

图 6-12　其他 3 种窗体布局（依次为表格、数据表、两端对齐）

（4）在如图 6-13 所示对话框（窗体向导最后一步）中，为窗体指定一个标题。默认标题为数据源的名称（本例中为"导师"），本例窗体的名称为"导师信息"；单击"完成"按钮，结束窗体创建的全部过程。

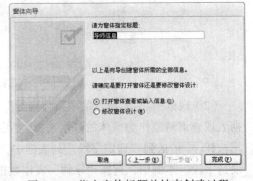

　　窗体创建完成后即以"导师信息"为名称保存，然后窗体自动运行，供用户进行浏览、编辑和删除操作。由于窗体与数据表"导师"相连，而窗体上的文本框等控件又与导师表中相关字段绑定，因此用户在窗体上对数据所作的任何更改都将引起"导师"表中相关字段数值的变化，如图 6-14 所示。生成的窗体作为一个 Access 对象保存在导航窗格中，并用图标 表示（图 6-15 所示为已生成 7 个窗体对象）。

图 6-13　指定窗体标题并结束创建过程

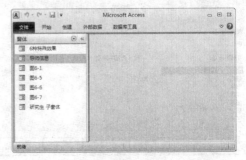

图 6-14　运行中的"导师信息"窗体　　　　图 6-15　导航窗格中的窗体对象

观察图 6-14 可发现，"导师信息"窗体显示的是"导师"表中某条记录的字段值，开始运行后首先输出第一个记录的内容；用户通过记录导航按钮 [记录: ◄ 第1项(共 6 项) ► ►] 选择显示上条一记录 ◄、下条一记录 ►、第一条记录 ◄ 和最后一条记录 ►，也可添加一条新记录 ►；单击窗体右上角的"关闭"按钮 ⊠ 关闭窗体；"搜索"文本框允许用户输入任意关键字，窗体在各字段中自动匹配；如果窗体已作过改动，则保存前将自动提示是否要保存。

图 6-16 显示了当窗体样式依次选用表格、数据表样式时的情形，两端对齐样式见例 6-2。

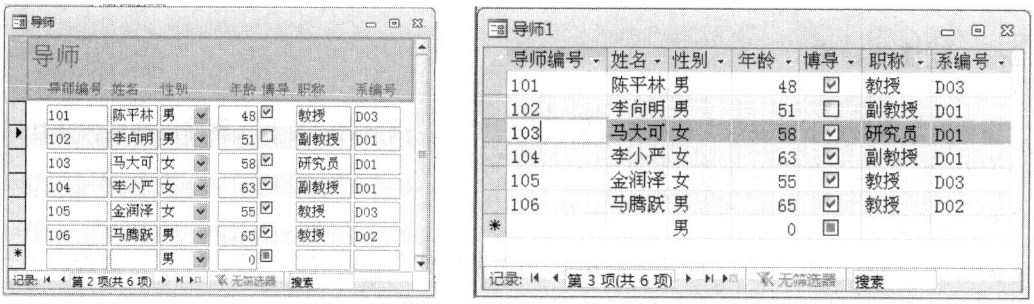

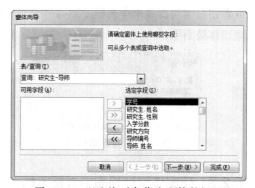

图 6-16　表格样式、数据表样式的导师窗体

【例 6-2】显示研究生及其导师的有关信息。

本例在立足于观察研究生信息的同时，观察该研究生的导师的信息，要求研究生信息和他（她）的导师信息要出现在同一个窗体上，即该导师必须是该研究生的指导教师。由于涉及两个表，可以先建立一个查询对象，它包含若干研究生表和导师表中的相关字段，在逻辑上查询对象是一个表，因此对于窗体而言它的数据源仍然是单一的。

按第 3 章的方法建立一个查询对象，其 SQL 命令为：

SELECT 学号，研究生.姓名，研究生.性别，入学分数，研究方向，导师.导师编号，导师.姓名，导师.性别，博导，职称，系编号

FROM 研究生，导师

WHERE 研究生.导师编号=导师.导师编号；

查询对象建立完毕，保存为"研究生-导师"，然后按例 6-1 的步骤用向导创建窗体，在选择数据源时要选用查询对象"研究生-导师"，然后用 [≫] 按钮将查询中所有的字段添加到"选定字段"列表框中，如图 6-17 所示；其余步骤同例 6-1，但窗体布局采用"两端对齐"，窗体保存为"研究生-导师"。

打开"研究生-导师"窗体，在图 6-18 所示的窗口中同时显示研究生与相应导师的信息。请注意

图 6-17　以查询对象作为窗体数据源

窗体底部显示共有 16 条记录，这与研究生人数吻合（18 位研究生中有 2 人没有导师）；当单击记录导航按钮上的 ► 或 ◄ 按钮选择一位研究生时，其导师也将自动切换。

图 6-18 运行"研究生-导师"窗体

6.2.2 窗体的操作

窗体对象在形式上与磁盘文件相似，同样具有打开、重命名、复制、删除等操作，并且操作方法与在 Windows 环境下对文件的操作基本相同。

1．运行窗体

要运行"导师信息"窗体，可以在图 6-15 所示的窗体对象中双击"导师信息"，或者右击"导师信息"，在弹出的快捷菜单中选择"打开"命令。

2．窗体对象改名

右击"导师信息"窗体对象，在弹出的快捷菜单中选择"重命名"命令，可修改窗体对象名称。注意窗体在运行时不能重命名。

3．窗体的复制

通过右键快捷菜单复制"导师信息"窗体，然后在数据库窗口的空白处使用粘贴命令，弹出"粘贴为"对话框，此时窗体名称默认为"导师信息 的副本"，可为新窗体命名，在图 6-19 所示对话框的"窗体名称"文本框中输入"导师情况"。

4．窗体的删除

当窗体未处于运行状态时可以删除，且删除后不能恢复。选定待删除窗体，按【Delete】键，或者在右键快捷菜单中选择"删除"命令，将弹出图 6-20 所示的确认对话框，单击"是"按钮则窗体被删除。

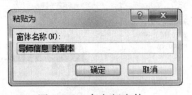

图 6-19 命名新窗体

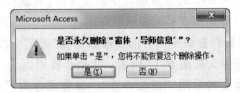

图 6-20 删除窗体时的确认对话框

6.2.3 在窗体设计视图中调整布局

控件布局的调整可在窗体的设计视图或布局视图中完成，在布局视图中作调整时窗体处于运行暂停状态，此时进行控件的大小、位置调整更具直观性。

虽然例 6-2 已经完成，但图 6-18 所示的窗体布局还需作一些调整。由于研究生与导师是两个不同的实体,希望在窗体上能有所区别,因此计划在窗体的上部放置研究生信息,窗体下部放置导师信息,将导师的"导师编号"字段的位置调整到下方,并在研究生、导师之间用一条粗线隔开。

操作步骤如下:

(1)将"研究生-导师"窗体另存为"导师_研究生"窗体。打开"导师_研究生"窗体进行操作。

(2)单击"开始"选项卡中的"视图"下拉按钮,选择"布局视图"命令(见图 6-21),或者单击状态栏右边的视图按钮 ,窗体从运行状态切换到布局视图状态,此时窗体显示内容仍是运行结果,允许程序员在"真实"状态下对控件的大小、位置进行调整。

(3)调整控件的位置。选定需要调整的控件,将鼠标置于已选定控件上,待鼠标指针形状变成十字箭头时向右、向下移动这些控件。将导师和研究生的相关控件归在一起,也为横线留出空白区域,如图 6-22 所示。

说明:选定一个控件的方法是单击该控件;同时选定多个控件的方法是先选定某个控件,然后按住【Shift】键依次单击其他控件。

图 6-21 布局视图　　　　图 6-22 在"研究生-导师"窗体布局视图中选定控件并拖动

(4)将视图切换到设计视图,在图 6-23 所示的控件工具栏中选择"直线"控件,在窗体上下两组控件之间的空白处水平拖画出一条直线。

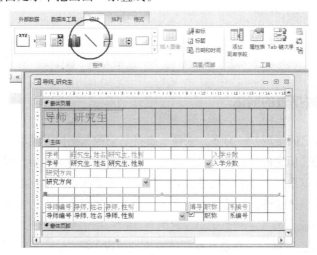

图 6-23 选择直线控件并画直线

（5）右击刚画的直线，在弹出的快捷菜单中选择"属性"命令，在如图 6-24 所示的属性表窗格中根据需要修改"特殊效果""边框样式"以及"边框颜色"等直线属性，本例中"特殊效果"选择"平面"，"边框样式"选择"实线"，"边框宽度"选择 3 pt；单击"边框颜色"选择按钮，在调色板中选择红色。

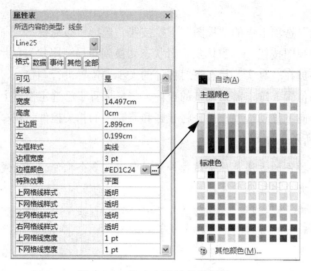

图 6-24　修改直线控件的属性

（6）适当调整窗体页脚节的高度，适当调整红线位置、窗体下沿的位置；单击"开始"/"设计"选项卡中的"视图"按钮运行窗体，如图 6-25 所示，至此窗体修改完毕。

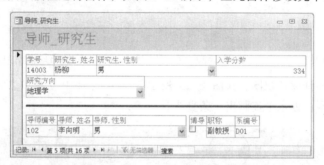

图 6-25　修改后的"导师_研究生"窗体

6.2.4　基于多个数据源的窗体

如果两个数据表之间呈现"一对多"关系，要将它们的数据同时显示在同一窗体上，可以参照例 6-2 提供的方法，但它的局限在于只能站在"多"表的立场上观察，即可以知道当前研究生的指导教师是谁，难以做到一目了然了解某位导师带了哪些研究生。在多数据源的场合，比较常用的方法是使用子窗体控件，就是用一个窗体显示"一"表信息，而在嵌入的一个小窗体中显示"多"表中对应记录。

【例 6-3】显示每位导师的信息及其所带研究生的情况。

本例要求站在导师的立场上观察问题，研究生的信息以子窗体的形式出现，当切换一位导师时，子窗体中的研究生数据将自动更新。本题实现的前提是应事先建立"导师"表和"研究生"表之间的一对多关系。

窗体创建步骤如下：

（1）在数据库窗口中，单击"创建"选项卡中的"窗体向导"按钮，在向导对话框中选择"导师"表为数据源，并选择需要的字段，如图 6-26 所示。

（2）在同样的向导对话框中再次选择"研究生"表作为数据源，并将需要的字段送入"选定字段"列表框中，单击"下一步"按钮。

（3）在弹出的向导对话框中决定数据的查看方式，这里选择"通过导师"观察数据；"多"表数据可以作为子窗体嵌入，也可以作为另一个独立的窗体打开，称为链接窗体，这里选择"带有子窗体的窗体"单选按钮（见图 6-27），单击"下一步"按钮。

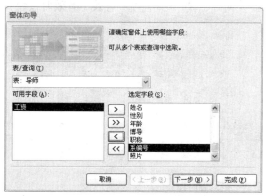

图 6-26　选择主窗体的数据源"导师"表

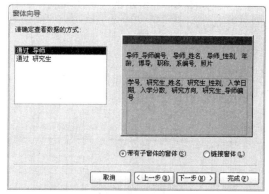

图 6-27　决定数据查看方式和"多"表展示方式

（4）在图 6-28 所示的向导对话框中决定子窗体的布局方式，注意布局方式从原来的 4 种减为 2 种，在这里选择"表格"布局，单击"下一步"按钮。

（5）在最后的向导对话框中为主窗体和子窗体分别指定标题，单击"完成"按钮结束窗体创建过程，如图 6-29 所示。

图 6-28　选择子窗体的布局

图 6-29　带有"研究生"子窗体的"导师"窗体

观察图 6-29 所示窗口，注意有两组记录导航按钮，底部的一个属于"导师"主窗体，用于切换"导师"表中的记录，它共显示有 6 个导师记录；位置略偏上的导航按钮是"研究生"子窗体的，它用于在不同的研究生记录之间进行切换，而这些研究生属于主窗体上目前的导师"金润泽"所带，共 2 人；当主窗体的导师记录被切换时，子窗体显示的信息将立即改变，与导师记录相对应。

完成例 6-3 后，数据库窗口中将添加两个新的窗体对象，一个是"导师"窗体，另一个是"研究生 子窗体"（均为默认窗体标题）。

【例 6-4】在已生成的窗体上添加子窗体。

如果导师窗体已经存在（如图 6-30 所示，设计视图），则可以用子窗体控件将研究生信息添加到主窗体中。

操作步骤如下：

（1）单击"开始"选项卡中的"视图"下拉按钮，切换到窗体设计视图。

（2）在如图 6-31 所示的控件工具栏中，让"控件向导"  使用控件向导(W)有效（有效时按钮背景呈淡黄色）。

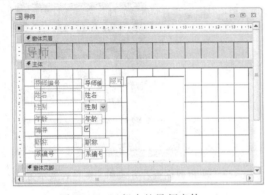

图 6-30　运行中的导师窗体

图 6-31　工具箱中"子窗体"控件

（3）在"设计"选项卡的控件工具栏中单击"子窗体/子报表"控件，拖动鼠标在导师窗体的主体节中绘制一个矩形。

（4）在弹出的窗体向导对话框中为子窗体选择数据源，本例选择"使用现有的表和查询"单选按钮（见图 6-32），单击"下一步"按钮。

（5）在下一个向导对话框中选择"研究生"表为数据源，并选择适当的字段，如图 6-33 所示；单击"下一步"按钮。

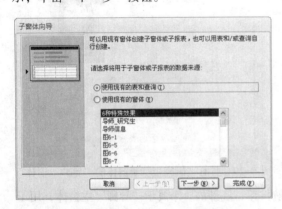

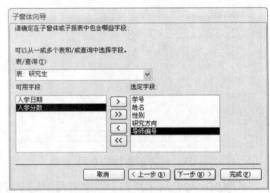

图 6-32　决定研究生子窗体的数据来源

图 6-33　为子窗体选择研究生表和相关字段

（6）决定子窗体与主窗体的关系：在如图 6-34 所示的向导对话框中，根据实际情况选择默认的"对导师中的每个记录用导师编号显示研究生"（因事先已建立两表的一对多关系，"导师编号"是研究生表的外键）；单击"下一步"按钮。

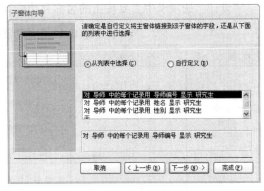

图 6-34　决定主、子窗体的关系

（7）在最后的向导对话框中为子窗体指定标题，默认值为"研究生子窗体"，单击"完成"按钮，结束窗体创建的全部工作。

（8）运行"导师"窗体，在图 6-35 中可见到相关的研究生子窗体，子窗体中的所有研究生均为主窗体中导师所带的学生；当切换一位导师时，子窗体内容自动全部更新。

图 6-35　运行嵌有研究生子窗体的导师窗体

6.3　在设计视图中生成、完善窗体

即使是用向导生成的简单窗体，常常也需要在窗体设计视图或布局视图中进行修改，如改变控件的位置、删除一个不需要的控件、改变控件的大小与颜色等等；对于复杂的问题，有时必须在窗体设计视图中用手工方法完成一些工作，包括某个控件的添加、与数据源的绑定以及编写窗体代码。

6.3.1　窗体设计视图中的选项卡与按钮

正在运行中的窗体呈现称为窗体视图，从窗体视图切换到设计视图的方法：单击"开始"/"设计"选项卡中的"视图"下拉按钮，选择"设计视图"；从设计视图切换到窗体视图的方法：单击"开始"/"设计"选项卡中的"视图"下拉按钮，选择"窗体视图"，如图 6-36 所示。

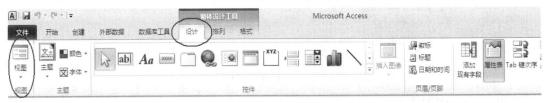

图 6-36　切换到窗体视图

"设计"选项卡中主要按钮的名称和功能见表 6-1。

表 6-1　常见功能区中主要的工具按钮

按 钮 图 标	按 钮 名 称	按钮的功能
视图	"视图"按钮	单击可以在不同的视图间进行切换，这些视图是： 窗体视图(F) 布局视图(Y) 设计视图(D)
添加现有字段	"添加现有字段"按钮	单击后可在窗体右侧显示窗体数据源的字段列表窗格,可以将这些字段拖动到窗体上生成一个文本框，文本框的内容与该字段绑定
主题	"主题"按钮	为窗体指定主题，用于修饰窗体
查看代码	"查看代码"按钮	单击后打开窗体的代码窗口，用于编写、修改 VBA 过程代码
属性表	"属性表"按钮	在窗体右侧打开选定控件的属性表窗格，可设置控件的格式或其他属性

若要对选定的控件进行格式化操作，可采用"格式"选项卡，如图 6-37 所示。

图 6-37　对选定控件进行格式化

控件工具栏则提供给开发人员常用控件和其他控件，在窗体设计视图或布局视图下单击"设计"选项卡，即可显示各种控件，如图 6-38 所示。

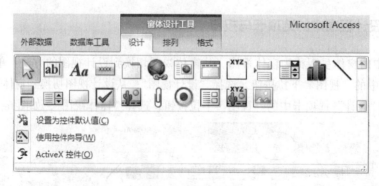

图 6-38　控件工具栏

常用控件的用途见表 6-2。

表 6-2　控件工具栏按钮简介

图　标	名　　称	功　　　能
	"选择对象"按钮	当选定一个控件但又不需要时，可单击该按钮放弃
	"控件向导"按钮	可打开或关闭控件向导。控件向导用于帮助用户设定控件格式、建立命令按钮的事件过程（程序）
Aa	标签	用于放置一些提示性、说明性文本，用作控件、窗体、报表等对象的标题
ab|	文本框	用于显示、输入、编辑数据，如果与数据源中的字段绑定则能更新数据表中数据
XYZ	选项组	实现控件的分组，常与选项按钮、复选框配合使用
	切换按钮	不同于命令按钮，具有按下、弹起两种状态，可配合"是/否"型字段或选项按钮的使用，实现布尔型数据的输入、显示和更新
⊙	选项按钮	可用于编辑"是/否"型字段或布尔型数据，如用于"性别""已毕业"等数据类型
☑	复选框	用在输入多个互不相关的布尔型数据场合
	组合框	相当于下拉列表框，兼备了文本框和列表框的特点
	列表框	可保存多项数据的控件，用户可从中选择数据添加到记录中，或将记录中的同字段数据用列表框显示
	命令按钮	单击后可引导 Access 执行一个事件过程以实现数据库功能，是常用控件
	图像框	用于显示静态图片
	未绑定对象框	显示非结合型 OLE 对象
	绑定对象框	显示结合型 OLE 对象
	分页符	用于创建多页窗体或多页报表
XYZ	选项组	窗体可呈多页切换，使单一窗体可放置更多的控件、显示更多的数据
	子窗体/子报表	在窗体中嵌入一个窗体，或在报表中嵌入一个报表，以显示来自多表的数据
\	直线控件	在窗体或报表上绘制直线，用于美化窗体、将控件分组
□	矩形控件	在窗体或报表上绘制矩形，用于美化窗体，或将控件分组
✂	其他控件	以菜单形式显示其他不常用 ActiveX 控件供用户选择

6.3.2　用控件向导完善窗体

用窗体向导生成的数据库应用常有不尽如人意之处，最明显之处就是向导生成的窗体只能用文本框显示信息，这就需要在窗体设计视图中加以完善，具体的操作包括添加或删除某些控件、调整控件的大小、改变控件的位置等。本节着重讨论怎样为窗体设置数据源、添加命令按钮、文本框、组合框/列表框等控件，以及在窗体上插入图表等操作。

【例 6-5】给例 6-4 的窗体上添加一个标题为"关闭窗体"的按钮，其功能是单击后立即关闭导师窗体。

操作步骤如下：

（1）进入窗体设计视图：在导航窗格中右击"导师"窗体，在弹出的快捷菜单中选择"设计视图"命令，进入窗体设计视图。

（2）调整窗体上各控件的位置，为添加命令按钮留出空间。

（3）确保控件工具栏中的"使用控件向导"按钮有效；单击控件工具栏中的"按钮"控件，然后在窗体主体节中按命令按钮位置大小绘制一个矩形，松开鼠标后，弹出"命令按钮向导"对话框，如图 6-39 所示。

（4）在"命令按钮向导"对话框中，"类别"选择"窗体操作"，"操作"选择"关闭窗体"；单击"下一步"按钮。

（5）在下一个"命令按钮向导"对话框中选择命令按钮的标题。标题有文本方式和图片方式，文本方式的默认标题是"关闭窗体"，用户可在文本框中对标题进行任意修改；图片方式默认的两个图片是"停止"标志和"退出入门"，选中"显示所有图片"复选框将出现更多图片供用户选择；如果单击"浏览"按钮，则用户可在对话框中自由选择其他图片。本例中选择文本"关闭窗体"（见图 6-40）。

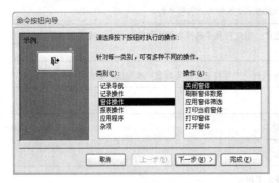

图 6-39 命令按钮向导窗口（1）

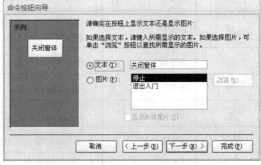

图 6-40 命令按钮向导窗口（2）

（6）单击"下一步"按钮，在最后一步向导对话框中决定命令按钮的名称，便于以后在程序中引用该按钮。从提高可读性角度出发，命名该按钮为"Stop"；单击"完成"按钮结束命令按钮的添加过程。

（7）单击快速访问工具栏中的"保存"按钮 保存窗体；然后运行窗体，如图 6-41 所示；单击"关闭窗体"按钮，窗体将自动关闭。

图 6-41 添加了 Stop 按钮（右上方）后的导师窗体

【例6-6】在例 6-5 窗体的底部添加 4 个按钮用于浏览记录，同时取消窗体上的导航按钮。4 个按钮的作用依次是：转至第一项记录、转至上一项记录、转至下一项记录、转至最后一项记录。

向导产生的窗体对一般非专业用户而言"专业"的氛围较重，用户可能并不知道导航按钮的使用方法，因此本例用带有提示标题的命令按钮代替导航按钮。操作步骤如下：

（1）取消记录导航按钮。打开例 6-5 生成的窗体，进入"设计视图"，双击窗体左上角的方块■，打开窗体的属性表窗格，选择"格式"选项卡，在"导航按钮"属性下拉列表框中将"是"改为"否"，如图 6-42 所示。

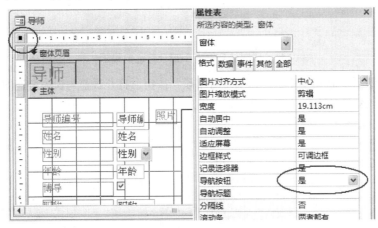

图 6-42　在窗体属性中取消导航按钮

（2）添加第一个命令按钮。

① 确保控件工具栏中的"使用控件向导"按钮有效；单击控件工具栏中的"按钮"控件，然后在窗体主体节下方的空白处绘制一个命令按钮，松开鼠标后，在弹出的向导对话框中选择"记录导航"类别和"转至第一项记录"操作，如图 6-43 所示。

② 单击"下一步"按钮，在下一个向导对话框中确定命令按钮的标题，考虑到添加的按钮较多，本例选择文本方式，并采用默认的"第一项记录"标题。单击"完成"按钮结束第一个命令按钮的设置。

（3）按同样的方法添加其余 3 个按钮。

窗体运行界面见图 6-44。在当前记录为第一条记录时单击"前一项记录"按钮，或者在当前记录已是最后一条记录时单击"下一项记

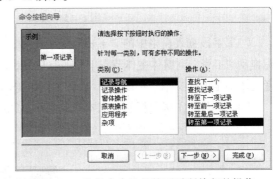

图 6-43　选择命令按钮按下时所执行的操作

录"按钮会显示空记录，如果再次单击"下一项记录"按钮，弹出"您不能转到指定的记录"提示对话框，窗体本身不出错，仍可继续运行。

【例6-7】在例 6-6 的窗体上添加一个文本框，显示当前导师的工资。

虽然添加文本框时弹出了向导对话框，但向导并不指示如何使文本框与数据源的字段相连。比较便捷的方法是：

（1）打开例 6-6 生成的窗体，进入窗体设计视图。

图 6-44　试图转到第一个记录之前的提示信息

（2）单击"设计"选项卡中的"添加现有字段"按钮，打开当前与窗体相连的数据源字段列表窗格，如图 6-45 右侧所示。

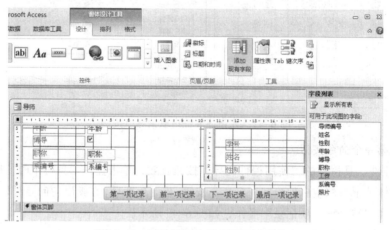

图 6-45　设计视图中的字段列表窗格

（3）字段列表窗格中的"工资"等字段名实质上就是一个与窗体数据源绑定的文本框；用鼠标拖动"工资"到窗体主体节左下角的空白处，此时自动出现标签"工资"和文本框"工资"，前者显示的是说明文本（字段名），后者绑定数据源中"工资"字段。

（4）调整"工资"标签和文本框的大小、间距，本例即告完成。运行结果如图 6-46 所示。

图 6-46　添加了"工资"字段（左下角）后的导师窗体

6.3.3 在设计视图中创建窗体

在窗体设计视图中，也可以从"零"开始手动创建窗体，即在窗体设计视图窗口中自定义窗体布局和控件。

【例 6-8】在设计视图中创建一个窗体，要求显示每个系的系名及其所属的研究生姓名。

操作步骤如下：

（1）建立窗体。在数据库窗口中单击"创建"选项卡中的"空白窗体"按钮，屏幕上出现一个空白窗体并自动进入布局视图，请切换到设计视图。注意此时的窗体只有主体节，而且没有绑定数据源，字段列表窗格无字段显示。

（2）添加控件。从控件工具栏中选择"文本框"控件在窗体主体节中拖画出两个文本框，文本框中将显示"未绑定"，表示尚未与数据源的字段相连，如图 6-47 所示；如果此时执行窗体，文本框内容呈空白状。

（3）准备数据源。窗体的数据源是一个表对象或查询对象。本例的两个字段并不存在于同一个表中，因此应首先创建一个查询对象。在 SQL 视图中输入下面的 SQL 命令并保存为"系-研究生"：

```
SELECT 系名,研究生.姓名
FROM 系,导师,研究生
WHERE 系.系编号=导师.系编号 AND 导师.导师编号=研究生.导师编号
```

（4）为窗体指定数据源。双击窗体左上角的方块 ■，打开窗体的属性表窗格，选择"数据"选项卡，打开"记录源"下拉列表框，选择"系-研究生"查询，如图 6-48 所示。

图 6-47 无数据源的窗体及文本框

图 6-48 选择窗体数据源

（5）绑定文本框控件到字段。双击第一个文本框，打开该文本框的属性表窗格，选择"数据"选项卡，打开"控件来源"下拉列表框，可观察到查询对象"系-研究生"的两个字段；选择其中的系名（见图 6-49），从此 Text0 文本框与查询中的"系名"字段绑定，即总是显示当前记录的"系名"字段值。以同样的方法将第二个文本框绑定到"姓名"字段。

（6）修改两个文本框附加的标签内容，分别改成"系名"和"姓名"，并适当调整其宽度和位置。

（7）运行窗体。图 6-50 显示的是窗体运行的情况，单击窗体下部的导航按钮，可观察到系名与研究生的姓名产生相应的变化，正确反映了系与研究生之间的隶属关系。

图 6-49　绑定文本框值到字段

图 6-50　例 6-8 窗体在运行中

【例 6-9】在窗体上放置一个列表框、两个文本框，列表框中保存有研究生姓名；当在列表框中选定一个研究生姓名时，第 1 个文本框中显示该生所在系的名称，第 2 个文本框中显示其导师的姓名。

操作步骤如下：

（1）建立查询。在 3 个表已建立一对多联系的前提下用查询设计视图创建一个查询对象"系–导师–研究生"（也可以直接用 SQL 命令创建），包括"系"表中的"系名"、"导师"表中的"姓名"、"研究生"表中的"姓名"，如图 6-51 所示。

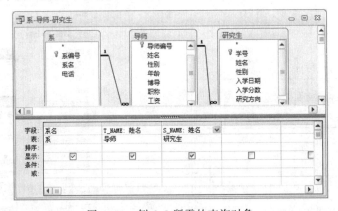

图 6-51　例 6-9 所需的查询对象

（2）修改字段名。由于"导师"表和"研究生"表各有"姓名"字段，系统将自动在"姓名"前加上表名作前缀，形成字段名"导师.姓名"和"研究生.姓名"，但列表框与组合框控件将无法识别这样的名称，因此需要在两个姓名之前分别加上"T_NAME:"和"S_NAME:"作为别名，表示导师姓名和研究生姓名。

（3）创建一个空白窗体，打开窗体的属性表窗格，设置数据源为"系–导师–研究生"查询；

添加两个文本框，分别与"系名"和"T_NAME"绑定。

（4）添加列表框控件。

① 在"使用控件向导"按钮有效的情况下，向窗体主体节中添加一个列表框，弹出"列表框向导"对话框，决定列表框的数据来源，这里选取最后一个选项按钮，如图 6-52 所示。3 种取值方式的含义如下：

"使用列表框获取其他表或查询中的值"：表示列表框的数据来源于一个表或已存在的查询；"自行键入所需的值"：表示列表框与表无关，其数据在下一步向导对话框中由用户手工输入；"在基于列表框中选定的值而创建的窗体上查找记录"：表示列表框的值取窗体数据源的字段。本例中，改变列表框选定项，两个文本框的值也相应发生变化，因此必须使 3 个控件与窗体数据源绑定；如果选择"使用列表框获取其他表或查询中的值"单选按钮，则列表框使用独立的数据源，与窗体上的两个文本框将不产生联动效果。

② 单击"下一步"按钮，在新的向导对话框中为列表框选择数据源字段，这里选择"S_NAME"（研究生姓名），如图 6-53 所示。

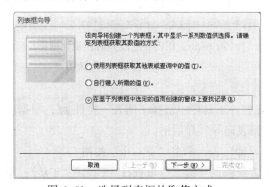

图 6-52　选择列表框的取值方式

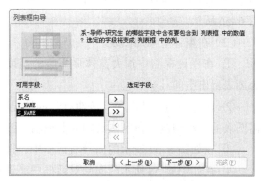

图 6-53　为列表框选择数据源字段

③ 单击"下一步"按钮，在新的向导对话框中观察数据样例，并根据需要调整列表框的宽度，如图 6-54 所示。

④ 单击"下一步"按钮，在最后的向导对话框中为列表框控件指定标签，默认为字段名"S_NAME"；单击"完成"按钮结束列表框的添加与设置。

（5）对完成的窗体、控件大小、位置进行适当调整，改写各标签的标题。执行时的窗体如图 6-55 所示，在列表框中选中研究生周平时，文本框将分别显示他的导师马腾跃及其所属的社科系。

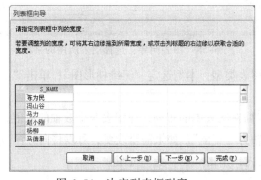

图 6-54　决定列表框列宽

图 6-55　例 6-9 窗体在运行中

6.3.4　在窗体中添加图表

Access 2010 允许在窗体上用图表表示数据，但必须在窗体生成后用"插入"菜单命令添加图表。

【例 6-10】在一个窗体上显示所有导师除年龄、照片之外的全部信息，同时用三维柱形图显示他们的年龄。

操作步骤如下：

（1）用窗体向导生成窗体。注意不选择"年龄"字段、"照片"字段，同时在窗体布局上使用"表格"，这样可在一个窗体上同时显示若干条记录；窗体生成后，某些文本框和标签的宽度可能不尽合理，有的偏宽，有的偏窄，记录之间的间距也过宽，这些都需要在窗体设计视图/布局视图中进行调整使之紧凑，调整后窗体的运行结果如图 6-56 所示。

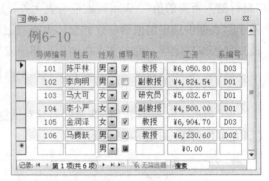

图 6-56　用向导生成并通过设计视图/布局视图调整后的窗体

（2）在窗体上添加图表。

① 在设计视图中加大窗体页脚节的高度，为图表留出空间。

② 在"使用控件向导"按钮有效的情况下，在控件工具栏中选择"图表"控件 ，根据所需图表的大小用鼠标在窗体页脚节上拖动，弹出"图表向导"对话框。

③ 在如图 6-57 所示的向导对话框中，选择"导师"表；单击"下一步"按钮。

④ 在如图 6-58 所示的向导对话框中，选择图表所需的字段，这里选择"姓名""年龄"；单击"下一步"按钮。

图 6-57　图表向导：选择数据源

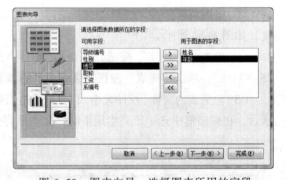

图 6-58　图表向导：选择图表所用的字段

⑤ 在如图 6-59 所示的向导对话框中，选择图表类型，本例选定"三维柱形图"；单击"下一步"按钮。

⑥ 在如图 6-60 所示的向导对话框中，决定数据在图表中的布局，即图表两个数轴的取值，本例采用默认的取值方式，即横轴为"姓名"，纵轴为"年龄"；如果需要改变，可以将向导窗口右侧的字段名拖动到左侧 3 个文本框中的某一个之内，单击"下一步"按钮。

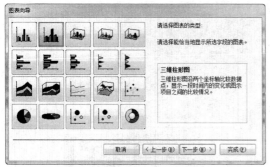
图 6-59　图表向导：选择图表类型（三维柱形图）

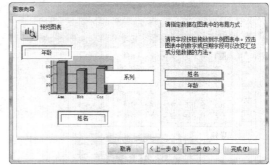
图 6-60　图表向导：确定数据在图表中的布局

⑦ 在如图 6-61 所示的向导对话框中，决定图表的图形是否与当前记录有关，如果有关则图表每次只显示一个"柱子"反映当前导师的年龄，如果不与当前记录相关则图表将同时显示全部 6 位导师的年龄值，默认的方式为前者（见图 6-61），以"导师编号"作为窗体与图表的关联字段（因为"导师编号"为主键），单击"下一步"按钮。

⑧ 图表向导的最后一步，为即将生成的图表指定标题，默认是图表的数据源名称，本例为"导师"，同时选择是否显示图例，如图 6-62 所示。单击"完成"按钮结束图表的插入操作。

图 6-61　图表向导：决定窗体与图表间的关联字段

图 6-62　图表向导：指定图表的标题

完成后的窗体运行效果如图 6-63 所示，已经对其中的图表进行了格式化操作，包括调整了绘图区的宽度、高度，加大了一些文本的字号，改变了标题、图例的位置，方法是：在窗体运行时右击图表，在弹出的快捷菜单中选择"图表对象"→"打开"命令，打开"Microsoft Graph"窗口进行图表编辑；然后双击打开需改变格式的图表对象，其余操作与格式化 Excel 图表相似，这里不再详述。

注意：

（1）本例窗体的图表总是显示当前记录的导师年龄，图 6-63 所示为导师"陈平林"的年龄值，记录选择器的▶指向"陈平林"的记录；当▶的位置改变时，图表中方柱的高度及导师姓名也将产生相应的变化。

（2）如果在图 6-61 的图表向导中不选择窗体与图表之间的关联字段（删除"导师编号"，或者选择"<无字段>"），则窗体上当前记录的切换将与图表取值无关，于是图表总是一成不变地同时显示全部 6 位教师的年龄，如图 6-64 所示。

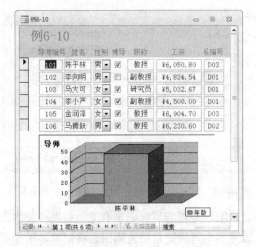
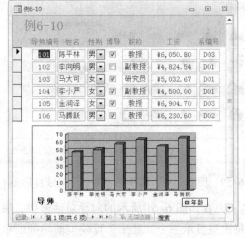

图 6-63　与窗体数据源相关联的图表　　　　图 6-64　与窗体数据源无关联的图表

【例 6-11】用单一窗体（窗体上只显示当前一位导师的记录）显示"导师"表全部字段，同时用三维条形圆柱图显示该导师所带全部研究生的姓名、入学分数。

操作步骤如下：

（1）用向导生成以"导师"表为数据源的窗体。窗体布局选择"纵栏表"，完成后适当调整控件之间的垂直距离和控件的宽度。

（2）插入图表。数据源选择"研究生"表；选择"姓名""入学分数""导师编号"字段，其中"导师编号"用于与窗体相关联；图表类型选择"三维条形圆柱图"；在决定"数据在图表中的布局方式"时，移去"导师编号"（见图 6-65），因图表不需要显示"导师编号"字段。

（3）设置窗体与图表的关联。采用默认的"导师编号"对"导师编号"，这样可体现一对多联系，如图 6-66 所示。

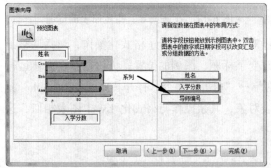

图 6-65　确定数据在图表中的布局方式　　　图 6-66　决定窗体与图表间的关联字段

完成后的窗体如图 6-67 所示，当用记录导航按钮切换导师记录时，图表中显示的是当前导师所带研究生的姓名及其入学分数。为清晰起见，对图表作了格式化操作并添加了数据标签（圆柱顶端的数值）。如果窗体数据源与图表数据源之间不存在关系，则需事先建立一个包含两个数据源内容的查询对象，以该查询对象为窗体和图表共同的数据源，例如以图表方式显示各个系所属研究生的姓名及入学分数。

图 6-67　例 6-11 窗体显示的导师信息及研究生入学分数

6.4　对象的属性、方法和事件概念

Access 数据库系统的 VBA 是 Visual Basic 的子集，是面向对象并由事件驱动的程序设计语言，窗体、控件被称为对象，对象具有属性、方法和事件 3 种特性。

6.4.1　属性

属性指对象的外部表现，反映了对象的特征。以文本框控件为例，一个文本框具有名称、格式、宽度、高度、背景色、前景色、边框宽度与颜色、控件来源（是否与数据表字段绑定）等属性，这些属性有助于用户在同一个窗体上区分不同的文本框。

6.4.2　方法

方法指一个对象能执行什么动作，完成什么操作。文本框最常用的方法是 SetFocus 方法，可以使本文本框获得焦点（插入点），这样用户就可以向文本框中输入数据；立即窗口（用于调试程序的交互窗口）对象具有 Print 方法，可以输出用户指定的变量、字段、表达式的值；列表框用 AddItem 方法添加一个数据项等。

6.4.3　事件

事件是外界对对象的一个作用，是能被该对象识别的动作，它分为用户事件和系统事件。当用光标对准一个文本框单击、双击或移动光标时，该文本框能"感受"到发生了单击、双击或移动事件，如果用户事先编写了相应的程序代码（事件过程），则相应的事件过程将被执行。例如，用户希望单击一个文本框，该文本框背景改变成红色，当用户在文本框上随意移动光标时，该文本框将向右侧移动等，这些都通过执行事件过程来实现。事件过程之间互不干扰，只有当事件发生时，事件过程才得以执行。

系统事件由系统内部触发，如窗体打开的瞬间会产生 Open 事件，设定了窗体 TimerInterval 属性的参数后，系统将产生定时事件，用户利用这些事件可完成特定任务，如用 Open 事件验证用户是否有打开窗体的权限，用定时事件每过半分钟汇总当前数据并输出，等等。

事件和事件过程是两个不同的概念，如果没有编写事件过程，则当相应事件发生时，系统不作任何响应。

6.5　窗体与常用控件的编程应用

要使用控件，就必须先进入窗体设计视图，从控件工具栏中选取适当的控件放置到窗体上。一个控件有若干个属性，一般情况下多数属性都使用其默认值，例如 Enabled（是否有效）、Visible（是否可见），新添加的控件总是有效的、可见的。

对于只需作一次变化的属性可以在窗体设计视图的控件属性表窗格中修改，或者在 VBA 开发环境窗口的属性窗口中修改；前者的操作方法是：在窗体设计视图下双击控件对象打开其属性表窗格，或者右击对象，在弹出的快捷菜单中选择"属性"命令也可同样打开属性表窗格，图 6-68（a）所示为文本框控件的属性表窗格；后者的操作方法是：单击"设计"选项卡中的"查看代码"按钮 查看代码，打开 VBA 开发环境窗口，在左侧的属性窗口中找到该控件并进行修改，图 6-68（b）所示为同一文本框的属性在 VBA 开发环境窗口的属性窗口中被修改。

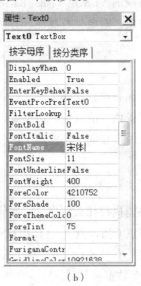

（a）　　　　　　　　　　　　（b）

图 6-68　名为 Text0 的文本框属性可在不同环境的属性窗口中被编辑

对于那些在程序运行过程中需多次变化的属性则必须由程序代码来实现。本节介绍几个最常用的对象：标签、命令按钮、文本框、列表框、组合框、选项按钮、复选框、选项组、选项卡控件以及窗体。本节着重讲解针对控件的编程方法，为第 7 章内容作铺垫，因此本节的控件不涉及数据源，即控件不与数据表、查询对象发生联系，控件与数据源连接的编程方法详见第 7 章。

6.5.1　标签

标签控件的主要功能是显示说明性文本，起提示、解释作用。在 Access 2010 中，系统会自动为除命令按钮以外的每一个非标签控件添加一个标签，用以标识该控件的名称。标签拥有表 6-3 所示的属性，其中最常用的属性是 Caption，该属性的值就是标签所显示的内容。标签的事件有鼠标单击（Click）等，不过很少使用标签的方法和事件。

表 6-3　标签的常用属性

属　　性	功　　能
Name	标签控件的名称，程序中需用 Name 引用控件
Caption	标签控件的标题
BackColor	标签控件的背景色
ForeColor	标签控件的前景色（标签文字的颜色）
Visiable	控件是否可见
Enabled	控件是否有效，无效时呈灰色
FontName FontSize FontBold FontItalic	控件的字体属性（字体、大小、加粗、倾斜等）

说明：

（1）控件的名称只能在窗体设计视图中修改。

（2）颜色值可以是：vbRed（红）、vbBlue（蓝）、vbGreen（绿）、vbWhite（白）、vbBlack（黑）、vbYellow（黄）、vbCyan（青）、vbMagenta（粉红）；也可以使用 RGB 函数（红、绿、蓝三基色函数），其形式为 RGB(x,y,z)，x、y、z 的取值范围为 0~255，三种基色不同分量的组合可产生 2^{24}（16 777 216）种颜色；

（3）标签控件添加后，必须输入一些文字作为其标题，否则 Caption 属性为空白的标签将被自动撤销。

【例 6-12】在窗体上设置一个标签，当窗体打开时，要求显示"欢迎使用"字样，格式为 48 磅、楷体、红色、倾斜、居中，具有蓝色的边框线，其背景色为随机颜色。

本题除标签的背景色外，其他的属性均是固定不变的，因此操作步骤如下：

（1）在数据库窗口中新建一个空白窗体，并进入设计视图；在窗体主体节中插入一个标签控件。

（2）设置标签控件固定不变的属性。在窗体设计视图的属性表窗格中进行设置，也可以在"格式"选项卡中进行设置，如图 6-69 所示。注意要将标签控件的"背景样式"由默认的"透明"改成"常规"，否则无法改变背景颜色。

图 6-69　例 6-12 的窗体设计视图及标签属性表窗格

（3）背景色是随机色，每次打开窗体都可能改变颜色，因此标签的背景色必须由程序来设置，而促成该程序执行的因素则是窗体的加载（Load）事件。在设计视图中，单击"设计"选项卡中的"查看代码"按钮，打开 VBA 编程环境窗口；在"对象"下拉列表框中选择"Form"（窗体），在"过程"下拉列表框中选择"Load"（加载），系统会在代码窗口自动生成 Form_Load（窗体加载）事件过程的头和尾：

```
Private Sub Form_Load()

End Sub
```

在事件过程的头和尾之间写入代码，如图 6-70 所示。

图 6-70　在代码窗口中编写窗体加载事件过程

事件过程 Form_Load 中，Randomize Time 可产生随时间而变的随机数种子，它的作用是使过程的每次运行结果互不相同；256*Rnd 是用常数 256 乘以随机函数 Rnd，产生 0~255 之间的随机整数作为三基色的分量。

（4）保存窗体，然后打开窗体运行，如图 6-71 所示。

提示：事件过程的执行与第 5 章中标准过程的执行是不同的，事件过程的执行是由事件驱动的，所以需要先运行窗体，通过具体事件来触发事件过程的执行；而标准过程是供其他程序调用的，在没有其他程序调用的情况下只能执行自身。

由于本例不涉及数据源，因此去除窗体上的记录导航按钮、记录选择器和节间分隔线，会使窗体更简洁。方法是：切换到窗体设计视图，双击窗体左上角的方块，打开窗体的属性表窗格，修改窗体的滚动条、记录选择器、导航按钮、分隔线属性，如图 6-72 所示。修改完成后再次运行窗体，结果如图 6-73 所示。

Access 2010 为标签等控件提供了 6 种特殊效果的美化标签，这 6 种效果名称与图形如图 6-74 所示；标签默认的特殊效果是"平面"，窗体运行时，在不指定边框的前提下"平面"效果不显示边框。

图 6-71　运行修改前的窗体　　图 6-72　修改窗体属性　　图 6-73　运行修改后的窗体

平面　　凸起　　凹陷　　蚀刻　　阴影　　凿痕

图 6-74　标签在窗体设计视图中的 6 种特殊效果

6.5.2　文本框

几乎每个数据库应用的窗体上都必不可少地存在文本框，它是数据输入、编辑、显示的重要工具。文本框与标签的最大区别在于前者可以更新数据。文本框的属性除表 6-3 所列外，还有最主要的属性 Value。文本框的常用方法是 SetFocus（得到插入点），常用事件有 GotFocus、Click、LostFocus、Change 等，利用这些事件用户可以编写相应的事件过程以实现特定功能。文本框同样具有 6 种特殊效果，默认值是"凹陷"。

【例 6-13】在窗体上放置 3 个文本框，其含义从左至右依次为被除数、除数和商，要求在左侧两个文本框中输入数据后，第三个文本框出现两数相除的结果。

本例关键是怎样告诉系统两个参与除法运算的数据已输入完毕。一般情况下首先输入被除数，然后按【Enter】键，或按【Tab】键，或单击鼠标使插入点跳到第 2 个文本框（称第 2 个文本框获得了焦点），输入除数数据后使插入点进入第 3 个文本框中，在这一瞬间第 3 个文本框产生了获得焦点事件，利用这个事件编写一段程序完成两数相除，并将结果输入到第 3 个文本框中显示。

操作步骤如下：

（1）在数据库窗口中新建一个空白窗体，并进入设计视图；在窗体主体节中插入 3 个文本框，如图 6-75（a）所示。这些文本框系统自动命名为 Text0、Text2 和 Text4，但由于是手工绘制，显得高低错落、大小不一，可以用系统提供的功能进行格式化：按住【Shift】键，依次单击选定这 3 个文本框，在右键快捷菜单的"大小"命令的下级菜单中分别选择"至最高"和"至最宽"命令；在"对齐"命令下级菜单中选择"靠上"命令；修改 3 个标签的内容并将其拖动到适当位置。图 6-75（b）所示为其运行情况。

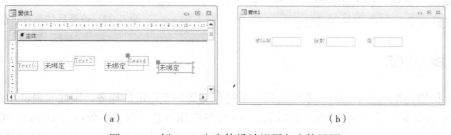

（a）　　　　　　　　　　　　　　　（b）

图 6-75　例 6-13 之窗体设计视图与窗体视图

（2）在窗体设计视图中，单击"设计"选项卡中的"查看代码"按钮，打开 VBA 编程环境窗口；在"对象"列表框中选择"Text4"（窗体上最右侧文本框），在"过程"列表框中选择"GotFocus"事件，然后在 Text4_GotFocus 事件过程中编写一段程序实现除法，如图 6-76 所示。

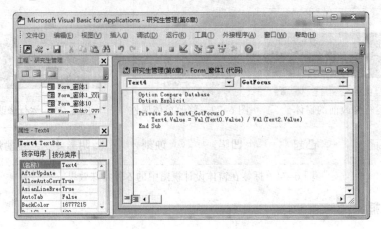

图 6-76　例 6-13 代码窗口

（3）运行窗体，依次输入被除数和除数，当插入点移动到右侧文本框中时即可得到正确答案。

【例 6-14】对例 6-13 进行一些改进。

研究例 6-13，可发现窗体设计存在尚待改进处：

（1）被除数、除数文本框不应接受数字以外的其他字符。

（2）除数文本框若输入 0，则第 3 个文本框应提示出错"除数为零"。

当焦点落在文本框中，用户按下键盘上某个键时，系统实际得到的是该键相应字符的 ASCII 码值，同时产生该文本框的 KeyPress（按键）事件；利用该事件提供的参数 KeyAscii 可以"截获"按键的 ASCII 码值并根据需要加以修改，使之不向文本框中送入错误的数据。因此第一个问题的解决方法是：将超出"0"到"9"范围的字符的 ASCII 码一律修改成 0，ASCII 码为 0 的字符表示"NULL"（空）。

第二个问题的解决方法是：两数相除前先判断除数是否为 0，若为 0 则在文本框中报错并终止过程的执行，只有当除数不为 0 时才向 Text4 文本框输入除运算结果。改进后的窗体代码如图 6-77 所示。

运行修改后的窗体，可发现左侧两个文本框实际上只能输入正整数，如果允许输入带有"+""-"号和小数点的实数，程序应怎样改进？

图 6-77　改进后的事件过程

6.5.3　命令按钮

命令按钮的作用是单击后由系统运行一个过程完成一个特定的任务，因此它最常用的事件是鼠标单击（Click），它的常用属性基本同表 6-3 标签常用属性一致，另外还有 Default、Cancel 属性。当焦点位于命令按钮上时，按【Enter】键相当于鼠标单击该按钮。命令按钮没有特殊效果。

【**例** 6-15】修改例 6-14，添加"计算"和"清除"两个命令按钮完善除法运算。单击"计算"按钮，执行检验除数是否为 0 和除法计算，单击"清除"按钮则 3 个文本框中的数据将被清除，同时插入点回到第 1 个文本框中等待输入数据。

操作步骤如下：

（1）打开代码窗口，清除 Text4_GotFocus 事件过程的代码。

（2）在窗体上添加两个命令按钮"计算"和"清除"，控件的名称沿用默认的 Command6 和 Command7。调整命令按钮的大小、位置，并设置相应格式。

（3）编写 Command6（"计算"按钮）的单击事件过程如下：

```
Private Sub Command6_Click()
    If Val(Text2.Value) <> 0 Then
        Text4.Value = Val(Text0.Value) / Val(Text2.Value)
    Else
        MsgBox "除数为零!"          '提示出错
        Exit Sub
    End If
End Sub
```

（4）运行窗体，在"除数"文本框中输入零，单击"计算"按钮，弹出提示对话框报错，关闭对话框后可观察到"计算"按钮上有虚框，表示焦点落在该按钮上，如图 6-78 所示。此时要单击"除数"文本框，删除其中的"0"，再输入一个非零数据才能继续计算。为使窗体更方便于用户，在 Command6 单击事件过程的 Exit Sub 语句前添加两条代码：

图 6-78 焦点落在"计算"按钮上

```
Text2.Value = ""          '清空除数文本框
Text2.SetFocus           '让 Text2 获得焦点
```

（5）"清除"按钮的作用是为新的除法计算作准备：清空 3 个文本框，同时将焦点置于 Text0 文本框中。该按钮的单击事件过程比较简单，留给用户自己编写。

更进一步的改进：考虑到用户既要用键盘输入数据，又要单击"计算"按钮作除法，键盘与鼠标的切换比较费时，能否只用键盘呢？命令按钮有 Default 属性和 Cancel 属性，对于新添加的按钮，两者均为 False。当 Default 设定为 True 时，无论焦点在何处，按【Enter】键相当于单击该按钮，产生 Click 事件；当 Cancel 设定为 True 时，按【Esc】键相当于单击该按钮，同样产生 Click 事件。本例若要求按【Enter】键得到除法计算结果，按【Esc】键则清空文本框重新计算，方法是：在 VBA 编程环境的属性窗口中将"计算"按钮（Command6）的 Default 属性设置为 True，如图 6-79 所示；将"清除"按钮（Command7）的 Cancel 属性设置为 True。

图 6-79 设置 Default 和
Cancel 属性

6.5.4　列表框/组合框

列表框控件用一个数组保存多个数据，其中的数据可以选定、添加、删除，因此除表 6-3 所列的一般属性外，它还具有一系列与其他控件不同的属性与方法，如表 6-4 所示。组合框的属性与方法同列表框基本相同，组合框通常以下拉列表框的形式出现。

表 6-4　列表框/组合框的常用属性与方法

属　　性	方　　法	功　　能
ListCount		列表框/组合框中数据项的个数
ListIndex		列表框/组合框中选定项的下标，无选定则为–1
Selected(n)		判断下标为 n 的数据项是否选定，或者将下标为 n 的数据项选定/不选定；选定为–1，未选定为 0
Value		引用列表框/组合框中选定项的值
RowSource		指定列表框/组合框的数据源
RowSourceType		指定列表框/组合框数据源类型，包括表/查询、值列表和字段列表；默认值为表/查询
	AddItem Item [,n]	向列表框/组合框追加一项数据作为第 n 项，省略 n 则追加为最后一项
	RemoveItem n	删除下标为 n 的数据项

列表框/组合框也具备 6 种特殊效果，默认的效果是"平面"。

列表框/组合框常用的事件是 BeforeUpdate、Click、DblClick 等，当需要引用列表框/组合框中某项数据时，可以单击、双击该数据项，在相应的列表框/组合框单击事件过程或双击事件过程中使用 Value 属性。

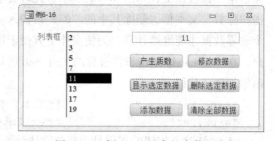

图 6-80　例 6-16 要求的窗体界面

【例6-16】设计如图 6-80 所示的窗体，各个命令按钮的标题、名称及功能如表 6-5 所示，同时要求双击列表框中的数据项时，该数据项能在文本框中显示。

表 6-5　例 6-16 窗体上各命令按钮的属性与作用

按 钮 标 题	按 钮 名 字	单击按钮的作用
产生质数	Command1	在列表框中显示 20 以内自然数中的质数
显示选定数据	Command2	将列表框中选定的数据项显示在文本框中
添加数据	Command3	将文本框中的数据添加到列表框
修改数据	Command4	用文本框中的数据修改列表框中的选定值
删除选定数据	Command5	删除列表框中选定数据项
清除全部数据	Command6	删除列表框中全部的数据项

操作步骤如下：

（1）在设计视图中建立窗体。

（2）编写程序代码。

```
Private Sub Form_Load()
    '将列表框的行来源类型修改为值列表
    List0.RowSourceType = "值列表"
End Sub
Private Sub Command1_Click()            '产生质数
    Dim I As Integer, J As Integer
    For I = 2 To 20                     '产生 20 以内的质数
        For J = 2 To I - 1
            If I Mod J = 0 Then Exit For
        Next J
        If I = J Then List0.AddItem I
    Next I
End Sub
Private Sub Command2_Click()            '显示选定数据
    Text0.Value = List0.Value
End Sub
Private Sub Command3_Click()            '添加数据
    List0.AddItem Text0.Value
End Sub
Private Sub Command4_Click()            '修改数据
    Dim I As Integer
    If List0.ListIndex = -1 Then
        MsgBox "没有选定数据项，无法修改！"
        Exit Sub
    End If
    I = List0.ListIndex                 '记录选定项的下标
    List0.RemoveItem I                  '删除选定项
    '在原选定项位置上添加文本框数据
    List0.AddItem Text0.Value, I
End Sub
Private Sub Command5_Click()            '删除选定数据
    If List0.ListIndex = -1 Then
        MsgBox "没有选定数据项！"
    Else
        List0.RemoveItem List0.ListIndex
    End If
End Sub
Private Sub Command6_Click()            '清除全部数据
    Dim I As Integer
    For I = 0 To List0.ListCount - 1
        List0.RemoveItem 0
    Next I
End Sub
Private Sub List0_DblClick(Cancel As Integer)
    '双击列表框中数据项，将该项数据显示在文本框中
```

```
        Text0.Value = List0.Value
End Sub
```

Access 2010 也为列表框/组合框提供了向导用以添加数据，数据来源于某个数据源（表、查询），或者通过键盘直接输入，如果窗体已与数据源相连则列表框/组合框也可以绑定到窗体数据源的字段上，详见例 6-9。不过列表框向导的作用是有限的，它无法实现将一组计算结果输入到列表框的要求（如本例的 20 以内的质数），也无法修改、删除、使用列表框中的数据，因此编写程序使用控件是最有效、最便捷的方法。

6.5.5　选项组

选项组又称为框架（Frame），用于对某些在功能上相关的控件进行分组，增强界面的可读性。选项组的标签位于方框的左上角，可以输入一些说明性文字，也可以将标签删除，此时选项组成为一个封闭的矩形框。对于单选按钮控件来说选项组是必不可少的。

选项组同样具有 6 种特殊效果，默认的效果是"蚀刻"；选项组的事件一般是 Click 和 BeforeUpdate。

【例 6-17】输入两个自然数，求它们相除后的商与余数。要求使用两个选项组将参与计算的两个数据与计算结果分开，窗体运行界面如图 6-81 所示。

操作步骤如下：

（1）在设计视图中建立窗体。先在窗体主体节中添加两个选项组控件，然后在选项组内添加文本框控件。接着再添加两个命令按钮，"计算"按钮的 Default 属性置为 True，按【Enter】键相当于鼠标单击该按钮；"清除"按钮的 Cancel 属性置为 True，按【Esc】键相当于鼠标单击该按钮。

图 6-81　用选项组实现控件分组

（2）编写程序代码

因程序较简单，这里不再给出，读者可参阅例 6-13~例 6-15。

选项组的事件过程实例请参见后面的例 6-20。

6.5.6　选项按钮

选项按钮通常成组出现，用于在一组数据或一组参数中唯一地选择其中一个值。它最常用的属性是 Value，反映选项按钮的值，如表 6-6 所示。

表 6-6　选项按钮的值

Value	显 示	外 观	含 义
-1	实心圆点	◉	表示选中
0	无圆点	○	未选中该项

选项按钮必须放置在选项组控件中，这样某个时刻一组选项按钮中只能选中一个，如果将一组选项按钮直接放在窗体上，它们之间将互无关联，可以同时被选中，这就失去了"单选"

的意义。

　　选项按钮的添加方法：首先在窗体上添加选项组控件，然后向选项组控件中添加选项按钮控件（此时选项组背景呈黑色）；如果已经将选项按钮放置到窗体上，则在添加选项组控件后，选定选项按钮并剪切，再选定选项组控件进行粘贴，选项组控件就成为一个"容器"保存选项按钮。

　　当选项按钮放置到选项组后，它将得到一个属性 OptionValue。OptionValue 是添加选项按钮控件时的顺序号，从 1 开始，而原来的 Value 属性就不能再使用，转而使用选项组的 Value 属性；选项组的 Value 值就是被选中的选项按钮的 OptionValue 值，如果选中选项组中第 3 个选项按钮，则选项组的 Value 属性为 3；反之如果令选项组的 Value=2，则第 2 个选项按钮将被选中。如果给选项组的 Value 赋一个不存在的 OptionValue 值，那么没有选项按钮被选中（全部为空）；如果给选项组的 Value 赋 Null，选项组中所有的选项按钮均为灰色圆点。OptionValue 值可以在 VBA 编程环境的属性窗口中调整。

　　选项按钮的常见事件是 GotFocus（获得焦点）和 Click，选项组中的选项按钮通常使用选项组的 BeforeUpdate 事件或者选项组的 Click 事件，在事件过程中通过选项组的 Value 值判断哪个选项按钮被选中。

　　【例 6-18】在文本框中输入一个数据，单击命令按钮后判断该数是 1、质数还是合数，并用一组 3 个选项按钮表示；如果三者都不是，选项按钮全部为灰色。程序界面如图 6-82 所示。

图 6-82　例 6-18 界面

　　操作步骤如下：

　　（1）在设计视图中建立窗体。其中选项组控件的名称为"Frame0"，"类型判断"命令按钮的名称为"Command0"。

　　（2）编写程序代码：

```
Private Sub Form_Load()
    '初始化操作
    Command0.Default = True
    Frame0.Value = Null          '选项按钮为灰色圆点
    Text0.Value = ""             '清空文本框
    Text0.SetFocus               '将插入点放入文本框中
End Sub
Private Sub Command0_Click()
    Dim N As Single, I As Integer
    N = Val(Text0.Value)         '获得文本框值
    '数据不是自然数，不作表态
    If N <= 0 Or N <> Int(N) Then
        Frame0.Value = Null      '3 个选项按钮均不选中
        Exit Sub
    End If
    If N = 1 Then                '判断是否为 1
        Frame0.Value = 1         '选中第一个选项按钮
        Exit Sub
    End If
```

```
    For I = 2 To N - 1              '判断是否为质数
        If N Mod I = 0 Then Exit For
    Next I
    If N = I Then
        Frame0.Value = 2: Exit Sub  '质数，选中第二个选项按钮
    Else
        Frame0.Value = 3            '合数，选中第三个选项按钮
    End If
End Sub
```

【例 6-19】在窗体上设置两组选项按钮，一组为导师姓名，一组为研究生姓名；单击文本框将选项按钮的结果在文本框中联成一个句子。运行界面如图 6-83 所示。

操作步骤如下：

（1）在设计视图中按图 6-83 建立窗体。其中"研究生"选项组名为 Frame1，4 个选项按钮名为 Option1～Option4，其标签名依次为 Label1~Label4；"导师"选项组名为 Frame2，3 个选项按钮名为 Option5~Option7，其标签名分别是 Label5~Label7；文本框名为 Text0。

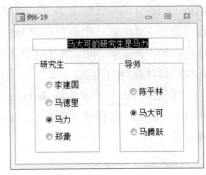

图 6-83 例 6-19 界面

（2）编写程序代码。本窗体需要用到文本框单击事件，程序如下：

```
Private Sub Form_Load()
    Text0.Value = ""                '清空文本框
    '使两个选项组的所有选项按钮均不选中
    Frame1.Value = 0
    Frame2.Value = 0
End Sub
Private Sub Text0_Click()
Dim T As String, S As String        'T 保存导师姓名，S 保存研究生姓名
    '获得研究生姓名
    Select Case Frame1.Value
        Case 1: S = Label1.Caption
        Case 2: S = Label2.Caption
        Case 3: S = Label3.Caption
        Case 4: S = Label4.Caption
    End Select
    '获得导师姓名
    Select Case Frame2.Value
        Case 1: T = Label5.Caption
        Case 2: T = Label6.Caption
        Case 3: T = Label7.Caption
    End Select
    '当导师和研究生姓名不为空时显示
    If T <> "" And S <> "" Then
        Text0.Value = T & "的研究生是" & S
    End If
End Sub
```

6.5.7　复选框

复选框与选项按钮很相似，当它被选定时呈一个钩 ☑，未选定时为空心方块 □，不表态时为 ▣，其值依次为-1、0 和 Null；与选项按钮不同之处是：第一次单击复选框选中，第二次单击为取消选中。如果一组复选框被放置在选项组中，则它们将同选项按钮一样，同一时刻只能有一个被选中，因此一般不将选项组作为复选框的"容器"。

复选框的常用事件是 GotFocus 和 Click。

【例 6-20】用一组单选按钮决定文本框文字的字体，用一组复选框设置文本框中文字的是否加粗、是否倾斜或是否有下画线，后者可以同时选用。窗体界面如图 6-84 所示。

操作步骤如下：

（1）在设计视图中按图 6-84 建立窗体。其中文本框名为 Text0，两个选项组名 Frame1、Frame2，两个选项按钮名为 Option1、Option2，三个复选框

图 6-84　例 6-20 界面

名字依次为 Check1、Check2、Check3。注意先在窗体上放置 3 个复选框，再"套"上一个选项组以保持窗体外表的对称，此时 3 个复选框互不相关，可以同时被选定。

（2）编写程序代码。本例通过选项组 Frame1 的 Click 事件来判断哪个选项按钮被选定，程序如下：

```
Private Sub Form_Load()
    '选项按钮、复选框初始化
    Frame1.Value = Null
    Check1.Value = Null
    Check2.Value = Null
    Check3.Value = Null
    Text0.Value = "文字的格式化操作"
End Sub
Private Sub Frame1_Click()
    '决定文本框字体
    If Frame1.Value = 1 Then
        Text0.FontName = "楷体"
    End If
    If Frame1.Value = 2 Then
        Text0.FontName = "黑体"
    End If
End Sub
Private Sub Check1_Click()
    '决定文本框是否加粗
    If Check1.Value = -1 Then
        Text0.FontBold = True
    Else
```

```
                Text0.FontBold = False
        End If
End Sub
Private Sub Check2_Click()
    '决定文本框是否使用斜体
    If Check2.Value = -1 Then
        Text0.FontItalic = True
    Else
        Text0.FontItalic = False
    End If
End Sub
Private Sub Check3_Click()
    '决定文本框是否有下画线
    If Check3.Value = -1 Then
        Text0.FontUnderline = True
    Else
        Text0.FontUnderline = False
    End If
End Sub
```

6.5.8 选项卡

选项卡的作用是对控件进行分组，生成一个多页的窗体，使一个窗体能容纳更多的控件。选项卡有 Click 事件，每个页有各自的 Click 事件。选中控件工具箱中的选项卡控件□在窗体上拖画，生成的选项卡默认有两页，页标签分别是"页 1"和"页 2"；选项卡上的页数、页顺序可通过选项卡右键快捷菜单进行设置，如图 6-85 所示。

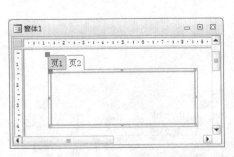

图 6-85　选项卡控件、快捷菜单和页序对话框

【例 6-21】在窗体上添加有两个页的选项卡，页标签分别是"输入项"和"输出项"，第一页上有两个文本框（Text1、Text2），用于输入两个自然数，单击第 1 页，则在第 2 页的两个文本框中分别输出商和余数（Text3、Text4），单击第 2 页将清除 4 个文本框中的数据并将插入点置于"被除数"文本框中。窗体界面如图 6-86 所示。

图 6-86　例 6-21 选项卡控件的两个页

操作步骤如下：

（1）在设计视图中按图 6-86 建立窗体。

（2）编写程序代码。

```
Private Sub 输入项_Click()
    Text3.SetFocus          '文本框 Text3 获得焦点，即自动切换到"输出项"页
    Text3.Value = Text1.Value \ Text2.Value      '除法
    Text4.Value = Text1.Value Mod Text2.Value     '求余数
End Sub
Private Sub 输出项_Click()
    '将 4 个文本框清空
    Text1.Value = "": Text2.Value = ""
    Text3.Value = "": Text4.Value = ""
    Text1.SetFocus          '文本框 Text1 获得焦点
End Sub
```

6.5.9　窗体

窗体作为承载控件的"容器"，本身也是一个对象，同样具备对象的属性、方法和事件。窗体常见属性有标题、图片、大小、位置、边框样式、控制按钮的使用等。

窗口常用的事件有 Form_Load、Form_Click、Form_Open、Form_Timer 等。

Form_Load 与 Form_Open 的区别在于：前者窗体已经显示在屏幕上后所产生的事件，而后者是窗体已打开但尚未出现在屏幕上所产生的事件，两者在时间上不同。可以利用 Form_Open 事件验证用户打开本窗体的权限。

【例 6-22】设定例 6-21 的窗体打开密码为 123456。

在例 6-21 的窗体代码中添加一个 Form_Open 事件过程，程序如下：

```
Private Sub Form_Open(Cancel As Integer)
    Dim Code As String
    Code = InputBox("请输入密码")
    If Code <> "123456" Then
        Cancel = True      '窗体不能打开
    Else
        Cancel = False     '窗体可以打开
    End If
End Sub
```

完成后保存，然后再打开本窗体，屏幕上先出现对话框要求输入密码，如果密码正确则打开

例 6-21 生成的窗体，如果密码不符则窗体不能打开。

如果希望窗体能自动间隔一段时间重复完成某项工作，可以使用 Form_Timer 事件。首先要设置间隔时间：双击窗体左上角的灰色方块，在打开的属性表窗格的"事件"选项卡中有一个被称为"计时器间隔"的属性（见图 6-87），或者使用 VBA 编程环境的属性窗口中 TimeInterval 属性（见图 6-88），其默认值为 0；当 TimeInterval 的值为一个自然数时，Access 2010 将以该属性值用毫秒作单位，每隔一段时间自动引发一个事件（系统事件），调用名为 Form_Timer 的事件过程（称窗体的定时器事件）。下面以秒表程序为例，介绍怎样利用定时器事件过程，让 Access 定时自动完成一些重复操作。

图 6-87　在窗体属性表窗格设置

图 6-88　在代码属性窗口中设置

【例 6-23】设计一个秒表程序，窗体上只有一个文本框和一个按钮，要求以秒为单位，用"12:34:56"形式显示逝去的时间；命令按钮兼作计时的开始和结束，并且停止计时后不允许继续计时。窗体界面如图 6-89 所示。

（a）窗体打开

（b）正在计时中

（c）停止计时

图 6-89　例 6-23 的界面

操作步骤如下：

（1）在设计视图中按图 6-89 所示建立窗体。其中命令按钮的名称为 Command0，文本框的名称为 Text0。

（2）编写程序代码。

```
Sub Display_Timer(N As Long)
    'N为累计总秒数
    Dim H As Byte, M As Byte, S As Byte
    Dim HH As String, MM As String, SS As String
    '将总秒数用 HH:MM:SS 的形式显示
```

```
        H = N \ 3600                          '将秒数折算成小时数
        M = (N Mod 3600) \ 60                 '不足一小时的秒数折算成分钟数
        S = N Mod 60                          '剩下的秒数
        '将时、分、秒用两位数表示，小于10者前面补0
        HH = Format(H, "00")
        MM = Format(M, "00")
        SS = Format(S, "00")
        Text0.Value = HH & ":" & MM & ":" & SS
End Sub
Private Sub Form_Load()
        '将焦点移至命令按钮，避免文本框反色显示
        Command0.SetFocus
        Command0.Default = True
        Form.TimerInterval = 0               '计时器关闭
        Call Display_Timer(0)                '文本框显示初始用时 00:00:00
End Sub
Private Sub Command0_Click()
        If Command0.Caption = "开始" Then
            Command0.Caption = "停止"
            Form.TimerInterval = 1000        '计时器启动，间隔1秒
        Else
            Form.TimerInterval = 0           '计时器关闭
            '欲使命令按钮无效，先要让其成为非焦点控件
            Text0.SetFocus                   '焦点移动到文本框
            Command0.Enabled = False         '命令按钮无效
        End If
End Sub
Private Sub Form_Timer()
        Static N As Long
        N = N + 1
        Call Display_Timer(N)                '文本框显示已走过的时间
End Sub
```

说明：

（1）Display_Timer(N As Long)是一个标准过程，它不响应任何事件，也不能主动执行，总是被其他的事件过程调用。考虑到本例窗体打开时要输出一个时间初值 "00:00:00"，而窗体定时事件也要按 "HH:MM:SS" 格式输出时间值，因此编写本标准过程供两个事件过程调用，目的是避免程序冗余。

（2）Form_Load()事件过程用于对窗体初始化，鉴于焦点落入文本框会形成反白显示（黑底白字），程序用 SetFcous 方法让命令按钮获得焦点（也可以改变控件的 TabIndex 属性）；Command0.Default=True 使得按【Enter】键也能使计时开始或结束。

（3）Command0_Click()事件过程通过命令按钮的标题（即表面的文字）决定单击后是开始计时还是终止计时；当窗体的 TimerInterval 值为 0 时定时事件停止，TimerInterval 值为 1000（毫秒）表示每隔 1 秒调用一次 Form_Timer()事件过程。

（4）Form_Timer()事件过程是整个程序的核心，本例中它每秒被调用一次，每次调用时变量 N 加 1（增加 1 秒），再调用 Display_Timer(N As Long)标准模块过程显示当前 N 值；注意 N 是静态变量，当 Form_Timer()过程调用结束时，N 的值依然保留，供下次累加用。如果变量 N 的定义语句修改成：Dim N As Long，执行窗体后会产生什么结果呢？

（5）编写完窗体模块的各个过程后，在调试程序时可将窗体的 TimerInterval 属性值设置为 1、10 或 100，减小间隔时间，观察 HH:MM:SS 形式的时间值是否正确，确认无误后再改回 1000，这样可加快程序的调试速度。

6.6　多窗体应用

一个较大的项目可能需要几个窗体协同工作。多窗体环境涉及窗体的打开、关闭、控件值的传递和变量值传递等操作，引用另一个窗体上的控件时需在该控件之前加上所在窗体的名称，而引用另一个窗体上的变量时除了要在变量前加上窗体名，还需事先将该变量定义成全局级变量。Access 提供了 DoCmd 方法打开或关闭窗体，命令格式为：

打开窗体：`DoCmd.OpenForm  "窗体名"`

关闭当前窗体：`DoCmd.Close`

在打开另一窗体时，窗体名称放在一对双引号内；引用其他窗体中的变量、控件值时，需要在窗体名前添加前缀"Form_"，此时不需要双引号。

【例 6-24】设计一个由两个窗体组成的实例，第 1 个窗体名为"数据输入"，上有一个文本框 Text0、一个命令按钮 Command0；第 2 个窗体名为"求和运算"，有一个文本框 Text0 和两个命令按钮 Command0、Command1。运行时首先打开"数据输入"窗体，在文本框中输入一个数据，然后单击"打开新窗体"命令按钮，出现一个对话框要求输入第 2 个数据，输入数据后单击"确定"按钮，弹出"求和运算"窗体；在"求和运算"窗体中单击"求和"按钮完成两个数据的求和并显示在"求和运算"窗体的文本框中，单击"求和运算"窗体上的"关闭窗体"按钮关闭"求和运算"窗体。窗体界面如图 6-90 所示。

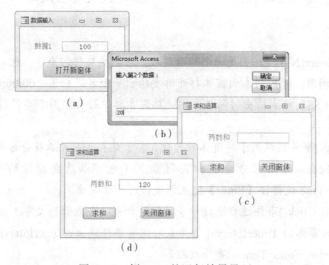

图 6-90　例 6-24 的运行效果界面

"数据输入"窗体的程序代码如下：

```
Public Data As Integer                    '声明全局变量
Private Sub Command0_Click()
    '为 Data 赋值，并打开新窗体
    Data = InputBox("输入第 2 个数据: ")
    DoCmd.OpenForm "求和运算"              '打开"求和运算"窗体
End Sub
```

"求和运算"窗体的程序代码如下：

```
Private Sub Command0_Click()
    Dim Sum As Integer
    '计算"数据输入"窗体中文本框值与变量的和
    Sum = Val(Form_数据输入.Text0.Value) + Form_数据输入.Data
    Text0.Value = Sum
End Sub
Private Sub Command1_Click()
    '关闭当前窗体
    DoCmd.Close
End Sub
```

习题与实验

一、思考题

1. 窗体有 5 个节，执行窗体时哪些节在屏幕上并不显示？

2. 哪些对象可以构成窗体的数据源？一个窗体上显示的数据涉及两个数据表，窗体的数据源类型一定是多数据源吗？

3. 举例说明标签、文本框和组合框三者的异同之处。

4. 要让一个文本框同"导师"表中的"姓名"字段绑定，应该在属性表窗格中进行哪些设置工作？

5. 怎样用向导产生一个窗体，显示所有入学分数为偶数的研究生的信息？如果要求入学分数为质数的研究生信息，向导能做到吗？

6. 什么是对象的属性？什么是对象的方法？文本框有哪些常用的方法？

7. 什么是事件？什么是事件过程？当用鼠标单击窗体上的文本框，将插入点从一个文本框移动到另一个文本框时产生了哪些事件？

8. 一个窗体要使用另一个窗体中变量的值，对这个变量有何要求？

二、实验题

1. 用向导创建一个"研究生信息"窗体，可以显示、编辑全部研究生的所有信息。窗体运行效果如图 6-91 所示，完成后保存为"实验 1"。

图 6-91　实验 1 窗体运行效果

2. 用向导创建一个窗体，内容是已经落实导师的男研究生的所有信息，并为窗体添加一个标题"部分男研究生情况一览表"，在设计/布局视图中对窗体进行调整和美化。窗体运行效果如图 6-92 所示，完成后保存为"实验 2"。

提示：首先生成一个查询，筛选出已有导师编号的性别为"男"的研究生，并以该查询对象作为窗体的数据源；完成后在窗体主体节中添加一个标签控件作为窗体标题。

3. 在"实验 2"窗体的"导师编号"下方添加一个文本框，显示该研究生的在校年数（从入学至今已有几年），窗体运行效果如图 6-93 所示，完成后保存为"实验 3"。

图 6-92　实验 2 窗体运行效果　　　　图 6-93　实验 3 窗体运行效果

4. 建立一个窗体，显示研究生的姓名及其导师姓名，使用两个命令按钮代替默认的记录导航按钮，并应用一张图片（Windows 7 主题背景）作为窗体的背景，注意图片缩放模式。窗体运行效果如图 6-94 所示，完成后保存为"实验 4"。

图 6-94　实验 4 窗体运行效果

5. 建立一个窗体，显示系的详细情况，同时用子窗体展示该系所属的全体研究生的信息。窗体运行效果如图 6-95 所示，完成后保存为"实验 5"。

提示：建立一个包含"系编号"和全部研究生字段的查询作为子窗体的数据源，并通过"系编号"与主窗体相关；对控件的位置、字体的大小、文本框的边框作适当的修改。

图 6-95　实验 5 窗体运行效果

6. 设计一个窗体，用一个列表框保存全部导师的姓名，另有一个关于研究生的子窗体，子窗体显示研究生的"姓名""性别""入学分数""研究方向" 4 个字段；取消窗体的记录导航按钮，用列表框代替，即单击列表框中某位导师的姓名，该导师所带全部研究生的 4 个字段将显示在研究生子窗体中。窗体运行效果如图 6-96 所示，完成后保存为"实验 6"。

提示：主窗体数据源为"导师"表，列表框使用主窗体数据源；子窗体数据源为"研究生表"，在用向导生成子窗体时多选择一个字段（"导师编号"），并通过此字段与主窗体数据源相连，生成后删除子窗体中的"导师编号"；控件特殊效果都采用凹陷型。

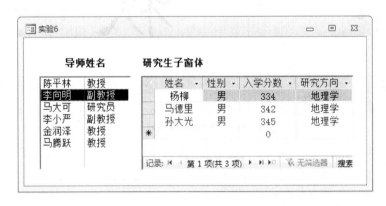

图 6-96　实验 6 窗体运行效果

7. 用三维饼图显示各个系导师人数之比，窗体运行效果如图 6-97 所示，颜色分别为红、黄、蓝，要求"圆饼"占较大面积，显示系名与百分比，窗体保存为"实验 7"。

提示：建立一个查询对象，按系名分组统计导师人数，该查询对象作为图表的数据源，并对图表进行相应格式化。

8. 按图 6-98 所示进行窗体布局，用三维柱形图显示每个系（系名）中各位研究生（人名）的入学分数，要求格式与样张相同，用窗体底部的导航按钮切换系名。窗体保存为"实验 7"。

提示：窗体的数据源为"系"表，图表的数据源为一个查询对象，查询中包含系"表"的"系名"、研究生表的"姓名""入学分数"，注意在查询设计视图下生成该查询时要同时出现系、导师和研究生 3 个表，而且要事先建立表间关系。

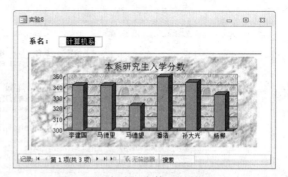

图 6-97   实验 7 窗体运行效果   图 6-98   实验 8 窗体运行效果

9. 编写一个窗体，上有一个文本框和一个命令按钮"四季"；单击一次命令按钮，文本框中显示一个季节名称，依次是红色的"春"、黄色的"夏"、蓝色的"秋"和绿色的"冬"，文字大小为 72 磅，字体依次为宋、仿宋、楷体、黑体，再次单击重复显示"春""夏""秋""冬"。窗体运行效果如图 6-99 所示，完成后保存为"实验 9"。

图 6-99   实验 9 窗体运行效果

10. 编写一个如图 6-100 所示的简易计算器，要求：

（1）参与计算的数据是 1 000 及以内的实数，否则自动为 0；

（2）计算精度均只保留小数两位；

（3）窗体启动和单击"清除"按钮后，4 种运算符的单选按钮全部为灰色，文本框为空；

（4）除法运算时，如果除数为 0 则计算结果显示 ERROR；

（5）完成后保存为"实验 10"。

图 6-100   实验 10 窗体运行效果

第 7 章 | 用 VBA 访问 Access 2010

前面各章中所做的全部操作，主要是在可视化环境下，借助向导，点击鼠标完成，有时还需在设计视图中进行一些小的修改，因此借助这种模式使用 Access 2010 的用户必须是一个 Access 专家，需要接受专业课程培训，不过即使是这样，用户的一些特殊的、复杂的、向导无法顾及的实际需求仍不能实现，例如在第 6 章中曾提出一个问题：找出所有入学分数恰好为质数的研究生。在数据库应用日益普及的今天，既不能要求每一个用户都是一个数据库专家，也不可能将一切工作寄希望于向导，根本的解决方法是逐行写代码编制应用程序，由计算机专业人员针对特定的需求开发数据库应用程序交付用户运行，用户只需接受简短的培训，学会使用程序即可完成日常操作。本章内容主要介绍怎样使用 ADO 记录集对象处理数据，即通过编写 VBA 程序访问数据库，使用 ADO 数据访问技术来完成诸如在表格中检索数据、处理数据的工作。

7.1 记录集概述

ADO（ActiveX Data Objects）记录集主要的优点在于它的易用性、高速度、低内存开销和可重复使用，而且程序本身只占用很少的磁盘空间。开发人员在掌握 VBA 编程方法、熟悉窗体及其控件使用的基础上，针对特定问题就可以方便地写出程序。另外，可重复使用是一个重要的特点，一般的非专业用户只需打开已有的程序，用鼠标点击 VBA 窗体上的菜单、工具栏按钮或命令按钮，即可重复执行每天要做的工作。概括而言，用 VBA 编程访问数据表将充分发挥程序员的灵活性，它能够解决 SQL 或窗体向导所不能解决的问题。ADO 支持开发客户机/服务器应用程序，提供了基于 Web 的应用程序所需的重要功能。

使用记录集，可以访问和处理来自任何 Access 数据源的数据。本节将介绍有关记录集的知识，以及如何利用 ADO 的 Recordset 对象访问数据。

7.1.1 ADO 的 9 个对象

Access 2010 内嵌的 VBA 是用户使用 ADO 技术开发数据库应用的主要工具，还有许多开发工具均支持 ADO，包括常用的 Visual Basic、Visual Basic Scripting Edition、Visual C++、Visual FoxPro 等。

ADO 是目前 Microsoft 通用的数据访问技术。ADO 编程模型定义一组对象，用于访问和更新数据源，它提供了一系列方法完成以下任务：连接数据源、搜索记录、增加记录（添加数据）、更新记录、删除记录、检查建立连接或执行命令时可能产生的错误。

ADO 对象模型包括下面 9 个对象：Connection、Recordset、Record、Command、Parameter、Field、Property、Stream、Error。本章主要讨论其中 3 个对象：Connection 对象、Command 对象和 Recordset 对象，下面逐一予以介绍：

1. Connection 对象

Connection 对象是 ADO 对象模型中最高级的对象。该对象用来实现应用程序与数据源的连接，例如与某个 Access 数据库或 Microsoft SQL Server 某个实例中的一个数据库相连。通俗地说，Connection 类似于拨号程序，必须在拨号连接成功后，Command 对象和 Recordset 对象才能像 IE 浏览器访问远程 Web 服务器一样，访问某个数据源。在本课程中，主要考虑与当前的 Access 2010 数据库连接。

2. Command 对象

Command 对象的主要作用是在 VBA 中用 SQL 语句访问、查询数据库中的数据，可以实现 Recordset 对象不能完成的操作，例如创建数据表、修改表结构、删除表、将查询结果形成一个表保存等。

3. Recordset 对象

Recordset 对象的功能最常用、最重要，它可以访问表对象、查询对象，返回的记录存储在 Recordset 对象中。通过使用该对象，可以浏览记录、修改记录、添加新的记录或者删除特定的记录。Recordset 对象是本章讨论的主要内容。

ADO 的对象之间互有联系，其中 Command 对象和 Recordset 对象依赖于 Connection 对象的连接，Command 对象结合 SQL 命令可以取代 Recordset 对象，但远没有 Recordset 对象灵活、实用；Recordset 对象的作用最强大，但它只能实现数据表内记录集操作，无法完成表和数据库的数据定义操作，而数据定义操作需通过 Command 对象用 SQL 命令完成。本章中用 DoCmd 对象代替 Command 对象。

7.1.2　了解记录集

记录集（Recordset）是指在数据表中执行查询操作时返回的一组特定记录。使用记录集可以执行下述常用操作：

（1）查询数据表中的数据，完成统计工作。

（2）在数据表中添加记录。

（3）更新数据表中的记录。

（4）删除数据表中特定记录。

记录集是一个对象，它包括记录（行）和字段（列），具有其特定的属性和方法，利用这些属性和方法就可以编程处理数据表中的记录，实现浏览一组记录、修改已存在的记录、添加新的记录以及删除特定的记录，如果结合 SQL 定义语句，甚至能在模块、窗体中修改数据表的结构乃至删除一个数据表。

7.2 用 ADO 对象访问数据表

本书中，首先考虑数据源为当前的 Access 2010 数据库的情况。Access 2010 的存储特点是以数据库为单位，一个数据库对应磁盘上的一个文件，数据库内可包含若干个表。当打开一个 Access 数据库时，该数据库即成为当前数据库。Access 2010 提供了 ADO 引用，首先在应用程序中声明一个 Connection 对象，然后创建 Recordset 对象，编程完成各种数据访问操作。

7.2.1 声明 Connection 对象

以"研究生管理"数据库为例，数据库中有"系"表、"导师"表、"研究生"表和"研究方向"表。在访问任意一个表之前，必须先声明一个 Connection 对象：

```
Dim cnGraduate As ADODB.Connection
```

在这段代码中，标识符 cnGraduate 被声明为 Connection 类型的对象。该对象可以使用任意名称（只要是合法的标识符），而前缀 cn 则是一种命名时的约定，如同用 intX 表示 X 是一个整型变量一样，用以表明 Graduate 是一个 Connection 对象，当然程序员也可以不使用前缀"cn"。另外，可以不在声明对象时明确地引用 ADODB。不过作为一种良好的代码编写习惯，应该声明对象的类型。

作为第二步工作，需要初始化 Connection 对象，即决定 Connection 对象与哪个数据库相连接。这里首先考虑将 Connection 对象设置为 CurrentProject，即与当前数据库连接，模块、窗体将来所引用的均为当前数据库中的数据。CurrentProject 对象内置在 Access 中，包含对当前数据库的引用，本章中当前数据库为"研究生管理"。

```
Set cnGraduate = CurrentProject.Connection
```

在这句代码中，Set 语句指定一个到 Connection 对象的对象引用，只使用 Set 语句指定了特定的对象后，才会创建与当前数据库实际的连接。

Connection 对象拥有许多属性和方法，在本书中，仅讨论如何用来连接当前的 Access 数据库。

7.2.2 声明 Recordset 对象

应用程序使用 Recordset 对象访问由数据表对象或查询对象返回的数据。通过使用 Recordset 对象，可以查询、浏览、编辑、删除记录。

在与数据库的连接操作完成后，声明并初始化一个新的 Recordset 对象，然后打开 Recordset 对象，例如，要创建一个记录集对象以便将来打开"研究生"表：

```
Dim rsStudents As ADODB.Recordset
Set rsStudents = New ADODB.Recordset
```

在这段代码中，第一句声明 rsStudents 为记录集类型对象，第二句中关键字 New 与 Set 语句同时使用，创建该记录集的一个新实例，但尚未指明与哪个数据表或查询对象相关联。同理，前缀"rs"仅仅表示对象的类型（recordset 的缩写），记录集对象的名称是任意的，只要符合 VBA 的标识符约定并且不与保留字冲突即可。

7.2.3　打开一个 Recordset 对象

ADO 技术的第三步是使用 Recordset 对象的 Open 方法打开数据表、查询对象或者直接的 SQL 查询语句。下面的代码用于打开当前数据库中的"研究生"表：

```
rsStudents.Open "研究生", cnGraduate, , , adCmdTable
```

在描述 Open 方法的代码中，"研究生"是表的名称，cnGraduate 是 Connection 对象变量的名称，adCmdTable 说明打开的是表对象。一般情况下，无须为方法中的每一个参数都提供确切的值，但作为占位符使用的逗号不可省略，因为当前正以默认的方式使用这些参数。

7.2.4　关闭 Recordset 和 Connection 对象

记录集使用完之后，应该予以关闭，并从内存中删除 Connection 对象和 Recordset 对象，否则原先声明的对象可能继续占用内存空间，造成不必要的浪费。Connection 对象和 Recorset 对象的 Close 方法可以关闭 Connection 对象和 Recordset 对象，然后将对象设置为 Nothing，方法是：

```
' 关闭并清除对象
rsStudents.Close
cnGraduate.Close
Set rsStudents=Nothing
Set cnGraduate=Nothing
```

上述语句不是必需的，如果不关闭 Recordset 对象和 Connection 对象，则在应用程序终止运行时，系统会自动关闭并清除这两个对象。

7.3　引用记录字段

数据表被打开后，第一条记录成为默认的当前记录，任何对记录集的访问都是针对当前记录进行的。可以通过程序代码引用当前记录中的每个字段。

使用记录中的字段有两种方法：一种是直接在记录集对象中引用字段名称；第二种是使用记录集对象的 Fields(n)属性，n 是一个记录中字段从左到右的排列序号，第一个字段的序号为 0。下面的代码引用了记录集当前记录中的"学号"字段，将其值赋给变量 Code：

```
Code = rsStudents!学号
```

注意记录集对象与字段名之间使用的连接符是"!"。也可以写成：

```
Code = rsStudents.Fields(0)
```

显然，在引用一个记录中连续的若干个字段时，使用 Fields(n)属性要方便一些，因为此时可以用一个循环像使用数组数据一样引用记录中的字段值。

注意：与 SQL 命令相似，如果记录集字段名包含空格，或者字段名是一个保留字，则引用时必须将该字段名用方括号括起来。假设"研究生"表中"姓名"字段的字段名中间包含两个半角空格，成为"姓　名"，引用该字段时必须使用方括号将该字段名括起来：

```
S_Name=rsStudents![姓　名]
```

【例 7-1】建立一个名为"ADO"的模块，在模块中编写 First 过程，运行该过程后，用输出对话框显示"导师"表中第一位导师的编号和姓名。程序如下：

```
Sub First()
    ' 定义 Connection 对象
    Dim cnGraduate As ADODB.Connection
    ' 建立与当前数据库的连接
    Set cnGraduate = CurrentProject.Connection
    ' 定义 Recordset 对象
    Dim rsTeacher As ADODB.Recordset
    Set rsTeacher = New ADODB.Recordset
    ' 指定访问导师表
    rsTeacher.Open "导师", cnGraduate, , , adCmdTable
    ' 访问并输出当前记录（第一条记录）的两个字段
    MsgBox rsTeacher!导师编号 & " " & rsTeacher!姓名, , "第一位导师"
    ' 关闭并清除 2 个对象
    rsTeacher.Close
    cnGraduate.Close
    Set rsTeacher = Nothing
    Set cnGraduate = Nothing
End Sub
```

在 VBA 编程环境窗口将插入点放在 First 过程内，单击工具栏中的"运行子过程"按钮，得到图 7-1 所示运行结果。

查"导师"表得知，表中的第一条记录的"姓名"字段正是"陈平林"。修改本程序，删除 First 过程中的最后 4 条语句（其作用是关闭并清除 2 个对象），程序仍能正常运行。

记录集更多的应用是在窗体对象上，一般的步骤是先建立一个空白窗体，在窗体上设计各个控件，然后编程引用记录集当前记录的各个字段，将所需字段的值通过标签、文本框、列表框等控件显示给用

图 7-1　例 7-1 运行结果

户。注意如果涉及数据访问的事件过程不止一个，可以在代码窗口的通用段将 Connection 对象和 Recordset 对象定义成模块级对象（即在代码窗口的通用段中定义这 2 个对象），然后在窗体加载事件过程（Form_Load）中完成数据库连接和数据表的打开，这样各个事件过程就可以共用同一个 Connection 对象和 Recordset 对象，共享记录集访问操作。

【例 7-2】设计一个窗体"例 7-2"，窗体上包含一个标签 Label1 和一个文本框 Text0，另有两个命令按钮，其中标题为"导师编号"的 Command2 按钮单击后可在标签中显示第一位导师的编号，标题为"导师姓名"的 Command3 按钮单击后可在文本框中显示第一位导师的姓名。图 7-2 所示为窗体设计视图，图 7-3 所示为运行后分别单击"导师编号"按钮和"导师姓名"按钮的结果。

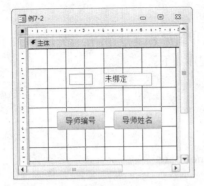
图 7-2　例 7-2 窗体设计视图

图 7-3　例 7-2 窗体运行结果

程序如下：

```
' 声明模块级的 Connection 对象和 Recordset 对象
Dim cnGraduate As ADODB.Connection
Dim rsTeacher As ADODB.Recordset
Private Sub Form_Load()
    ' 连接当前数据库
    Set cnGraduate = CurrentProject.Connection
    Set rsTeacher = New ADODB.Recordset
    ' 指定访问导师表
    rsTeacher.Open "导师", cnGraduate, , , adCmdTable
End Sub
Private Sub Command2_Click()
' 在标签框中显示导师编号字段
label1.Caption = rsTeacher!导师编号
End Sub
Private Sub Command3_Click()
    ' 在文本框中显示导师的姓名
    Text1.Value = rsTeacher!姓名
End Sub
```

由于两个命令按钮的单击事件访问同一个表，均需要 Connection 对象和 Recordset 对象，因此窗体中两个 ADO 对象必须是模块级的，即该对象在本窗体模块内部的各个过程中都是有效的；对"导师"表访问所做的初始化工作在窗体加载事件中完成，而单击两个命令按钮所执行的操作只是简单地将标签的 Caption 属性和文本框的 Value 属性修改成当前记录（首条记录）的"导师编号"字段值和"姓名"字段值。

说明：

（1）由于是手工编写程序访问数据库，窗体本身没有与数据源相连，因此窗体底部的记录导航按钮不起作用，故例 7-2 删除了导航按钮。

（2）文本框没有与数据源的字段绑定，如果改变文本框的值，数据表相应的字段值并不发生变化。

7.4　浏　览　记　录

VBA 程序对数据表的访问不可能总是停留在第一条记录上，必须要能访问第二条记录、第三条记录，直至随意访问记录集中任意一条记录。在记录集中，正在被访问的记录称为当前记录。可以想象记录集中有一根记录指针，某个时刻总是指向某条记录，这条记录就是当前记录；当 VBA 程序打开一个记录集时，记录指针自动指向第一条记录，这就是上述的例子总是输出首条记录的原因。

当打开数据表后设法向下移动记录指针，使之指向第二条记录时，第二条记录即成为当前记录，这时第一条记录就不再是当前记录。因此，可以通过循环语句从首记录至尾记录逐条定位记录集中的每条记录，从而实现对全部记录的浏览。

Recordset 记录集对象提供了 4 种方法浏览记录，分别是：MoveFirst、MoveNext、MovePrevious 和 MoveLast，其功能是将无形的记录指针分别移动到表中第一条记录、当前记录的下一条记录、当前记录的上一条记录和最后一条记录。

记录集对象中有两个属性 BOF 和 EOF，用于判断记录指针是否处于有记录的正常位置。BOF 可理解成 Begin Of File（文件开始），当记录指针指向某记录时，BOF 属性和 EOF 属性的值均为 False，表示没有到达记录集的开始处和结束处；在使用 MoveFirst 方法使得第一条记录成为当前记录时，BOF 属性值仍为 False，如果此时使用 MovePrevious 方法上移记录指针，BOF 属性值将变成 True，表示记录指针已处于首条记录之前的位置，这时程序仍处于正常运行中，但不能引用记录集字段的值；如果再次使用 MovePrevious 方法，程序运行将被中断，同时弹出图 7-4 所示的出错提示对话框。

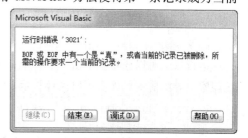

图 7-4　记录指针超出正常范围时提示出错

同样 MoveLast 可将最后一条记录设定为当前记录，这时 EOF（End Of File，文件结束）属性值仍是 False；此时使用 MoveNext 下移一个记录，程序虽能正常运行，但 EOF 的属性值已成为 True，如果再次下移记录指针，程序运行被中断并弹出图 7-4 所示的出错提示对话框。

记录集对象移动指针的方法见表 7-1。

表 7-1　记录集对象移动指针的方法

方　　法	说　　　　明
MoveFirst	使第一条记录成为当前记录
MoveNext	使当前记录的下一条记录成为当前记录。如果当前记录是最后一条记录，继续调用本方法，记录指针将指向最后一条记录之后，文件结束属性（EOF）为 True；继续下移超出这个位置则出错
MovePrevious	使当前记录的上一条记录成为当前记录。如果当前记录是第一条记录，继续调用 MovePrevious 方法，记录指针将指向第一条记录之前，文件开始属性（BOF）为 True；继续上移超出这个位置则出错
MoveLast	使最后一条记录成为当前记录

应用程序可以使用命令按钮代替原来窗体上的导航按钮，用以改变记录指针的位置，通常是不可缺少的，单击这些按钮能使用户浏览特定的记录。

【例 7-3】在例 7-2 的窗体上添加一个名为 Command4 的命令按钮，标题为"下一个记录"，要求单击该按钮后，当前记录的下一条记录成为新的当前记录，而单击"导师编号"或"导师姓名"按钮可在标签和文本框中显示当前记录中导师的编号和姓名。完成后窗体保存为"例 7-3"。

单击 Command4 按钮事件的代码如下：

```
Private Sub Command4_Click()
    rsTeacher.MoveNext
End Sub
```

运行更改后的窗体，在单击两次"下一个记录"按钮后，单击"导师编号"和"导师姓名"按钮，界面如图 7-5 所示。经查询，"导师"表的第 3 条记录确实为 103 号马大可。

本程序隐含着一个错误。如果不停单击"下一个记录"按钮，在某个时刻将弹出图 7-4 所示的错误提示对话框，这是因为记录指针一直被无条件地向最后的记录移动，直到移至最后一条记录之后无法再下移指针所致。纠正错误的方法是：一旦发现记录集的 EOF 属性为 True，就回到最后一条记录，不再下移；或者回到第一条记录，这样可以周而复始地显示记录集的全部数据。

第二种情况的单击按钮事件过程代码如下：

```
Private Sub Command4_Click()
    rsTeacher.MoveNext
    If rsTeacher.EOF Then
        ' 若 EOF 属性成立，则转到第一条记录
        rsTeacher.MoveFirst
    End If
End Sub
```

运行后，可以任意次单击"下一个记录"按钮，同时可单击"导师编号"和"导师姓名"按钮观察，导师的资料确实可以循环显示。第一种情况的单击按钮事件代码如下：

```
Private Sub Command4_Click()
    rsTeacher.MoveNext
    ' 若 EOF 属性值成立，转至最后一条记录
    If rsTeacher.EOF Then
        rsTeacher.MoveLast
    End If
End Sub
```

程序运行后，不断单击"下一个记录"按钮，记录指针下移一条记录，并判断记录集对象的 EOF 属性是否为 True，如果成立说明记录指针已移过最后一条记录，立即将其"拉回"最后记录，如图 7-6 所示。

图 7-5　添加"下一个记录"按钮后的窗体　　图 7-6　MoveLast 方法让记录指针停留在最后一条记录

说明：在网络环境下，可能会出现几个事务同时读取或更新同一个数据的现象，如果不采取封锁机制让某个事务独占数据，将出现数据的更新错误，或事务读取错误数据的现象。LocyType 属性决定数据的锁定方式，锁定方式有 4 种：

（1）adLockReadOnly：默认值，数据处于只读状态，数据不能被改变；

（2）adLockPessimistic：保守式锁定，在编辑数据时即锁定数据源记录，直到数据编辑完成才释放；

（3）adLockOptimistic：开放式锁定，即编辑数据时不锁定数据，只是在调用 Update 方法提交数据时才锁定数据源记录；

（4）adLockBatchOptimistic：开放式更新，应用于批更新模式。

另外，例 7-3 还有一个潜在的错误："导师"表可能是一个仅具结构的空表，表中没有记录。数据表中没有记录，就不能引用表中的数据。在空表情况下，单击"导师编号"或"导师姓名"按钮后将弹出图 7-7 所示的出错提示对话框。

图 7-7　读取空表中数据时出错

要避免该错误的发生，就需要判断当前记录指针的位置是否正常，如果 BOF 为 True，说明是在首记录之前，如果 EOF 为 True，可证实指针指向尾记录之后，如果 BOF 和 EOF 同时为 True，意味着记录指针既处于首记录之前又处于尾记录之后，只能说明数据表中没有记录，此时不应该引用当前记录的字段值。单击"导师姓名"按钮事件过程的代码改写如下：

```
Private Sub Command3_Click()
    If rsTeacher.BOF = True And rsTeacher.EOF = True Then
        '数据表中没有记录，不能引用字段值，清空文本框
        Text0.Value = ""
    Else
        Text0.Value = rsTeacher!姓名
    End If
End Sub
```

单击"导师编号"按钮事件过程的代码也可按同样方法修改，"下一个记录"按钮同样要修改，在空表情况下记录指针不作移动。

7.5　数据的编辑与删除

ADO 的 Recordset 对象提供了一系列属性和方法，用户可使用这些方法更新、添加、删除记录，从而实现用 VBA 编程完成数据的编辑工作。下面的实例均针对"研究生管理"数据库中的表。

7.5.1　使用 ADO 记录集添加记录

程序中，用下面的步骤可实现新记录的添加：

（1）调用记录集 AddNew 方法，产生一条空记录；

（2）为空记录的各个字段赋值；

（3）使用记录集 Update 方法保存新记录。

【例 7-4】在例 7-3 窗体上添加一个命令按钮 Command5，其标题为"新记录"，单击该按钮可为"导师"表添加一条新记录，并给新记录的"导师编号"和"姓名"字段赋值，分别是"107""高原"，

要求他的年龄值与第一条记录的年龄值相同，其余字段的值空缺。完成后窗体保存为"例 7-4"。

Command5_Click 事件过程的代码如下：

```
Private Sub Command5_Click()
    Dim Age As Byte
    rsTeacher.MoveFirst          '转至第一条记录
    Age = rsTeacher!年龄         '读取第一条记录的年龄字段值
    rsTeacher.AddNew             '添加一条新记录
    rsTeacher!导师编号 = "107"
    rsTeacher!姓名 = "高原"
    rsTeacher!年龄 = Age
    rsTeacher.Update             '保存新记录
End Sub
```

注意：Recordset 对象 LockType 属性的默认值是 adLockReadOnly，此时只能浏览记录数据，不能添加、更新、删除记录。所以本例在打开"导师"表进行添加前，必须将该记录集对象的 LockType 属性设置成 adLockOptimistic 或 adLockPessimistic。

在 Form_Load 事件过程中下列代码之前：

```
rsTeacher.Open "导师", cnGraduate, , , adCmdTable
```

添加下列代码：

```
rsTeacher.LockType = adLockOptimistic
```

完成后保存窗体并运行，单击"新记录"按钮，然后打开"导师"表，可以观察到有一条新记录被添加到"导师"表的尾部，记录中只有 4 个字段被赋值，其中"性别"是默认值。如果程序中没有调用 Update 方法，则 Access 2010 将放弃所有更改，不会添加空记录。

如果用户再次单击"新记录"按钮，系统将提示出错，这是因为记录的添加、更新和删除不能违反实体完整性规则和参照完整性规则，一旦出错，应将窗体切换到设计视图，再重新执行。在"研究生管理"数据库中，假设"导师"表和"研究生"表之间已经建立了一对多的关系，这样"导师"表中的导师编号既不能为空，也不可以重复，两次单击"新记录"按钮会生成"导师编号"均为 107 的两条记录，不符合主键的要求。

7.5.2　使用 ADO 记录集的 Update 方法修改记录

下面的步骤可实现记录中数据的更新操作：

（1）寻找并将记录指针移动到需要修改的记录上；

（2）对记录中各个字段的值进行修改；

（3）使用 Update 方法保存所作的更改，如果不执行 Update 则对字段的修改将不予保存。

【例 7-5】在模块"ADO"中添加一个过程 Update_Age，执行后将"导师"表中第 5 条记录的"年龄"字段值修改为 60 岁。注意记录集的 LockType 类型。

```
Sub Update_Age()
    Dim I As Byte
    Dim cnGraduate As ADODB.Connection
    Set cnGraduate = CurrentProject.Connection
    '指定访问导师表
```

```
Dim rsTeacher As ADODB.Recordset
Set rsTeacher = New ADODB.Recordset
rsTeacher.LockType = adLockPessimistic
rsTeacher.Open "导师", cnGraduate, , , adCmdTable
'向尾记录方向跳过 4 条记录，使记录指针指向第 5 条记录
For I = 1 To 4
    rsTeacher.MoveNext
Next I
rsTeacher!年龄 = 60
rsTeacher.Update
End Sub
```

完成后可打开"导师"表验证，导师"金润泽"的年龄由 55 岁修改成 60 岁。

【例 7-6】在例 7-4 窗体上添加一个按钮"女导师添 1 岁"，其作用是将全部女导师的年龄增加 1 岁，窗体保存为"例 7-6"。

本例的思路是：从首条记录开始，遍历全部的记录，对于每条记录"性别"字段进行判别，如果其值为"女"则将该记录的年龄字段值增 1，并用 Update 方法保存修改结果。

```
Private Sub Command6_Click()
    rsTeacher.MoveFirst
    '从首条记录开始，判断每条记录的性别，直到最后一条记录
    Do While Not rsTeacher.EOF
        If rsTeacher!性别 = "女" Then
            rsTeacher!年龄 = rsTeacher!年龄 + 1
            rsTeacher.Update
        End If
        rsTeacher.MoveNext
    Loop
End Sub
```

虽然任何记录任何字段的值可以修改，但修改后的结果不得违反数据完整性约束。

7.5.3 使用 ADO 记录集的 Delete 方法删除记录

在 VBA 程序中用记录集的 Delete 方法删除记录要慎重，因为被删记录是无法恢复的。删除一条记录的步骤包括：

（1）将记录指针移动到需要删除的记录上；

（2）使用记录集对象的 Delete 方法删除当前记录；

（3）将某条记录指定为当前记录。

例如，删除"导师"表中的当前记录，VBA 语句是：

```
rsTeacher.Delete
```

一条记录被删除后，Access 不能自动使下一条记录成为当前记录，此时如果执行语句：

```
MsgBox rsTeacher!姓名
```

将弹出图 7-7 所示的出错提示对话框，类似于在一个空表中读取字段值。

要避免出错，习惯上可使用 MoveNext 方法使被删记录的下一条记录成为当前记录；如果被删记录是最后一条记录，可以用 MoveLast 方法将记录指针定位到最后一条记录（被删记录的上一条）。

【例 7-7】在例 7-6 的窗体中添加一个单击窗体事件过程，删除姓名为"高原"的导师记录（假设"导师"表中没有同名同姓者）。要求找到"高原"后首先确认是否删除，如果"导师"表中不存在"高原"也要用对话框提示。窗体保存为"例 7-7"。窗体运行后，单击窗体的下部，执行相应的事件过程。

```
Private Sub Form_Click()
    Dim Flag As Integer
    '从首记录开始，寻找姓名字段为"高原"的记录
    rsTeacher.MoveFirst
    Do While Not rsTeacher.EOF
        If rsTeacher!姓名 = "高原" Then    '找到记录
            Flag = MsgBox("是否要删除高原？", vbYesNo, "删除确认")
            If Flag = vbYes Then    '确定删除
                rsTeacher.Delete
                MsgBox "记录删除完毕。"
                '设定新的当前记录
                rsTeacher.MoveNext
                '如果被删除记录是原来的尾记录，则转至现在的尾记录
                If rsTeacher.EOF Then rsTeacher.MoveLast
                '因无同名同姓者，删除操作完成，退出过程
                Exit Sub
            ElseIf Flag = vbNo Then        '不删除记录
                MsgBox "放弃删除操作！", , "删除确认"
                Exit Sub
            End If
        End If
        rsTeacher.MoveNext
    Loop
    MsgBox "待删除记录不存在！"
End Sub
```

7.6 用 ADO 技术实现复杂查询

一些复杂的查询用查询向导、查询视图甚至 SQL 命令难以实现，而用 VBA 编程方法则能随心所欲地查找任何所需的数据。

【例 7-8】在"ADO"模块中，用一个名为 Sex 的过程统计并在输出对话框中显示男、女研究生人数比，要求以人数多的一方为 1，并放在右侧，保留两位小数，形如"男:女=0.50:1"或者"女:男=0.43:1"。

提示：从本例开始，为不失一般性，取消了 Connection 对象名的前缀 cn 和 Recordset 对象名的前缀 rs。

分析：本例通过一次遍历全部记录，分别统计出男、女研究生人数，如果男研究生人数多于女生，则男生人数为 1，女研究生人数改成女生人数除以男生人数，反之亦然。程序如下：

```
Sub Sex()
    '统计男、女研究生人数比
    '定义对象、完成与数据库的连接、打开研究生表
    Dim Graduate As ADODB.Connection
    Set Graduate = CurrentProject.Connection
    Dim Student As ADODB.Recordset
    Set Student = New ADODB.Recordset
    Student.Open "研究生", Graduate, , , adCmdTable
    Dim Boy As Integer, Girl As Integer
    'Boy、Girl 分别是男、女研究生人数
    Student.MoveFirst
    Do While Not Student.EOF
        If Student!性别 = "男" Then Boy = Boy + 1
        If Student!性别 = "女" Then Girl = Girl + 1
        ' 考虑到可能有些人的性别值空缺，不使用 Else 子句
        Student.MoveNext
    Loop
    If Girl <= Boy Then     '以男生人数为 1
        MsgBox "女:男=" & Format(Girl / Boy, "0.00") & ":1"
    Else                    '以女生人数为 1
        MsgBox "男:女=" & Format(Boy / Girl, "0.00") & ":1"
    End If
End Sub
```

本例运行后的结果为"女:男=1.00:1"。

【例 7-9】建立窗体"例 7-9"，用列表框显示带教女研究生的男导师姓名，及其所带女研究生的姓名，窗体保存为"例 7-9"，窗体运行界面及结果如图 7-8 所示。

图 7-8　例 7-9 窗体

本例涉及两个数据表，需要建立两个 Recordset 对象。用遍历表的方法检查"导师"表，凡当前记录的"性别"字段为"男"，则从头遍历"研究生"表，通过"导师编号"观察该导师是否带教女研究生，若"研究生"表当前记录的性别字段是"女"且"导师编号"与"导师"表当前记录的"导师编号"一致，则将二者的姓名添加到列表框中，否则忽略，这样通过一个二重循环完成主要工作。本例使用 Form_Load() 事件过程，一打开窗体即显示结果。

窗体的标题被修改为"例 7-9 窗体"，并为列表框的"特殊效果"选择了"凹陷"，以增强立体效果。程序如下：

```
Private Sub Form_Load()
    List0.RowSourceType = "值列表"
    '男导师所带的女研究生
    '定义对象、完成与数据库的连接、打开研究生表
    Dim Graduate As ADODB.Connection        '连接数据库
    Dim Teacher As ADODB.Recordset          '连接导师表
    Dim Student As ADODB.Recordset          '连接研究生表
```

```
Set Graduate = CurrentProject.Connection
Set Teacher = New ADODB.Recordset
Set Student = New ADODB.Recordset
Teacher.Open "导师", Graduate, , , adCmdTable
Student.Open "研究生", Graduate, , , adCmdTable
Teacher.MoveFirst
'遍历导师表，寻找男导师
Do While Not Teacher.EOF
    If Teacher!性别 = "男" Then
        Student.MoveFirst
        '针对当前导师表的导师编号，遍历研究生表寻找相关联的女研究生
        Do While Not Student.EOF
            If Student!性别 = "女" And Student!导师编号 = Teacher!导师编号 Then
                '将二者的姓名添加到列表框中，中间隔开两个空格
                List0.AddItem Teacher!姓名 & "  " & Student!姓名
            End If
            Student.MoveNext        '移动到下一条研究生记录
        Loop
    End If
    Teacher.MoveNext            '移动到下一条导师记录
Loop
End Sub
```

7.7　在 VBA 程序中用 SQL 命令访问数据

SQL 命令可以简化对数据的访问操作，减少 VBA 程序代码长度，特别是有些用记录集对象不能实现的功能，如创建一个新表、更新表结构、删除一个无用的表等，都可以用 SQL 命令完成。

Access 2010 提供了 DoCmd 对象，该对象的 RunSQL 方法可以在 VBA 程序中使用 SQL 命令直接对数据源进行操作，具体包括：

（1）数据定义：表的创建、结构修改、删除表、生成表；

（2）数据操作：数据追加、数据更新、数据删除、数据查询；

（3）建立表间关系（实体完整性和参照完整性）；

（4）索引的建立和删除。

RunSQL 方法的格式为：

```
DoCmd.RunSQL <SQL 命令>
```

其中<SQL 命令>为由一对双引号括起的 SQL 命令，也可以将 SQL 命令作为字符串赋给一个字符串变量，RunSQL 方法执行该字符串变量的内容，格式如：

```
Dim <字符串变量> As String
<字符串变量> =<SQL 命令>
DoCmd.RunSQL <字符串变量>
```

本节教学中，要求读者熟练掌握 SQL 命令的使用。下面通过实例具体说明其用法，注意：凡是不含窗体的过程均保存在标准模块 SQL 中。

7.7.1　在 VBA 程序中用 SQL 命令定义数据

1．创建数据表

SQL 命令创建数据表的简单格式是：

```
CREATE TABLE  <表名>
 (字段名 数据类型 [NULL | NOT NULL] | 字段名 AS 计算表达式[, ...n])
```

【例 7-10】在"SQL"模块中建立名为 Create_Table() 的过程，通过 VBA 语句调用 SQL 命令创建一个名为 Student 的表，该表包括 3 个字段：姓名（6 字节）、年龄、入学日期，程序如下：

```
Sub Create_Table()
    DoCmd.RunSQL "CREATE TABLE Student (姓名 text(6)，年龄 byte，入学日期 date)"
End Sub
```

如果 SQL 命令太长，也可以先将 SQL 命令保存在一个字符串变量中，再由 DoCmd 对象执行：

```
Sub Create_Table()
    Dim Sql As String
    Sql = "CREATE TABLE Student (姓名 text(6)，年龄 byte,入学日期 date)"
    DoCmd.RunSQL Sql
End Sub
```

过程执行后，可在 Access 2010 的表对象中观察是否添加了 Student 表。

2．用 SQL 命令为表增加一个字段

【例 7-11】为 Student 表增加一个货币型的字段"学费"。

```
Sub Add_Field()
    DoCmd.RunSQL "ALTER TABLE Student ADD 学费 CURRENCY"
End Sub
```

3．用 SQL 命令改变字段的类型

【例 7-12】将 Student 表中"年龄"字段的类型修改成整型（smallint）。

```
Sub Alter_Fields_Type()
    DoCmd.RunSQL "ALTER TABLE Student ALTER 年龄 smallint"
End Sub
```

注意：如果字段的新类型与原类型不兼容将造成数据丢失，例如将字段从数字型转换到日期型时。

4．用 SQL 命令改变字段的宽度

【例 7-13】将 Student 表中"姓名"字段的宽度由 6 增加到 10。

```
Sub Alter_Fields_Width()
    DoCmd.RunSQL "ALTER TABLE Student ALTER 姓名 text(10)"
End Sub
```

注意：如果字段的宽度由大变小，则有可能丢失数据。

5．用 SQL 命令删除一个字段

【例 7-14】删除 Student 表中的"年龄"字段。

```
Sub Delete_Field()
```

```
        DoCmd.RunSQL "ALTER TABLE Student DROP 年龄"
End Sub
```

6. 用 SQL 命令删除一个表

【例 7-15】删除 Student 表。

```
Sub Delete_Table()
        DoCmd.RunSQL "DROP TABLE Student"
End Sub
```

7. 修改数据表名称

SQL 命令用 Rename 方法修改对象的名称。

【例 7-16】将 Student 表的名称更改成"学生"。

```
Sub Rename_Table()
        DoCmd.Rename "学生", acTable, "Student"
End Sub
```

7.7.2   在 VBA 程序中用 SQL 命令编辑数据

1. 向表中追加记录

【例 7-17】向 Student 表添加一条记录，并给其中的姓名、年龄和入学日期赋值，分别为'李大明'、20、'2014-9-15'。

首先运行 Create_Table()过程创建 Student 表，然后用下面的 Insert_Table 过程向 Student 表中追加一条记录，注意 VALUES 后的数据与表中字段的顺序一一对应；反复使用 INSERT INTO 命令可输入多条记录。

```
Sub Insert_Table()
        DoCmd.RunSQL "INSERT INTO Student VALUES('李大明', 20, '2014-9-15')"
End Sub
```

说明：

（1）日期型常量可以放在一对单引号中，或者放在一对#中。

（2）记录插入时，Access 弹出对话框要求确认。要省略这一步骤，可选择"文件"菜单中的"选项"命令，在弹出对话框的左边选择"客户端设置"，在右边找到"确认"选项组，取消选择"动作查询"复选框（即去除复选框中的钩"√"）。

有时数据是在 VBA 程序中通过输入对话框等途径获得，需要在 SQL 命令中使用 VBA 变量，方法是用&运算符将变量连接到 SQL 命令中；如果是字符串变量或日期型变量，还需要在这些变量的两侧加上一对单引号。

【例 7-18】在 SQL 命令中使用 VBA 变量，为 Student 表添加一条记录，注意单引号、双引号出现的位置。

```
Sub Insert_Table_VBA()
        Dim S_name As String
        Dim Age As Byte, S_date As Date
        S_name = InputBox("输入学生姓名: ")
        S_date = InputBox("入学日期: ")
```

```
        Age = 21
        DoCmd.RunSQL "INSERT INTO Student VALUES('" & S_name & "'," & Age & ",'"
& S_date & "')"
End Sub
```

2. 修改表中记录

【例 7-19】以"导师"表为例，编写 Update_Table 过程，将表中"李向明"的年龄由 51 改成 40。

```
Sub Update_Table_1()
        DoCmd.RunSQL "UPDATE 导师 SET 年龄=40 WHERE 姓名='李向明'"
End Sub
```

命令 UPDATE 就是更新查询操作。WHERE 是 SQL 命令的一个条件子句，相当于 VB 中的 IF 语句，执行后凡是姓名为"李向明"的记录其年龄值全部为 40。本例中由于"导师"表只有一条记录的"姓名"字段符合条件，故只有一条记录的年龄值发生了变化。

说明：如果本例用 ADO 技术编程解决，则程序中需要用一个循环遍历"导师"表中的全部记录，逐条记录查验"姓名"字段的值是否为"李向明"，是则修改其年龄，然后（否则）继续验证下一条记录，显然代码的长度要高于本例。在 VBA 程序中使用 SQL 命令的最大益处就是简化了程序代码，同时并不降低程序的运行效率。

【例 7-20】将"导师"表中所有女导师的年龄增加 1 岁。

```
Sub Update_Table_2()
        DoCmd.RunSQL "UPDATE 导师 SET 年龄=年龄+1 WHERE 性别='女'"
End Sub
```

3. 删除特定记录

【例 7-21】将"导师"表中年龄在 50 岁以下的记录全部删除。

```
Sub Delete_Record()
        DoCmd.RunSQL "DELETE FROM 导师 WHERE 年龄<50"
End Sub
```

如果要求将"导师"表中低于年龄平均值的导师记录删除，例 7-22 应如何修改？如果要删除小于 X 岁的所有记录，X 的值通过键盘在程序运行时输入，程序怎样修改？

7.7.3　在 VBA 程序中用 SQL 命令实现数据完整性约束

本节讨论为数据表创建主键和建立表间关系，仍以"研究生管理"数据库中的"导师"表和"研究生"表为对象，如果两个表已有主键和外键，请先予以删除；确定"导师"表中的"导师编号"字段和"研究生"表中的"学号"字段没有空值和重复值；确定"研究生"表中的"导师编号"字段的值或者是空值，或者在"导师"表的"导师编号"中出现。

1. 为两个表设置主键

【例 7-22】将"导师"表的"导师编号"字段和"研究生"表的"学号"字段设置为主键，"导师"表和"研究生"表已经存在。

```
Sub Create_Primary()
        DoCmd.RunSQL "Alter Table 导师 Add Primary Key (导师编号)"
        DoCmd.RunSQL "Alter Table 研究生 Add Primary Key (学号)"
```

```
End Sub
```
也可以在用 SQL 命令创建一个新表的同时将某字段设定为主键。

【例 7-23】新建一个 Teacher 表，表中有 4 个字段，分别是 code、name、birthday 和 salary，其中 code 是主键。

```
Sub Create_Table_Primary()
    DoCmd.RunSQL "CREATE TABLE Teacher (code text(3) PRIMARY KEY, name text(6),
birthday date, salary currency)"
End Sub
```

2. 用 SQL 命令设置外键

【例 7-24】将已存在的"研究生"表中"导师编号"设置为外键，对应的参照表是"导师"表。

```
Sub Create_Foreign()
    DoCmd.RunSQL "Alter Table 研究生 Add Foreign Key (导师编号) References 导师"
End Sub
```
用 SQL 命令在创建表的时候也可以同时指定其外键。

【例 7-25】创建 Student 表，字段包括 code、name、sex 和 t_code，将 code 设置为主键，t_code 设置为外键，对应的参照表是 Teacher 表的 code 字段：

```
Sub Create_Table_Foreign()
    DoCmd.RunSQL "Create Table Student (code text(4) Primary Key, name text(6),
sex bit, t_code text(3), Foreign Key (t_code) References Teacher (code))"
End Sub
```
bit 是布尔型变量，在 Access 2010 中其值用"True""False"或"Yes""No"或"On""Off"表示，因为性别通常只能取"男""女"两个值，如果约定"男"为 True，则"女"即为 False。

7.7.4 在 VBA 程序中用 SQL 命令作查询操作

可以在 VBA 程序中用 SQL 命令完成数据查询操作，但与 Access 2010 环境不同，VBA 无法直接将查询结果所返回的记录集按数据表形式显示，解决的办法有两种：

（1）将查询形成的返回记录集生成一个新表保存到数据库中，用 ADO 记录集对象打开这个表进行各种操作，完成后删除这个表。

（2）将返回记录集看成是保存在内存中的一个临时表，用 ADO 记录集对象直接打开该查询命令（临时表）。

"研究生管理"数据库中有"导师"表和"研究生"表，假设两个表已经通过公共属性"导师编号"建立了一对多联系。下面的例子将基于这两个表进行操作。

【例 7-26】在模块 SQL 中添加 Query1 过程，将"导师"表中所有的教授和副教授的姓名、职称和年龄显示在立即窗口中。

本例采用第一种方法，将查询结果生成一个新表 temp，操作完成后再删除此表。由于 Access 2010 标准模块没有界面，少量数据可以用 MsgBox 输出对话框显示，数据量较大时可以用 Print 方法输出到立即窗口（Debug 窗口，模块的调试窗口）中。

```
Sub Query1()
    DoCmd.RunSQL "Select 姓名, 职称, 年龄 Into temp From 导师 Where 职称 in ('教
授','副教授')"
```

```
Dim cnGraduate As ADODB.Connection
Set cnGraduate = CurrentProject.Connection
Dim rsTeacher As ADODB.Recordset
Set rsTeacher = New ADODB.Recordset
rsTeacher.LockType = adLockPessimistic
'打开查询结果记录集构成的表 temp
rsTeacher.Open "temp", cnGraduate, , , adCmdTable
'从首条记录开始，将 temp 表的全部记录输出到立即窗口中
Do While Not rsTeacher.EOF
    Debug.Print rsTeacher!姓名, rsTeacher!职称, rsTeacher!年龄
    rsTeacher.MoveNext
Loop
rsTeacher.Close                    '关闭记录集对象，终止对 temp 的引用
DoCmd.RunSQL "Drop Table temp"     ' 删除数据表 temp
End Sub
```

注意：

（1）SQL 命令中的 Where 子句：

`Where 职称 in ('教授','副教授')`

可改写成：

`Where 职称 ='教授' Or 职称 ='副教授'`

（2）在删除表 temp 之前必须先关闭对表的引用。

程序执行后，先弹出图 7-9（a）所示的对话框，这是生成新表 temp 前的确认，单击"是"
按钮；Debug 窗口输出结果如图 7-9（b）所示，如果 Debug 窗口没有打开，选择"视图"菜单中
的"立即窗口"命令即可。

（a）

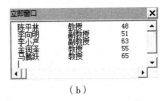
（b）

图 7-9　例 7-26 的查询结果

【例 7-27】在立即窗口中输出一个表，显示全体男导师的姓名及其所带的研究生姓名，不得
在数据库中建立临时表 temp。本例中，为提高可读性，将 SQL 命令赋给一个字符串变量。

```
Sub Query2()
    Dim SQL As String
    SQL = "SELECT t.姓名 as 导师姓名,s.姓名 as 学生姓名 FROM 导师 t,研究生 s WHERE t.
导师编号=s.导师编号 and t.性别='男'"
    Dim cnGraduate As ADODB.Connection
    Set cnGraduate = CurrentProject.Connection
    Dim rsTeacher As ADODB.Recordset
    Set rsTeacher = New ADODB.Recordset
    rsTeacher.LockType = adLockPessimistic
    '打开查询记录集
    rsTeacher.Open SQL, cnGraduate
```

```
'将记录集输出到立即窗口中
Do While Not rsTeacher.EOF
    Debug.Print rsTeacher!导师姓名, rsTeacher!学生姓名
    rsTeacher.MoveNext
Loop
End Sub
```

为缩短 SQL 编码，程序中使用了 t、s 分别作为"导师"表和"研究生"表的别名，运行结果如图 7-10 所示。如果不使用 SQL 命令，就需要用两个记录集对象分别打开两个表，针对"导师"表中的每条记录要遍历一次"研究生"表的全部记录，程序需用双重循环实现，复杂性增大，编程效率降低。

【例 7-28】改写例 7-27，要求不使用 SQL 命令实现相同的功能。程序如下：

图 7-10　例 7-27 的查询结果

```
Sub Update_Age()
    Dim I As Byte
    Dim cnGraduate As ADODB.Connection
    Set cnGraduate = CurrentProject.Connection
    Dim rsTeacher As ADODB.Recordset
    Dim rsStudent As ADODB.Recordset
    Set rsTeacher = New ADODB.Recordset
    Set rsStudent = New ADODB.Recordset
    rsTeacher.LockType = adLockPessimistic
    rsStudent.LockType = adLockPessimistic
    rsTeacher.Open "导师", cnGraduate, , , adCmdTable
    rsStudent.Open "研究生", cnGraduate, , , adCmdTable
    Do While Not rsTeacher.EOF
        rsStudent.MoveFirst
        Do While Not rsStudent.EOF
            If rsTeacher!导师编号 = rsStudent!导师编号 And rsTeacher!性别 = "男" Then
                Debug.Print rsTeacher!姓名, rsStudent!姓名
            End If
            rsStudent.MoveNext
        Loop
        rsTeacher.MoveNext
    Loop
End Sub
```

7.8　访问当前数据库以外的数据库

有时候，一个规模较大的项目可能涉及几个 Access 数据库，除了当前数据库的数据外，还需要使用另外一个或若干个数据库中的数据表。例如，"研究生管理"数据库中包含了"导师"表和"研究生"表，而在 Manage 数据库中则有关于系信息的数据表 Department，要显示每一位导师的姓名及其所在的系名，必须同时打开"研究生管理"数据库和"Manage"数据库。

Access 2010 提供了连接另一个数据库的手段，即 Connection 对象的 Open 方法，其语法格式为：

<Connection 对象>.Open "Provider=<提供者>;Data Source=<数据库名>;User ID=[用户标识];Password=[密码];"

其中，提供者为 Microsoft.Jet.OLEDB.4.0；数据库名包括数据库所在的路径及.Accdb 文件的名称；用户标识为用户的名称，省略则使用默认值 admin；密码若省略则表示没有密码。

下面通过一个涉及两个数据库的实例予以说明。

【例 7-29】在 SQL 模块中编写一个 Sub 过程 Double_Database，通过输入对话框输入一位导师的姓名，用对话框输出该导师的姓名及其所在系，其中"导师"表位于本数据库，而有关信息的 Department 表位于保存在 C 盘根目录下的 Manage 数据库中。

本例首先用一个循环在"导师"表中寻找某位教师，例如"金润泽"，然后根据其"系编号"，再用一个循环在 Manage 数据库的 Department 表中寻找相应的系名，最后将姓名和系名连接成一个字符串，在 MsgBox 对话框中输出。

```
Sub Double_Database()
    Dim cnGraduate As ADODB.Connection
    Set cnGraduate = CurrentProject.Connection
    Dim rsTeacher As ADODB.Recordset
    Set rsTeacher = New ADODB.Recordset
    rsTeacher.LockType = adLockPessimistic
    rsTeacher.Open "导师", cnGraduate, , , adCmdTable
    '建立与另一个数据库 Department 的连接
    Dim Dept As ADODB.Connection
    Set Dept = New ADODB.Connection
    Dept.Open"Provider=Microsoft.Jet.OLEDB.4.0;Data    Source=C:\Manage.mdb;
User ID=;Password=;"
    '访问 Departmrnt 表
    Dim Unit As ADODB.Recordset
    Set Unit = New ADODB.Recordset
    Unit.LockType = adLockOptimistic
    Unit.Open "Department", Dept, , , adCmdTable
    '输入一位导师姓名
    Dim Teacher As String
    Teacher = InputBox("输入导师姓名", "导师名字")
    '在当前数据库的导师表中寻找该导师
    rsTeacher.MoveFirst
    Do While Not rsTeacher.EOF
        If rsTeacher!姓名 = Teacher Then
            Exit Do
        End If
        rsTeacher.MoveNext
    Loop
    '在导师表中完成所有查找，不存在该导师，程序终止运行
    If rsTeacher.EOF Then
        MsgBox "未找到" & Teacher & "!"
```

```
        Exit Sub
    End If
    Unit.MoveFirst
    Do While Not Unit.EOF
        If Unit!系编号 = rsTeacher!系编号 Then
            MsgBox rsTeacher!姓名 & " " & Unit!系名
            Exit Sub
        End If
        Unit.MoveNext
    Loop
End Sub
```

7.9 综合实例

本节围绕"研究生管理"数据库完成一个实例：输入、编辑研究生的考试成绩数据，并据此完成一系列查询、统计工作。

7.9.1 数据源与项目要求

首先在"研究生管理"数据库已包含"系"表、"导师"表和"研究生"表的基础上，向数据库添加一个"课程目录"表，其结构和数据如表 7-2 所示，主键是"课程号"，"教师编号"即"导师"表中的"导师编号"。

表 7-2 "课程目录"表

课 程 号	课程名称	性质	教师编号
001	计算机系统结构	考试	101
002	高级数据库系统	考试	102
003	人工智能	考查	102
004	计算机网络	考试	104
005	组合数学	考查	105
006	图论	考试	105
007	软件工程学	考试	106

"课程目录"表与"研究生"表之间呈"多对多"关系，这种关系必须通过第三个表实现，因此再增加一个"成绩"表，以反映研究生所修的课程及其成绩、考试日期，同时可将数据冗余降到最低。表 7-3 是"成绩"表的结构和部分数据样例，主键是"学号"+"课程号"（复合主键）。

表 7-3 "成绩"部分数据

学号	课程号	考试日期	成绩
13004	004	2013-10-7	88
13015	001	2014-10-2	98

续表

学号	课程号	考试日期	成绩
13015	006	2015–1–7	94
13017	001	2014–5–4	99
13017	002	2014–9–7	94
13017	004	2015–11–8	78
14001	001	2014–9–2	56
14001	002	2015–9–7	73
14001	005	2014–9–7	87
14003	001	2014–9–2	45
14003	002	2014–9–7	34
14003	004	2014–9–7	56
14006	001	2014–9–2	88
14006	002	2014–9–7	58
14007	001	2014–9–2	98
……	……	……	……

　　在数据库中创建这两个表的结构、定义主键（数据留待以后通过窗体输入），然后建立 5 个表之间的关系，如图 7–11 所示。

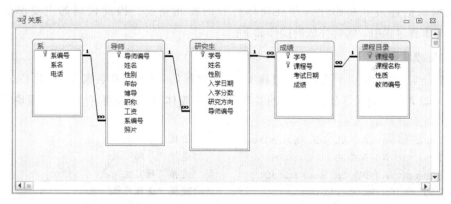

图 7–11　"研究生管理"数据库 5 个表之间的关系

综合实例要求实现以下功能：

（1）输入、编辑、删除研究生所选课程的成绩，数据保存在"成绩"表中。

（2）用各种查询方法统计、查找研究生的成绩信息：

①　在下拉列表框中选择一门课程的名称，在列表框控件中显示修该课的研究生姓名、课程名称、成绩、导师姓名和系名。方法是先建立与 5 个表相关的查询对象，用 ADO 的记录集对象打开该查询，从查询中返回全部记录。

②　用 ADO 技术"手工"编程，通过列表框选择一个研究生姓名，找出该研究生所选全部课程的成绩，在列表框中输出结果。

③　求各课程平均分。以 SQL 的查询命令作为记录集的打开对象，该查询命令包含按"课程

名称"进行分组并使用了 Avg()等函数,结果用 MsgBox 输出对话框输出。

设计的窗体名为"研究生成绩管理与统计",其主体部分是一个选项卡控件,选项卡两个页的标题分别为"编辑数据成绩"和"成绩统计"。本综合实例界面的各个控件按功能不同分为两组,分别保存在两个页上,窗体运行界面如图 7-12 所示。

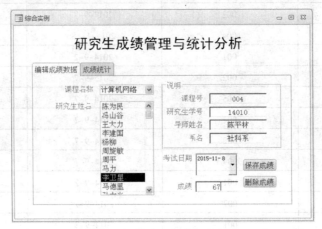

图 7-12　综合实例的运行界面

7.9.2　数据源连接和初始化操作

与数据源的连接和初始化操作在窗体打开的瞬间完成,因此代码的主要部分保存在 Form_Load()事件过程中。需要完成的操作如下:

1. 定义模块级对象

由于整个实例的功能由十几个事件过程实现,各过程几乎都要使用数据表,因此 Connection 对象和 Recordset 对象必须为各个事件过程所共享,需要在窗体的通用段将它们定义为模块级对象:

```
Dim Graduate As ADODB.Connection
Dim Department As ADODB.Recordset        '连接"系"表
Dim Teacher As ADODB.Recordset           '连接"导师"表
Dim Student As ADODB.Recordset           '连接"研究生"表
Dim Course As ADODB.Recordset            '连接"课程目录"表
Dim Grade As ADODB.Recordset             '连接"成绩"表
```

2. 连接数据表,完成部分控件的初始化工作

这部分代码保存在窗体加载事件过程中,具体用途参见代码中的注释语句。

```
Private Sub Form_Load()
    Set Graduate = CurrentProject.Connection
    Set Department = New ADODB.Recordset
    Set Teacher = New ADODB.Recordset
    Set Student = New ADODB.Recordset
    Set Course = New ADODB.Recordset
    Set Grade = New ADODB.Recordset
    Course.LockType = adLockOptimistic
    Grade.LockType = adLockOptimistic
```

```
Department.Open "系", Graduate, , , adCmdTable
Teacher.Open "导师", Graduate, , , adCmdTable
Student.Open "研究生", Graduate, , , adCmdTable
Course.Open "课程目录", Graduate, , , adCmdTable
Grade.Open "成绩", Graduate, , , adCmdTable
'下列四个文本框位于"编辑成绩数据"页，分别显示课程号、研究生学号、导师姓名、系名，其
'内容不允许编辑
Text17.Value = ""
Text19.Value = ""
Text21.Value = ""
Text22.Value = ""
Text26.Value = ""
Text17.Locked = True
Text19.Locked = True
Text21.Locked = True
Text22.Locked = True
'将课程名称输入"编辑成绩数据"页和"成绩统计"页的"课程目录"组合框中
Combo5.RowSourceType = "值列表"
Combo34.RowSourceType = "值列表"
If Not (Course.EOF And Course.BOF) Then        '有课程目录
    Course.MoveFirst
    Do While Not Course.EOF
        Combo5.AddItem Course!课程名称
        Combo34.AddItem Course!课程名称
        Course.MoveNext
    Loop
End If
'为"编辑成绩数据"页和"成绩统计"页的"研究生姓名"组合框添加内容
List8.RowSourceType = "值列表"
List43.RowSourceType = "值列表"
If Not (Student.EOF And Student.BOF) Then     ' "研究生"表中有数据
    Student.MoveFirst
    Do While Not Student.EOF
        List8.AddItem Student!姓名
        List43.AddItem Student!姓名
        Student.MoveNext
    Loop
End If
List8.Value = List8.ItemData(0)               '列表框默认选定第一项
List43.Value = List8.ItemData(0)              '列表框默认选定第一项
End Sub
```

7.9.3　"编辑成绩数据"页

本页界面如图 7-13 所示。

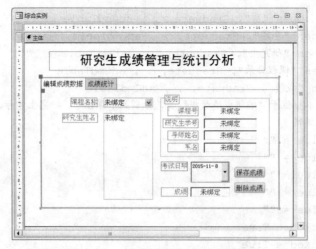

图 7-13　"编辑成绩数据"设计视图

本页利用"课程目录"表的课程名、"研究生"表的姓名向"成绩"表中输入研究生各门课程的成绩。本着尽可能方便用户、减少出错的原则，此处使用"课程名称"组合框和"研究生姓名"列表框让用户通过单击轻松地选择课程名和研究生，用 DTPicker 控件方便用户获取当前日期、输入考试日期。

DTPicker 不是常用控件，其在窗体上的添加方法是：单击"窗体设计工具"|"设计"栏右下角的"其他"按钮，在展开的列表中选择"ActiveX 控件"命令，弹出"插入 ActiveX 控件"对话框，选择"Microsoft Date and Time Picker Control, version 6.0"选项，单击"确定"按钮，如图 7-14 所示。

图 7-14　添加 DTPicker 控件

　　"说明"选项组中的文本框用于验证课程号和研究生姓名的正确性，4 个文本框可根据已输入的课程名称显示其课程号，根据选定的研究生姓名显示其学号、导师姓名和系名；"成绩"文本框用于直接输入某门课程的成绩。

　　与本页相关的事件过程代码及其注释如下：

```
Private Sub Combo5_Click()
    '在"编辑成绩数据"页选择课程名称，并显示相应的课程号
    If Combo5.ListCount = 0 Then Exit Sub
    Course.MoveFirst
    Do While Not Course.EOF
        If Combo5.Value = Course!课程名称 Then
            Text17.Value = Course!课程号
            Exit Sub
        End If
        Course.MoveNext
    Loop
End Sub
Private Sub List8_Click()
    '在"编辑成绩数据"页显示相应的研究生学号、导师姓名、系名
    Student.MoveFirst
    Do While Not Student.EOF      '寻找学号
        If List8.Value = Student!姓名 Then
            Text19.Value = Student!学号
            Exit Do
        End If
        Student.MoveNext
    Loop
    If IsNull(Student!导师编号) Or Student!导师编号 = "" Then
        '该学生没有导师
        Text21.Value = "(没有导师)"
        Text22.Value = "(无归属系)"
        Exit Sub
    End If
    Teacher.MoveFirst
    Do While Not Teacher.EOF      '寻找导师姓名
        If Student!导师编号 = Teacher!导师编号 Then
            Text21.Value = Teacher!姓名
            Exit Do
        End If
        Teacher.MoveNext
    Loop
    Department.MoveFirst          '寻找系名
    Do While Not Department.EOF
        If Teacher!系编号 = Department!系编号 Then
            Text22.Value = Department!系名
            Exit Do
```

```
        End If
        Department.MoveNext
    Loop

    '检查该生是否已有该门课程成绩，若有则将成绩输出到"成绩"文本框中
    If Not (Grade.EOF And Grade.BOF) Then        '成绩表非空
        Grade.MoveFirst
    Else
        Combo4.Value = ""
        Exit Sub
    End If
    '成绩表不为空
    Do While Not Grade.EOF
        If Grade!学号 = Text19.Value And Grade!课程号 = Text17.Value Then
            Exit Do                              '该生已有本课程成绩
        End If
        Grade.MoveNext
    Loop
    If Not Grade.EOF Then                        '成绩存在，显示
        Text26.Value = Grade!成绩
    Else
        Text26.Value = ""
    End If
End Sub
Private Sub Command27_Click()
    '保存成绩
    If Not (Grade.EOF And Grade.BOF) Then        '成绩表非空
        Grade.MoveFirst
    End If
    Do While Not Grade.EOF
        If Grade!学号 = Text19.Value And Grade!课程号 = Text17.Value Then
            Exit Do                              '该生已有本课程成绩
        End If
        Grade.MoveNext
    Loop
    If Text19.Value = "" Then
        MsgBox "缺少学号！", , "出错信息"
        Exit Sub
    End If
    If Text17.Value = "" Then
        MsgBox "缺少课程号！", , "出错信息"
        Exit Sub
    End If
    If Text26.Value = "" Then
        MsgBox "没有输入成绩！", , "出错信息"
        Exit Sub
```

```
        End If
        If DTPicker3.Value = "" Then
            MsgBox "没有指定考试日期! ", , "出错信息"
            Exit Sub
        End If
        If Grade.EOF Then
            Grade.AddNew        '新成绩
        End If
        Grade!学号 = Text19.Value
        Grade!课程号 = Text17.Value
        Grade!成绩 = Text26.Value
        Grade!考试日期 = DTPicker3.Value
        Grade.Update
End Sub
Private Sub Command28_Click()
        '删除学生成绩记录，首先查找该学号学生是否有课程号
        Dim Sure As Integer
        If Grade.BOF And Grade.EOF Then
            MsgBox "成绩不存在", , "出错信息"
            Exit Sub
        End If
        Grade.MoveFirst
        Do While Not Grade.EOF
            '成绩存在
            If Text19.Value = Grade!学号 And Text17.Value = Grade!课程号 Then
                Sure = MsgBox("是否要删除" & List8.Value & "的《" & Combo5.Value & "》
成绩? ", vbYesNo, "删除确认")
                If Sure = vbYes Then
                    Grade.Delete
                    MsgBox "成绩数据已删除", , "提示信息"
                    Combo5.Value = "": List8.Value = "": Text17.Value = "":
Text19.Value = ""
                    Text21.Value = "": Text22.Value = "": Text26.Value = ""
                Else
                    MsgBox "不作删除", , "信息提示"
                End If
                Exit Sub
            End If
            Grade.MoveNext
        Loop
        MsgBox "待删除的成绩不存在! ", , "信息提示"
End Sub
```

7.9.4　"成绩统计"页

本页的功能是实现 5 种统计、查询操作，界面如图 7-15 所示。

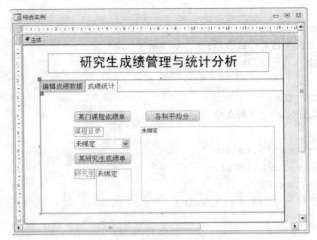

图 7-15 "成绩统计"设计视图

1. 输出某门课程的成绩单

在"课程目录"组合框中选定一门课程名称，然后单击"某门课程成绩单"按钮，窗体将在本页的列表框中输出选修该课程全部研究生的姓名、成绩及其导师姓名、所在系名。

本项功能首先需要定义各表主键，然后建立表间关系并保存，如图 7-16 所示。

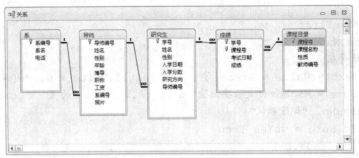

图 7-16 各表之表间关系图

建立一个包含 5 个表部分字段的查询对象"各科成绩单"，用查询设计视图创建该查询，如图 7-17 所示。注意"研究生"表的"姓名"字段与"导师"表的"姓名"字段分别起别名"研究生姓名"和"导师姓名"。

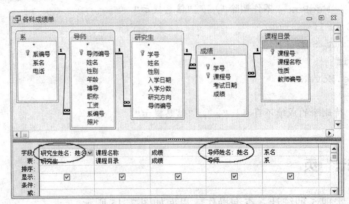

图 7-17 "各科成绩单"查询设计视图

记录集对象再根据已选定的课程名，从查询对象中选择相符的课程在列表框控件中显示，因此记录集对象打开的是一个 SQL 命令结果。代码如下：

```
Private Sub Command33_Click()
    '某一门课的全部学生成绩
    '涉及 5 个表，包括研究生姓名、课程名称、成绩、导师姓名和系名
    '生成一个查询"各科成绩单"供程序使用
    '注意删除成绩表与导师表之间的关系，否则理解为导师给自己的研究生所上的课程
    Dim S As String
    Dim T As ADODB.Recordset
    Set T = New ADODB.Recordset          '将查询结果作为记录集
    If IsNull(Combo34.Value) Then
        MsgBox "尚未选择课程名称! ", , "出错信息"
        Exit Sub
    End If
    T.Open "Select * From 各科成绩单 Where 课程名称='" & Combo34.Value & "'", Graduate
    List41.RowSourceType = "值列表"
    Do While List41.ListCount > 0          '清空列表框
        List41.RemoveItem 0
    Loop
    S = ""                                 '输出内容的字符串变量清空
    If T.EOF = True And T.BOF = True Then Exit Sub     '查询内容为空则退出
    T.MoveFirst
    Do While Not T.EOF
        If T!课程名称 = Combo34.Value Then
            S = Left(T!研究生姓名 & "     ", 4)
            S = S & Left(T!课程名称 & "          ", 8)
            S = S & Left(T!成绩 & "     ", 4)
            S = S & Left(T!导师姓名 & "      ", 4)
            S = S & Left(T!系名 & "          ", 5)
        End If
        List41.AddItem S
        T.MoveNext
    Loop
End Sub
```

图 7-18 所示为以"高级数据库系统"课程为例，显示所得全部成绩。

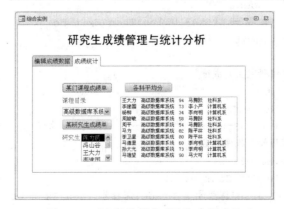

图 7-18　"高级数据库系统"全部成绩

2. 输出某位研究生的成绩单

在"研究生"列表框中选定一个研究生的姓名，单击"某研究生成绩单"按钮，窗体将在列表框控件中输出该生所学的全部课程的名称及成绩数据。图 7-19 所示为研究生李建国的成绩单。

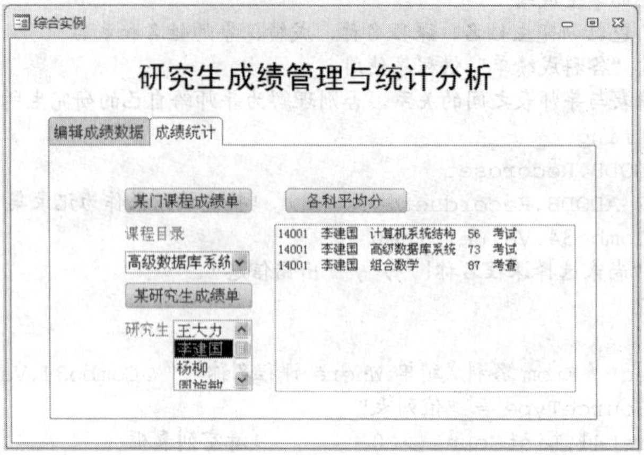

图 7-19　李建国所修全部课程成绩单

本项功能的思路：通过在列表框中选定的研究生姓名，用 ADO 数据访问方法在"研究生"表中找到其对应的学号；根据学号在"成绩"表中找出其全部的课程号和成绩，同时用课程号在"课程目录"表中寻找相应的课程名称，最后在 List 控件中输出。程序如下：

```
Private Sub Command36_Click()
    Dim S As String
    Do While List41.ListCount > 0   '清空列表框
        List41.RemoveItem 0
    Loop
    If IsNull(List43.Value) Then
        MsgBox "未选定研究生姓名", , "出错信息"
        Exit Sub
    End If
    '找出该学生的学号
    Student.MoveFirst
    Do While Not Student.EOF
        If Student!姓名 = List43.Value Then Exit Do
        Student.MoveNext
    Loop
    '在成绩表中寻找该研究生的成绩
    Grade.MoveFirst
    Do While Not Grade.EOF
        If Grade!学号 = Student!学号 Then   '找到一门成绩
            '根据课程号查找课程名称
            Course.MoveFirst
            Do While Not Course.EOF
                If Course!课程号 = Grade!课程号 Then Exit Do
                Course.MoveNext
            Loop
```

```
            S = ""
            S = Student!学号 & "  "
            S = S & Left(Student!姓名 + "    ", 4)
            S = S & Left(Course!课程名称 & "          ", 8)
            S = S & Left(Grade!成绩 & "    ", 4)
            S = S & Course!性质
            List41.AddItem S
        End If
        Grade.MoveNext
    Loop
End Sub
```

3. 各门课程平均分

单击"各科平均分"按扭，可以输出有成绩数据的各门课程的平均分。事件过程涉及的数据源是一个 SQL 查询命令，而"课程目录"表和"成绩"表则为该查询命令的直接数据源，用 Group By 子句按"课程名称"分组，同时用聚集函数 Avg()计算各科平均分，并保留 2 位小数。因输出的数据量较小，实例采用 MsgBox()对话框输出结果，如图 7-20 所示。程序如下：

图 7-20 各科平均分

```
Private Sub Command39_Click()
    '用输出对话框输出考试课程的平均成绩
    Dim S As String
    Dim Temp As ADODB.Recordset
    Set Temp = New ADODB.Recordset      '将查询结果作为记录集
    Temp.Open "Select 课程名称,Round(Avg(Val(成绩)),2) As 平均成绩 From 课程目录
Inner Join 成绩 On 课程目录.课程号=成绩.课程号 Group By 课程名称", Graduate
    Temp.MoveFirst
    Do While Not Temp.EOF
        If Temp!平均成绩 <> 0 Then
            S = S & Chr(13) & Left(Temp!课程名称 & "  ", 6) & vbTab & Temp!平均成绩
        End If
        Temp.MoveNext
    Loop
    MsgBox S, , "各门课程平均分"
End Sub
```

习题与实验

一、思考题

1. ADO 数据访问技术提供了几种对象？编程访问数据库必须使用的对象有哪些？

2. Recordset 对象提供了哪些方法？这些方法的作用是什么？

3. 记录集对象的 Open 方法可打开哪些类型的对象？

4. ADO 技术未使用文本框与记录源字段的绑定，如果已将文本框中的导师年龄由 51 修改成 62，那么数据源怎样实现同步更新？

二、实验题

1. 表 7-4 所示为"数据库原理"课程的成绩单：

表 7-4　"数据库原理"成绩单

学　号	姓　名	成　绩	等　级
201501	刘　伟	96	
201502	秦建中	87	
201503	张　峻	67	
201504	高　萍	92	
201505	林亦明	83	
201506	宋海涛	71	
……	……	……	……

要求创建名为"数据库原理"的窗体，用 VBA 语句编程实现下列功能：

（1）"创建表"按钮，单击即在当前数据库中建立一个"Grade"表，要求用 VBA 程序完成。

（2）"前一记录""后一记录"按钮在数据未录入时均无效，"均方差"文本框亦无效。

（3）当前记录为首记录时"前一记录"按钮无效，当前记录为尾记录时"后一记录"按钮无效。

（4）在"学号"等 3 个文本框中输入新记录数据，单击"保存数据"后予以保存。其中"等级"文本框中不允许输入数据，该字段是计算字段，根据每个学生的"成绩"由程序确定其等级，要求是：85 分及以上为"优秀"，60~84 为"合格"，60 分以下为"不及格"。

（5）数据修改后，单击"保存数据"可保存修改结果。

（6）单击"均方差"文本框，输出全部成绩的均方差值，保留 2 位小数。均方差的计算公式是：$\sqrt{\dfrac{\sum\limits_{i=1}^{n}(x_i-\overline{x})^2}{n-1}}$，其中 n 为成绩个数（记录数），$\overline{x}$ 表示 n 个记录的"成绩"字段平均分。

（7）单击"退出"按钮，窗体运行完毕并关闭。

窗体界面如图 7-21 所示。

2. 新建一个窗体，上有"姓名"组合框、"成绩"文本框和"名次"文本框；要求窗体一运行就自动将 Grade 表中所有记录的姓名输入到组合框中；然后单击组合框的下拉按钮，选择其中任意一个学生姓名，就可在"成绩"文本框中输出他的成绩，同时用"名次"文本框显示其名次（按成绩从高到低排列的位置）。

图 7-21　第 1 题窗体界面

3. 根据第 1 章习题与实验的第 6 题生成一个数据库，并在表视图环境中创建 4 个表，输入全部数据（对"上机记录"表可以适当再添加一些记录）。建立一个模块，要求用 ADO 方法编写若干个过程完成下列操作：

（1）通过输入对话框输入一个日期，统计当天全部上机时数（用 HH:MM:SS 格式显示）及收取的上机费用，用输出对话框显示。过程保存为"当天全部机时"。提示：两个时间值之差的 86 400 倍即两个时刻之间的秒数。

（2）输入一位学生姓名，统计出其在"上机记录"表中的全部上机时数（用 HH:MM:SS 格式显示）及其支付的上机费用，过程保存为"某生全部机时"。

（3）根据"上机记录"表统计 3 位机房管理员值班期间所管理上机学生的人数、平均上机时间，过程保存为"管理员工作量"。

（4）假定上机费已从每分钟 0.05 元改成 0.06 元，而"上机记录"表中的数据是改价前的，仍按 0.05 元/分钟从学生的上机卡中扣除，现机房决定补扣，请编写一个过程根据上机记录表从上机学生的上机卡中一次性扣除所欠的费用，过程保存为"补扣款"。

4. 在"综合实例"的"成绩统计"页上添加一个列表框，输出每位研究生（姓名）的所修全部课程的平均分（未修的课程不列入）。

5. 输出一份清单，内容是导师金润泽所教授课程的名称、听课研究生姓名、成绩及其所在系的系名。

第8章 ┃ 应用案例——手机零售进销存管理系统

本章介绍一个 Access 数据库应用系统的开发案例，内容涉及系统需求分析、系统功能设计、数据表设计、操作界面设计、程序设计和报表输出等环节。读者在学习之后，对于如何设计和开发一套简单的应用系统可以有一个完整的认识，并且能够在此基础上举一反三，这是作者编写本章的主要用意。

本系统可实现进销存管理系统的基本功能，所用数据表尽量简单，字段少，目的是让读者掌握设计思想以及编程技术，尽可能降低代码的复杂度，以免给初学者造成不必要的负担。为了便于系统以后功能的扩展，采用了结构化设计方法，并给读者预留了发挥的空间。

本章主要通过 VBA 编程实现功能需求，包含了常用的数据库操作，如添加、查询、修改和删除等。希望读者在阅读代码时仔细体会这些操作的具体编码实现过程，以便将其掌握并灵活运用于其他系统的开发中。

说明：本章的内容主要作为进阶学习之用，初学者阅读这部分的 VBA 代码可能有一定的难度，因此希望在学习本章之前，应熟练掌握第 5 章~第 7 章的相关知识。

8.1 系统需求分析

系统的需求分析是软件设计的前期工作，要了解用户希望系统所能实现的功能，就如同要盖大楼一样，在施工之前，首先应当知道客户需要盖怎样的大楼，如大楼的大概形状、高度、占地面积的大小等，然后才能进行具体的图纸设计、大楼施工等。对于一个进销存管理系统而言，其主要的任务就是进货、销售及库存管理，流程如图 8-1 所示。

图 8-1　进销存系统的主流程

要设计一个具备基本功能的进销存管理系统，除了进货和销售功能以外，重要的功能还应当包含有查询、修改、删除，这些功能主要还是围绕着进货和销售为中心，因此可将这几部分功能进一步细分为：进货查询、销售查询、库存查询、进货修改、销售修改、进货退货和销售退货。图 8-2 所示给出了更加详细的数据流程图，这是进销存管理系统设计的基础。

系统的主要功能模块基本确定之后，下一步就可以进行系统功能的描述及设计。

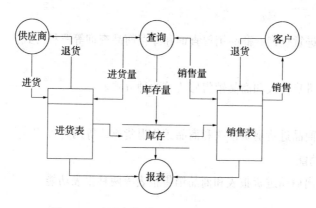

图 8-2　进销存管理系统的数据流程图

8.2　系统总体设计

系统功能设计主要来源于需求分析，在确定用户的具体需求之后，功能设计才能够比较顺利地展开。

8.2.1　系统结构框图

画出系统的结构框图，不仅有助于对整个系统有一个清晰的认识，也便于以后的设计和修改工作。本系统的结构框图如图 8-3 所示。

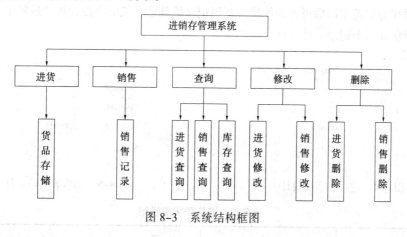

图 8-3　系统结构框图

8.2.2　系统功能概述

本系统较为简单，由前面的需求分析以及结构框图可以得出该系统应具备以下几个基本功能。

1. 进货功能

进货功能主要实现将购入的产品信息保存到数据库进货表中。

2. 销售功能

销售功能主要实现将售出的产品信息记录到数据库销售表中。

3．查询功能

查询分为商品进货查询、商品销售查询和库存商品查询等三种方式。

4．修改功能

修改分为商品进货修改和商品销售修改等两种方式。

5．退货功能

退货修改分为商品进货退货修改和商品销售退货修改等两种方式。

6．报表输出功能

报表需具备输出商品进货报表和商品销售报表等两种报表功能。

8.3　数据表设计

数据表的结构需根据系统的业务数据流进行设计。一个简单的进销存系统的主要数据流为进货和销售，而库存则可以由产品的总进货量减去产品的总销售量，因此系统不需要建立专门的库存表，通过计算可以获得库存量。由此分析可得，一个简单的进销存系统必须有用于保存进货物品的表，同时也应当有记录销售物品的表，而表的字段可以根据需求进行定义。

本系统是为某手机零售店设计的进销存管理数据库，基础表是进货表和销售表，其他所有操作，如查询、修改、删除和输出报表都是基于这两个表进行的。进货表的结构如图 8-4 所示，字段说明如表 8-1 所示；销售表的结构如图 8-5 所示，字段说明如表 8-2 所示。

考虑到同一商品可能进货多次，也可能销售多次，所以两个表中均定义了一个自动编号的IndexID 字段作为主键（以后可改为能唯一标识记录的其他含义的字段，如"进货单号""销售单号"等），以保证每个记录的唯一性。

图 8-4　进货表字段设计　　　　　　　　图 8-5　销售表字段设计

表 8-1　进货表字段说明

字　段　名	数　据　类　型	字　段　大　小	默　认　值
IndexID	自动编号	长整型	
产品编号	文本	50	
产品名称	文本	50	
进货数量	数字	长整型	0
进货价	数字	单精度型	0
进货日期	日期/时间		

表 8-2　销售表字段说明

字　段　名	数　据　类　型	字　段　大　小	默　认　值
IndexID	自动编号	长整型	
产品编号	文本	50	
产品名称	文本	50	
销售数量	数字	长整型	0
销售价	数字	单精度型	0
销售日期	日期/时间		

8.4　系统主界面

在了解系统架构、并完成功能定位、创建数据表之后，接下来的工作就是设计用户操作界面和编写程序代码。

界面设计是软件设计的重要环节之一，软件交付给用户之后，与用户打交道的主要就是软件的界面，因此软件界面设计的好坏很大程度上会影响用户对软件的评价。影响软件界面的因素主要有：界面的人性化、界面的美观度、界面的复杂度等。

界面的人性化主要指界面上的按钮及相关功能是否符合人们的使用习惯，是否有良好的提示或者良好的在线帮助等；界面的美观度主要指界面内容的排版是否美观、颜色搭配是否合理等；界面的复杂度主要指界面的易用性，即界面的设计是否能让用户很快掌握软件的使用方法。

为了使设计的系统便于用户使用，设计一个美观的主界面窗体视图如图 8-6 所示，通过这个窗体，只要单击按钮，就可以非常方便地选择所需的操作。

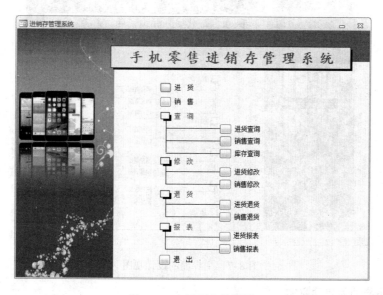

图 8-6　主界面窗体视图

8.4.1 界面设计

1. 窗体主界面设计

主界面的设计视图如图 8-7 所示，窗体左边是图像框控件 Image，通过设置"图片"属性放置了一幅手机标记性映像图片；衬在标签"手机零售商店进销存管理系统"底下的是一个矩形控件，矩形控件的"背景"属性设置的色彩是与左侧标记性映像图片相类似；窗体右下方是若干命令按钮。各命令按钮的名称如下：

① 进货：cmdLoadForm_进货；

② 销售：cmdLoadForm_销售；

③ 进货查询：cmdLoadForm_进货查询；

④ 销售查询：cmdLoadForm_销售查询；

⑤ 库存查询：cmdLoadForm_库存查询；

⑥ 进货修改：cmdLoadForm_进货修改；

⑦ 销售修改：cmdLoadForm_销售修改；

⑧ 进货退货：cmdLoadForm_进货退货；

⑨ 销售退货：cmdLoadForm_销售退货；

⑩ 进货报表：cmdLoadForm_进货报表；

⑪ 销售报表：cmdLoadForm_销售报表；

⑫ 退出：cmdCloseForm。

图 8-7　主界面的设计视图

2. 设置主界面为启动窗体

所谓启动窗体，就是打开数据库时可以自启动的窗体。将系统主界面设置为启动窗体的操作步骤如下：

选择"文件"→"帮助"→"选项"命令，如图 8-8 所示，弹出"Access 选项"对话框，选择"当前数据库"项目，在右侧"显示窗体"下拉列表框中选择"主窗体"选项，设置主界面为启动窗体，如图 8-9 所示。

图 8-8 选择"选项"命令   图 8-9 选择"主窗体"作为启动窗体

8.4.2 代码设计

主界面上的进货、销售、进货查询、销售查询、库存查询、进货修改、销售修改、进货退货、销售退货、进货报表、销售报表和退出 12 个命令按钮如图 8-7 所示，单击这些按钮可打开相应的窗体。程序代码如下：

```
Private Sub cmdLoadForm_进货_Click()        '单击"进货"按钮
    DoCmd.OpenForm "进货"
End Sub
Private Sub cmdLoadForm_销售_Click()        '单击"销售"按钮
    DoCmd.OpenForm "销售"
End Sub
Private Sub cmdLoadForm_进货查询_Click()      '单击"进货查询"按钮
    DoCmd.OpenForm "进货查询"
End Sub
Private Sub cmdLoadForm_销售查询_Click()      '单击"销售查询"按钮
    DoCmd.OpenForm "销售查询"
End Sub
Private Sub cmdLoadForm_库存查询_Click()      '单击"库存查询"按钮
    DoCmd.OpenForm "库存查询"
End Sub
Private Sub cmdLoadForm_进货修改_Click()      '单击"进货修改"按钮
    DoCmd.OpenForm "进货修改"
End Sub
Private Sub cmdLoadForm_销售修改_Click()      '单击"销售修改"按钮
```

```
        DoCmd.OpenForm "销售修改"
    End Sub
    Private Sub cmdLoadForm_进货退货_Click()        '单击"进货退货"按钮
        DoCmd.OpenForm "进货退货"
    End Sub
    Private Sub cmdLoadForm_销售退货_Click()        '单击"销售退货"按钮
        DoCmd.OpenForm "销售退货"
    End Sub
    Private Sub cmdLoadForm_进货报表_Click()        '单击"进货报表"按钮
        On Error Resume Next                    '如果出错,从出错语句的下条语句恢复运行
        DoCmd.OpenReport "进货报表", acViewPreview
    End Sub
    Private Sub cmdLoadForm_销售报表_Click()        '单击"销售报表"按钮
        On Error Resume Next
        DoCmd.OpenReport "销售报表", acViewPreview
    End Sub
    Private Sub cmdCloseForm_Click()               '单击"退出"按钮
        DoCmd.Close
    End Sub
```

说明:

(1)"库存查询"窗体需读者自己建立(本章实验题 1)。

(2)单击"进货报表"按钮后,首先弹出图 8-10 所示的对话框,设置进货的起始日期和终止日期后,单击"确定"按钮可打开相应的报表,单击"取消"按钮则不打开报表。详见 8.10.3 小节"报表设计"。

(3)若"进货报表"按钮的 Click 事件过程中没有"On Error Resume Next"语句,则单击"取消"按钮时,打开"进货报表"的语句"DoCmd.OpenReport "进货报表", acViewPreview"无法执行,将弹出图 8-11 所示的出错提示对话框。同理,"销售报表"按钮的 Click 事件过程中也需加上"On Error Resume Next"语句。

图 8-10　确定报表进货日期范围

图 8-11　提示打开报表的操作被取消

8.5　进 货 模 块

进货窗体模块可实现:保存进货商品的产品编号、产品名称、进货数量、进货价和进货日期等数据到数据库进货表相应字段的功能。

8.5.1　界面设计

进货窗体的操作界面如图 8-12 所示，提供的输入文本框有产品编号、产品名称、进货数量、进货价和进货日期；命令按钮有输入重置、入库保存、退出。

进货窗体的格式属性设置如图 8-13 所示，窗体上部分与编程有关的控件说明如表 8-3 所示。

图 8-12　进货窗体的设计视图　　　　　　　图 8-13　进货窗体的格式属性

表 8-3　进货窗体上的部分控件说明

标　题	名　称	控件类别	输入法模式
产品编号	GoodsNumber	文本框	关闭
产品名称	GoodsName	文本框	开启
进货数量	PurchaseQuantity	文本框	关闭
进货价	PurchasePrice	文本框	关闭
进货日期	PurchaseDate	文本框	关闭
提示	Tip	标签	
输入重置	cmdAddRecord	命令按钮	
入库保存	cmdSaveRecord	命令按钮	
退出	cmdExitWindow	命令按钮	

8.5.2　代码设计

提示：在进行程序代码调试时，如出现"用户定义类型未定义"编译错误，是因为数据对象未引用，添加数据对象引用的方法如下：选择"数据库工具"选项卡的"宏"组，单击"Visual Basic 编辑器"，打开 Visual Basic for Applications 窗口，执行"工具/引用"命令，打开"引用"对话框，选中"Microsoft ActiveX Data Object 2.8"项，单击"确定"按钮，关闭对话框，即实现了数据对象的引用。

进货功能是通过图 8-12 所示的进货窗体实现的，该窗体中 3 个命令按钮的单击（Click）事件过程所实现的功能是：

（1）"输入重置"按钮，将所有可输入的文本框清空，为下一次输入做准备。

（2）"入库保存"按钮，将文本框中的输入内容保存到进货表中。保存前要判断用户是否输入了产品编号、产品名称、进货数量和进货价，如果有一项没有输入，则给出"请正确输入产品信息"的提示。进货日期默认为当前日期，可以不输入。

（3）"退出"按钮，关闭当前窗体。

进货窗体的程序代码如下：

```
'定义模块级变量
Dim cnGoods As ADODB.Connection, rsGoods As ADODB.Recordset
Private Sub IntizTextBox()                    '通用过程：初始化文本框和提示标签
    GoodsNumber.Value = ""
    GoodsName.Value = ""
    PurchaseQuantity.Value = 0
    PurchasePrice.Value = 0
    PurchaseDate.Value = Date
    Tip.Caption = ""
    GoodsNumber.SetFocus                      '进货日期默认为当前日期
End Sub
Private Sub PrintTip(Info As String)          '通用过程：显示提示信息
    Tip.Caption = Info
End Sub
Private Sub Form_Load()                       '窗体装入：建立连接并打开进货表
    Set cnGoods = CurrentProject.Connection
    Set rsGoods = New ADODB.Recordset
    rsGoods.LockType = adLockPessimistic
    rsGoods.Open "进货表", cnGoods, , , adCmdTable
    Call IntizTextBox
    Call PrintTip("提示：")
End Sub
Private Sub cmdSaveRecord_Click()             '单击"入库保存"按钮
    Dim x1 As String, x2 As String, x3 As Long, x4 As Single
    x1 = GoodsNumber.Value: x2 = GoodsName.Value
    x3 = PurchaseQuantity.Value: x4 = PurchasePrice.Value
    If x1 <> "" And x2 <> "" And x3 <> 0 And x4 <> 0 Then
        rsGoods.AddNew
        rsGoods![产品编号] = x1
        rsGoods![产品名称] = x2
        rsGoods![进货数量] = x3
        rsGoods![进货价] = x4
        rsGoods![进货日期] = PurchaseDate.Value
        rsGoods.Update
        Call PrintTip("提示：保存完毕!")
    Else
        Call PrintTip("提示：请正确输入产品信息")
    End If
End Sub
```

```
Private Sub cmdAddRecord_Click()          '单击"输入重置"按钮
    Call IntizTextBox
End Sub
Private Sub cmdExitWindow_Click()          '单击"退出"按钮
    DoCmd.Close
End Sub
```

8.6　销　售　模　块

销售窗体模块可实现：保存销售商品的产品编号、产品名称、销售数量、销售价和销售日期等数据到数据库销售表相应字段的功能。

8.6.1　界面设计

销售窗体的操作界面如图 8-14 所示，提供的输入文本框有产品编号、产品名称、销售数量、销售价和销售日期；命令按钮有输入重置、销售保存和退出。

销售窗体的格式属性设置与进货窗体相同，提示标签和 3 个命令按钮的名称与进货窗体上的相应控件的名称相同，其他与编程有关的控件说明如表 8-4 所示。

图 8-14　销售窗体的设计视图

表 8-4　销售窗体上的部分控件说明

标　　题	名　　称	控件类别	输入法模式
产品编号	GoodsNumber	文本框	关闭
产品名称	GoodsName	文本框	开启
销售数量	SellingQuantity	文本框	关闭
销售价	SellingPrice	文本框	关闭
销售日期	SellingDate	文本框	关闭

8.6.2 代码设计

销售功能是通过如图 8-14 所示销售窗体实现的，该窗体中 3 个命令按钮的单击（Click）事件过程所实现的功能如下：

（1）"输入重置"按钮，将所有可输入的文本框清空，为下一次输入做准备。

（2）"销售保存"按钮，将文本框中的输入内容保存到销售表中。保存前要判断销售条件是否满足，即进货表是否为空，如果不为空，还要判断是否存在要销售的产品。只有存在要销售的产品，才能将销售数据保存到销售表中。

说明：这里没有对销售数量进行判断，即销售数量应该小于等于库存，留给读者进行修改完善。

（3）"退出"按钮，关闭当前窗体。

销售窗体的程序代码如下：

```
'定义模块级变量和常量
Dim cnGoods As ADODB.Connection
Dim rsGoods As ADODB.Recordset
Dim rsPurchGoods As ADODB.Recordset
Const FOUND = 1
Const UNFOUND = 0
Const DB_ERROR = -1
Private Sub IntizTextBox()                      '通用过程：初始化文本框和提示标签
    GoodsNumber.Value = ""
    GoodsName.Value = ""
    SellingQuantity.Value = 0
    SellingPrice.Value = 0
    SellingDate.Value = Date
    Tip.Caption = ""
    GoodsNumber.SetFocus
End Sub
'通用函数过程：判断销售条件是否满足
Private Function SearchGoods(sNumber As String, sName As String)
    If rsPurchGoods.BOF And rsPurchGoods.EOF Then        '判断进货表是否为空
        SearchGoods = DB_ERROR
        Exit Function
    End If
    rsPurchGoods.MoveFirst
    Do While Not rsPurchGoods.EOF            '判断是否存在要销售的产品
        If sNumber = rsPurchGoods![产品编号] And sName = rsPurchGoods![产品名称] Then
            SearchGoods = FOUND
            Exit Do
        Else
            rsPurchGoods.MoveNext
            If rsPurchGoods.EOF Then
```

```
                SearchGoods = UNFOUND
                Exit Do
            End If
        End If
    Loop
    rsPurchGoods.MoveFirst
End Function
Private Sub PrintTip(Info As String)      '通用过程: 显示提示信息
    Tip.Caption = Info
End Sub
Private Sub Form_Load()                    '窗体装入: 建立连接并打开销售表
    Set cnGoods = CurrentProject.Connection
    Set rsGoods = New ADODB.Recordset
    rsGoods.LockType = adLockPessimistic
    rsGoods.Open "销售表", cnGoods, , , adCmdTable
    Set rsPurchGoods = New ADODB.Recordset
    rsPurchGoods.LockType = adLockPessimistic
    rsPurchGoods.Open "进货表", cnGoods, , , adCmdTable
    Call IntizTextBox
    Call PrintTip("提示: ")
End Sub
Private Sub cmdSaveRecord_Click()          '单击"销售保存"按钮
    Dim Status As Long
    Status = SearchGoods(GoodsNumber.Value, GoodsName.Value)
    If Status = FOUND Then
        rsGoods.AddNew
        rsGoods![产品编号] = GoodsNumber.Value
        rsGoods![产品名称] = GoodsName.Value
        rsGoods![销售数量] = SellingQuantity
        rsGoods![销售价] = SellingPrice.Value
        rsGoods![销售日期] = SellingDate.Value
        rsGoods.Update
        Call PrintTip("提示: 保存完毕!")
    ElseIf Status = UNFOUND Then
        Call PrintTip("提示: 该产品从来没有进过货, 销售失败!")
    ElseIf Status = DB_ERROR Then
        Call PrintTip("提示: 数据库中无任何产品可销售, 请及时添加!")
    End If
End Sub
Private Sub cmdAddRecord_Click()           '单击"输入重置"按钮
    Call IntizTextBox
End Sub
Private Sub cmdExitWindow_Click()          '单击"退出"按钮
    DoCmd.Close
End Sub
```

8.7 查 询 模 块

查询模块包括进货查询、销售查询和库存查询等三个功能模块。

1. 进货查询模块

进货查询是通过产品编号及进货日期进行查询，查询结果输出到窗体中，包含有产品编号、产品名称、进货数量、进货价和进货日期等产品信息。

2. 销售查询模块

销售查询是通过产品编号以及销售日期进行查询，查询结果输出到窗体中，包含有产品编号、产品名称、销售数量、销售价和销售日期等产品信息。

3. 库存查询模块

库存查询只能通过产品编号进行查询，查询结果输出到窗体中，包含有产品编号、产品名称、总进货数量、总销售数量、库存量等库存产品信息。

说明：库存查询将作为本章的实验题，请读者自行设计完成。

8.7.1 进货查询模块

1. 界面设计

进货查询窗体界面如图 8-15 所示，窗体中显示的产品信息有产品编号、产品名称、进货数量、进货价和进货日期；用于输入查询条件的文本框有产品编号和进货日期；命令按钮有：查找、上一条记录、下一条记录和退出。

图 8-15 进货查询窗体的设计视图

进货查询窗体的格式属性设置与进货窗体相同，其他与编程有关的控件说明如表 8-5 所示。

说明：用于显示信息的文本框不允许用户编辑，为避免误操作，需将它们的"是否锁定"属性设置为"是"。

表 8-5　进货查询窗体上的部分控件说明

标　题	名　称	控件类别	属　性
请输入产品编号	SearchGoodsNumber	文本框	输入法关闭
进货日期	SearchPurchDate	文本框	输入法关闭
产品编号	GoodsNumber	文本框	锁定
产品名称	GoodsName	文本框	锁定
进货数量	PurchaseQuantity	文本框	锁定
进货价	PurchasePrice	文本框	锁定
进货日期	PurchaseDate	文本框	锁定
提示	Tip	标签	
查找	cmdSearch	命令按钮	
上一条记录	cmdMovePrev	命令按钮	
下一条记录	cmdMoveNext	命令按钮	
退出	cmdExitWindow	命令按钮	

2．代码设计

进货查询功能是通过图 8-15 所示的进货查询窗体实现的，该窗体中"查找"按钮的功能是：当用户输入产品编号及进货日期之后，单击该按钮即调用自定义的 SearchGoods 函数查找对应日期的产品，如果找到则将进货信息输出到下面的文本框中，找不到则输出"您要查找的产品不存在，请确认进货日期或产品编号是否正确。"的提示；如果进货表为空，则输出"当前数据库中没有任何产品记录。"的提示；如果不输入产品编号就单击"查找"按钮，则输出"请输入您需要查询的产品编号。"的提示。

如果查找结果不止一条记录，即某个日期存在多条进货记录，可单击"上一条记录"或"下一条记录"按钮进行查看。

进货查询窗体的程序代码如下：

```
'定义模块级变量、常量和数组
Dim cnGoods As ADODB.Connection
Dim rsGoods As ADODB.Recordset
Dim TotalRecord As Long          '统计总共符合条件的产品数目
Dim CurrPosition As Long         '存放数组的当前下标
Const MAX = 1000                 '数组最大下标
Const FOUND = 1
Const UNFOUND = 0
Const DB_ERROR = -1
Dim arrGoodsName(MAX) As String
Dim arrGoodsNumber(MAX) As String
Dim arrGoodsQuantity(MAX) As Integer
Dim arrGoodsPrice(MAX) As Single
Dim arrGoodsPurchDate(MAX) As Date
Private Sub IntizTextBox()        '通用过程: 初始化文本框
    GoodsNumber.Value = ""
    GoodsName.Value = ""
```

```
        PurchaseQuantity.Value = 0
        PurchasePrice.Value = 0
        PurchaseDate.Value = ""
        SearchGoodsNumber.Value = ""
        SearchPurchDate.Value = Date
        SearchGoodsNumber.SetFocus
    End Sub
    Private Sub PrintTip(Info As String)          '通用过程: 显示提示信息
        Tip.Caption = Info
    End Sub
    '通用函数过程: 判断可否查找到指定日期的指定产品
    Private Function SearchGoods(Number As String, PurchDate As Date)
        If rsGoods.BOF And rsGoods.EOF Then       '判断进货表是否为空
            SearchGoods = DB_ERROR
            Exit Function
        End If
        rsGoods.MoveFirst
        TotalRecord = 0
        Do While Not rsGoods.EOF                       '找到查询的记录，则赋值给数组
          If Number = rsGoods![产品编号] And PurchDate = rsGoods![进货日期] Then
              arrGoodsName(TotalRecord) = rsGoods![产品名称]
              arrGoodsNumber(TotalRecord) = rsGoods![产品编号]
              arrGoodsQuantity(TotalRecord) = rsGoods![进货数量]
              arrGoodsPrice(TotalRecord) = rsGoods![进货价]
              arrGoodsPurchDate(TotalRecord) = rsGoods![进货日期]
              TotalRecord = TotalRecord + 1
              rsGoods.MoveNext
          Else
              rsGoods.MoveNext
              If rsGoods.EOF Then
                  SearchGoodsNumber.SetFocus
                  Exit Do
              End If
          End If
        Loop
        rsGoods.MoveFirst
        If TotalRecord <= 0 Then
            SearchGoods = UNFOUND
        Else
            SearchGoods = FOUND                        '找到查询的记录
        End If
    End Function
    Private Sub PrintGoodsInfo()                  '通用过程: 将当前数组元素的内容输出到文本框
        GoodsNumber.Value = arrGoodsNumber(CurrPosition)
        GoodsName.Value = arrGoodsName(CurrPosition)
        PurchaseQuantity = arrGoodsQuantity(CurrPosition)
```

```
       PurchasePrice.Value = arrGoodsPrice(CurrPosition)
       PurchaseDate.Value = arrGoodsPurchDate(CurrPosition)
       SearchGoodsNumber.SetFocus
   End Sub
   Private Sub ClearArray()               '通用过程: 清除数组内容
       Dim i As Long
       For i = 0 To MAX
           arrGoodsName(i) = ""
           arrGoodsNumber(i) = ""
           arrGoodsQuantity(i) = 0
           arrGoodsPrice(i) = 0
           arrGoodsPurchDate(i) = 0 - 0 - 0
       Next i
   End Sub
   Private Sub Form_Load()                '窗体装入: 建立连接并打开进货表
       Set cnGoods = CurrentProject.Connection
       Set rsGoods = New ADODB.Recordset
       rsGoods.LockType = adLockPessimistic
       rsGoods.Open "进货表", cnGoods, , , adCmdTable
       Call IntizTextBox
       CurrPosition = 0
   End Sub
   Private Sub cmdMoveNext_Click()        '单击 "下一条记录" 按钮
       If CurrPosition < (TotalRecord - 1) Then
           CurrPosition = CurrPosition + 1
           Call PrintGoodsInfo
       End If
   End Sub
   Private Sub cmdMovePrev_Click()        '单击 "上一条记录" 按钮
       If CurrPosition > 0 Then
           CurrPosition = CurrPosition - 1
           Call PrintGoodsInfo
       End If
   End Sub
   Private Sub cmdExitWindow_Click()      '单击 "退出" 按钮
     DoCmd.Close
   End Sub
   Private Sub cmdSearch_Click()          '单击 "查找" 按钮
       Dim Status As Long
       If SearchGoodsNumber.Value <> "" Then   '如果输入的产品编号不为空
         If Not rsGoods.BOF Or Not rsGoods.EOF Then
           Call ClearArray
           '查找产品
           Status = SearchGoods(SearchGoodsNumber.Value, SearchPurchDate.Value)
           If Status = FOUND Then
               Call PrintGoodsInfo        '将产品信息显示到文本框
```

```
        Call PrintTip("提示:共找到" & TotalRecord & "件产品")
    ElseIf Status = UNFOUND Then
        Call PrintTip("提示:您要查找的产品不存在,请确认进货日期或产品编号是否正确。")
    Else
        Call PrintTip("提示:抱歉!程序出现错误,无法完成查询。")
    End If
    Else
        Call PrintTip("提示:当前数据库中没有任何产品记录。")
    End If
    Else
        Call PrintTip("提示:请输入您需要查询的产品编号。")
    End If
End Sub
Private Sub SearchGoodsNumber_Change()
    '一输入产品编号,则清空显示数据的文本框
    GoodsNumber.Value = ""
    GoodsName.Value = ""
    PurchaseQuantity.Value = 0
    PurchasePrice.Value = 0
    PurchaseDate.Value = ""
    Call PrintTip("")
End Sub
```

8.7.2 销售查询模块

1. 界面设计

销售查询窗体界面如图 8-16 所示,窗体中显示的产品信息有产品编号、产品名称、销售数量、销售价和销售日期;用于输入查询条件的文本框有产品编号和销售日期;命令按钮有:查找、上一条记录、下一条记录和退出。

图 8-16　销售查询窗体的设计视图

销售查询窗体的格式属性设置与进货查询窗体相同，提示标签和 4 个命令按钮的名称与进货查询窗体上的相应控件的名称相同，其他与编程有关的控件说明如表 8-6 所示。与进货查询相同，将用于显示信息的文本框的"是否锁定"属性设置为"是"。

表 8-6　销售查询窗体上的部分控件说明

标　题	名　称	控 件 类 别	属　性
请输入产品编号	SearchGoodsNumber	文本框	输入法关闭
销售日期	SearchPurchDate	文本框	输入法关闭
产品编号	GoodsNumber	文本框	锁定
产品名称	GoodsName	文本框	锁定
销售数量	SellingQuantity	文本框	锁定
销售价	SellingPrice	文本框	锁定
销售日期	SellingDate	文本框	锁定

2. 代码设计

销售查询功能是通过如图 8-16 所示销售查询窗体实现的，程序代码与进货查询窗体的程序代码几乎相同，这里不再给出。

提示：销售查询是对销售表进行操作，因此可复制进货查询窗体的程序代码，将其中的"进货"两字改为"销售"，将控件名称 PurchaseQuantity（进货数量）、PurchasePrice（进货价）和 PurchaseDate（进货日期）分别改为 SellingQuantity（销售数量）、SellingPrice（销售价）和 SellingDate（销售日期），将查询日期的控件名称 SearchPurchDate（查询进货日期）改为 SearchSellingDate（查询销售日期），将数组名 arrGoodsPurchDate 改为 arrGoodsSellingDate。

8.8　修 改 模 块

修改模块包括进货修改和销售修改等两个功能模块。

1. 进货修改模块

先通过产品编号以及进货日期进行查询，然后将查询结果输出到窗体中供用户修改。可修改的产品信息包含产品编号、产品名称、进货数量、进货价和进货日期。

2. 销售修改模块

先通过产品编号以及销售日期进行查询，然后将查询结果输出到窗体中供用户修改。可修改的产品信息包含产品编号、产品名称、销售数量、销售价和销售日期。

8.8.1　进货修改模块

1. 界面设计

进货修改窗体界面如图 8-17 所示，查找到指定产品后才能进行修改操作。窗体中显示的产品信息有产品编号、产品名称、进货数量、进货价和进货日期；用于输入查询条件的文本框有产品编号和进货日期；命令按钮有：查找、上一条记录、下一条记录、修改数据、取消修改、更新数据库和退出。

窗体上和编程有关的控件说明如表 8-7 所示，这里先将显示进货信息的各文本框的"是否锁定"属性设置为"是"。

图 8-17　进货修改窗体设计视图

表 8-7　进货修改窗体上的部分控件说明

标　题	名　称	控件类别	属　性
请输入产品编号	SearchGoodsNumber	文本框	输入法关闭
进货日期	SearchPurchDate	文本框	输入法关闭
产品编号	GoodsNumber	文本框	锁定、输入法关闭
产品名称	GoodsName	文本框	锁定、输入法开启
进货数量	PurchaseQuantity	文本框	锁定、输入法关闭
进货价	PurchasePrice	文本框	锁定、输入法关闭
进货日期	PurchaseDate	文本框	锁定、输入法关闭
提示	Tip	标签	
查找	cmdSearch	命令按钮	
上一条记录	cmdMovePrev	命令按钮	
下一条记录	cmdMoveNext	命令按钮	
修改数据	cmdModify	命令按钮	
取消修改	cmdUndoModified	命令按钮	
更新数据库	cmdUpdate	命令按钮	
退出	cmdExitWindow	命令按钮	

2．代码设计

进货修改功能是通过图 8-17 所示进货修改窗体实现的，查找到指定产品后才能进行修改操作。该窗体中各按钮的单击（Click）事件响应代码完成的功能如下：

"查找"按钮：当用户输入产品编号及进货日期之后，单击该按钮即调用自定义的 SearchGoods 函数查找对应日期的产品，如果找到则将进货信息输出到下面的文本框中，并使"修改数据"按钮可用；找不到则输出"您要查找的产品不存在，请确认进货日期或产品编号是否正确。"的提示；如果进货表为空，则输出"当前数据库中没有任何产品记录。"的提示；如果不输入产品编号就单击"查找"按钮，则输出"请输入您需要查询的产品编号。"的提示。

"上一条记录"或"下一条记录"按钮：如果查找结果不止一条记录，即某个日期存在多条进货记录，可单击这两个按钮前后查看。

修改数据：单击该按钮，则解锁产品进货信息文本框，同时使"取消修改"和"更新数据库"按钮可用。

取消修改：单击该按钮，则锁定产品进货信息文本框，同时将当前数组元素的内容输出到文本框中。当前数组中保存的是更改前的记录数据（参见 SearchGoods 函数），并使"更新数据库"按钮不可用，使"修改数据"按钮可用。

更新数据库：单击该按钮，首先调用自定义的 MoveToGoods 函数，将记录指针移动到"产品编号""进货日期"和 IndexID 与当前数组元素匹配的记录位置，然后用产品进货信息文本框中的数据替换记录的原有数据（通过赋值语句）。产品信息更新后，还要重新执行原查询操作（因为相同日期相同产品编号的记录可能不止一条）。

说明：该窗体的通用过程与部分事件过程与进货查询窗体的相关过程完全相同或相似，请读者仔细体会，找出规律，举一反三。

进货修改窗体的程序代码如下：

```
'定义模块级变量
Dim cnGoods As ADODB.Connection
Dim rsGoods As ADODB.Recordset
Dim TotalRecord As Long          '统计总共符合条件的产品数目
Dim CurrPosition As Long         '数组当前的下标数
Const MAX = 1000                 '数组最大下标
Const FOUND = 1
Const UNFOUND = 0
Const DB_ERROR = -1
Dim arrIndexID(MAX) As Long
Dim arrGoodsName(MAX) As String
Dim arrGoodsNumber(MAX) As String
Dim arrGoodsQuantity(MAX) As Integer
Dim arrGoodsPrice(MAX) As Single
Dim arrGoodsPurchDate(MAX) As Date
Private Sub IntizTextBox()    '通用过程：初始化文本框
    GoodsNumber.Value = ""
    GoodsName.Value = ""
    PurchaseQuantity.Value = 0
    PurchasePrice.Value = 0
    PurchaseDate.Value = ""
    SearchGoodsNumber.Value = ""
    SearchPurchDate.Value = Date
    SearchGoodsNumber.SetFocus
End Sub
```

```
    Private Sub UnLockTextBox()          '通用过程: 使所有进货信息文本框不可编辑
        GoodsNumber.Locked = False
        GoodsName.Locked = False
        PurchaseQuantity.Locked = False
        PurchasePrice.Locked = False
        PurchaseDate.Locked = False
        GoodsNumber.SetFocus
    End Sub
    Private Sub LockTextBox()            '通用过程: 使所有进货信息文本框可编辑
        GoodsNumber.Locked = True
        GoodsName.Locked = True
        PurchaseQuantity.Locked = True
        PurchasePrice.Locked = True
        PurchaseDate.Locked = True
        SearchGoodsNumber.SetFocus
    End Sub
    Private Sub PrintTip(Info As String)    '通用过程: 显示提示信息
        Tip.Caption = Info
    End Sub
    '通用函数过程: 判断可否查找到指定日期的指定产品
    '注: 此过程比进货查询中的相同过程只多了一条语句。因为相同日期相同产品
    '编号的产品可能不止一条(IndexID 不重复), 修改时要准确定位
    Private Function SearchGoods(Number As String, PurchDate As Date)
      If rsGoods.BOF And rsGoods.EOF Then    '判断进货表是否为空
          SearchGoods = DB_ERROR
          Exit Function
      End If
      rsGoods.MoveFirst
      TotalRecord = 0
      Do While Not rsGoods.EOF
        If Number = rsGoods![产品编号] And PurchDate = rsGoods![进货日期] Then
            arrIndexID(TotalRecord) = rsGoods![IndexID]
            arrGoodsName(TotalRecord) = rsGoods![产品名称]
            arrGoodsNumber(TotalRecord) = rsGoods![产品编号]
            arrGoodsQuantity(TotalRecord) = rsGoods![进货数量]
            arrGoodsPrice(TotalRecord) = rsGoods![进货价]
            arrGoodsPurchDate(TotalRecord) = rsGoods![进货日期]
            TotalRecord = TotalRecord + 1
            rsGoods.MoveNext
        Else
            rsGoods.MoveNext
            If rsGoods.EOF Then
                SearchGoodsNumber.SetFocus
                Exit Do
            End If
        End If
```

```
    Loop
    If TotalRecord <= 0 Then
        SearchGoods = UNFOUND
    Else
        SearchGoods = FOUND
    End If
End Function
'通用函数过程: 记录指针移动到 "产品编号" "进货日期" 和 IndexID 与当前数组元素匹配的记录
'位置。注: 因为是查到后才调用该函数, 所以正常情况肯定 FOUND, 除非单击 "更新数据库" 按钮前
'又手动更改了查询参数。
Private Function MoveToGoods(IndexID As Long, Number As String, PurchDate As Date)
    Dim Tag As Integer
    rsGoods.MoveFirst
    Tag = 0
    Do While Not rsGoods.EOF
        If Number = rsGoods![产品编号] And PurchDate = rsGoods![进货日期] And IndexID =
rsGoods![IndexID] Then
            Tag = 1
            Exit Do
        Else
            rsGoods.MoveNext
            If rsGoods.EOF Then
                SearchGoodsNumber.SetFocus
                Exit Do
            End If
        End If
    Loop
    If Tag = 0 Then
        MoveToGoods = UNFOUND
    Else
        MoveToGoods = FOUND
    End If
End Function
Private Sub PrintGoodsInfo()          '通用过程: 将当前数组元素的内容输出到文本框中
    If arrGoodsNumber(CurrPosition) <> "" Then
        GoodsNumber.Value = arrGoodsNumber(CurrPosition)
        GoodsName.Value = arrGoodsName(CurrPosition)
        PurchaseQuantity.Value = arrGoodsQuantity(CurrPosition)
        PurchasePrice.Value = arrGoodsPrice(CurrPosition)
        PurchaseDate.Value = arrGoodsPurchDate(CurrPosition)
    End If
    SearchGoodsNumber.SetFocus
End Sub
Private Sub ClearArray()              '通用过程: 清除数组内容
    Dim i As Long
    For i = 0 To MAX
```

```
            arrGoodsName(i) = ""
            arrGoodsNumber(i) = ""
            arrGoodsQuantity(i) = 0
            arrGoodsPrice(i) = 0
            arrGoodsPurchDate(i) = 0 - 0 - 0
        Next i
    End Sub
    Private Sub Form_Load()                    '窗体装入: 建立连接、打开进货表、相关控件初始化
        Set cnGoods = CurrentProject.Connection
        Set rsGoods = New ADODB.Recordset
        rsGoods.LockType = adLockPessimistic
        rsGoods.Open "进货表", cnGoods, , , adCmdTable
        Call IntizTextBox
        CurrPosition = 0
        cmdModify.Enabled = False              ' "修改数据" 按钮不可用
        cmdUndoModified.Enabled = False        ' "取消修改" 按钮不可用
        cmdUpdate.Enabled = False              ' "更新数据库" 按钮不可用
    End Sub
    Private Sub cmdSearch_Click()              '单击 "查找" 按钮
        Dim Status As Long
        If SearchGoodsNumber.Value <> "" Then
            If Not rsGoods.BOF Or Not rsGoods.EOF Then
                Call ClearArray                '清除数组内容
                '查找产品
                Status = SearchGoods(SearchGoodsNumber.Value, SearchPurchDate.Value)
                If Status = FOUND Then
                    Call PrintGoodsInfo        '将产品信息显示到文本框
                    Call PrintTip("提示:共找到" & TotalRecord & "件产品")
                    cmdModify.Enabled = True    ' "修改数据" 按钮可用
                ElseIf Status = UNFOUND Then
                    Call PrintTip("提示:您要查找的产品不存在, 请确认进货日期或产品编号是否正确。")
                Else
                    Call PrintTip("提示:抱歉!数据库为空或出现错误, 无法完成查询。")
                End If
            Else
                Call PrintTip("提示:当前数据库中没有任何产品记录。")
            End If
        Else
            Call PrintTip("提示:请输入您需要查询的产品编号。")
        End If
    End Sub
    Private Sub cmdMoveNext_Click()            '单击 "下一条记录" 按钮
        If CurrPosition < (TotalRecord - 1) Then
            CurrPosition = CurrPosition + 1
            Call PrintGoodsInfo
        End If
```

```
End Sub
Private Sub cmdMovePrev_Click()        '单击"上一条记录"按钮
   If CurrPosition > 0 Then
      CurrPosition = CurrPosition - 1
      Call PrintGoodsInfo
   End If
End Sub
Private Sub cmdModify_Click()          '单击"修改数据"按钮
   Call UnLockTextBox
   cmdUndoModified.Enabled = True      '"取消修改"按钮可用
   cmdUpdate.Enabled = True            '"更新数据库"按钮可用
End Sub
Private Sub cmdUndoModified_Click()        '单击"取消修改"按钮
   Call LockTextBox
   Call PrintGoodsInfo
   cmdUndoModified.Enabled = False
   cmdUpdate.Enabled = False           '"更新数据库"按钮不可用
   cmdModify.Enabled = True            '"修改数据"按钮可用
End Sub
Private Sub cmdUpdate_Click()              '单击"更新数据库"按钮
   Dim Status As Long
   Status = MoveToGoods(arrIndexID(CurrPosition), arrGoodsNumber(CurrPosition),
arrGoodsPurchDate(CurrPosition))
   If Status = FOUND Then                  '正常情况肯定 FOUND
      rsGoods![产品名称] = GoodsName.Value
      rsGoods![产品编号] = GoodsNumber.Value
      rsGoods![进货数量] = PurchaseQuantity.Value
      rsGoods![进货价] = PurchasePrice.Value
      rsGoods![进货日期] = PurchaseDate.Value
      rsGoods.Update
      Call LockTextBox
      cmdUndoModified.Enabled = False      '"取消修改"按钮不可用
      cmdUpdate.Enabled = False            '"更新数据库"按钮不可用
      '产品信息更新后，重新执行原查询操作（因为相同日期相同产品编号的记录可能不止一条），
      '并将查询结果输出
      CurrPosition = 0
      Status = SearchGoods(SearchGoodsNumber.Value, SearchPurchDate.Value)
      If Status = FOUND Then
         Call PrintGoodsInfo                '将产品信息显示到文本框
         Call PrintTip("提示：数据库更新完毕，还有" & TotalRecord & "件产品匹配查找参数")
      ElseIf Status = UNFOUND Then
         Call PrintTip("提示：所有数据更新完毕!")
         Call IntizTextBox
         cmdModify.Enabled = False          '"修改数据"按钮不可用
      Else
         Call PrintTip("提示：抱歉!数据库出现错误，无法完成查询。")
```

```
        End If
    Else
        Call PrintTip("提示：数据库出现错误,无法完成! ")
    End If
End Sub
Private Sub cmdExitWindow_Click()        '单击"退出"按钮
    DoCmd.Close
End Sub
Private Sub SearchGoodsNumber_Change()
    '一输入产品编号，则清空显示数据的文本框
    GoodsNumber.Value = ""
    GoodsName.Value = ""
    PurchaseQuantity.Value = 0
    PurchasePrice.Value = 0
    PurchaseDate.Value = ""
    Call PrintTip("")
End Sub
```

8.8.2　销售修改模块

1. 界面设计

销售修改窗体界面如图 8-18 所示，查找到指定产品后才能进行修改操作。窗体中显示的产品信息有产品编号、产品名称、销售数量、销售价和销售日期；用于输入查询条件的文本框有产品编号和销售日期；命令按钮有查找、上一条记录、下一条记录、修改数据、取消修改、更新数据库和退出。

图 8-18　销售修改窗体设计视图

销售修改窗体上的提示标签和 7 个命令按钮的名称与进货修改窗体上的相应控件的名称相同，其他和编程有关的控件说明如表 8-8 所示。

表 8-8　销售修改窗体上的部分控件说明

标　题	名　称	控件类别	属　性
请输入产品编号	SearchGoodsNumber	文本框	输入法关闭
销售日期	SearchPurchDate	文本框	输入法关闭
产品编号	GoodsNumber	文本框	锁定、输入法关闭
产品名称	GoodsName	文本框	锁定、输入法开启
销售数量	SellingQuantity	文本框	锁定、输入法关闭
销售价	SellingPrice	文本框	锁定、输入法关闭
销售日期	SellingDate	文本框	锁定、输入法关闭

2．代码设计

销售修改功能是通过如图 8-18 所示销售修改窗体实现的，程序代码与进货修改窗体的程序代码几乎相同，这里不再给出。

提示：销售修改是对销售表进行操作，因此可复制进货修改窗体的程序代码，将其中的"进货"两字改为"销售"，将控件名称 PurchaseQuantity（进货数量）、PurchasePrice（进货价）和 PurchaseDate（进货日期）分别改为 SellingQuantity（销售数量）、SellingPrice（销售价）和 SellingDate（销售日期），将查询日期的控件名称 SearchPurchDate（查询进货日期）改为 SearchSellingDate（查询销售日期），将数组名 arrGoodsPurchDate 改为 arrGoodsSellingDate。

8.9　退货模块

退货模块包括进货退货和销售退货两个功能模块。

1．进货退货模块

先通过产品编号及进货日期进行查询，然后将查询结果输出到窗体中让用户确认是否删除。输出到窗体的产品信息包含：产品编号、产品名称、进货数量、进货价和进货日期。

2．销售退货模块

先通过产品编号及销售日期进行查询，然后将查询结果输出到窗体中让用户确认是否删除。输出到窗体的产品信息包含产品编号、产品名称、销售数量、销售价和销售日期。

8.9.1　进货退货模块

1．界面设计

进货退货窗体界面如图 8-19 所示，查找到指定产品后才能进行删除操作。窗体中显示的产品信息有产品编号、产品名称、进货数量、进货价和进货日期；用于输入查询条件的文本框有产品编号和进货日期；命令按钮有查找、上一条记录、下一条记录、删除和退出。

窗体上和编程有关的控件说明如表 8-9 所示，与进货查询相同，将用于显示信息的文本框的"是否锁定"属性设置为"是"。

图 8-19　进货退货窗体的设计视图

表 8-9　进货退货窗体上的部分控件说明

标　　题	名　　称	控件类别	属　　性
请输入产品编号	SearchGoodsNumber	文本框	输入法关闭
进货日期	SearchPurchDate	文本框	输入法关闭
产品编号	GoodsNumber	文本框	锁定
产品名称	GoodsName	文本框	锁定
进货数量	PurchaseQuantity	文本框	锁定
进货价	PurchasePrice	文本框	锁定
进货日期	PurchaseDate	文本框	锁定
提示	Tip	标签	
查找	cmdSearch	命令按钮	
上一条记录	cmdMovePrev	命令按钮	
下一条记录	cmdMoveNext	命令按钮	
删除	cmdDelete	命令按钮	
退出	cmdExitWindow	命令按钮	

2. 代码设计

进货退货功能是通过图 8-19 所示进货退货窗体实现的，查找到指定产品后才能进行删除操作。该窗体中各按钮的单击（Click）事件响应代码完成的功能如下。

"查找"按钮：当用户输入产品编号及进货日期之后，单击该按钮即调用自定义的 SearchGoods 函数查找对应日期的产品，如果找到则将进货信息输出到下面的文本框中，并使"删除"按钮可用；找不到则输出"您要查找的产品不存在，请确认进货日期或产品编号是否正确。"的提示；如果进货为空，则输出"当前数据库中没有任何产品记录。"的提示；如果不输入产品编号就单击"查找"按钮，则输出"请输入您需要查询的产品编号。"的提示。

"上一条记录"或"下一条记录"按钮：如果查找结果不止一条记录，即某个日期存在多条进货记录，可单击这两个按钮前后查看。

"删除"：单击该按钮，即调用自定义的通用过程 DeleteGoods，删除产品信息文本框中的当前记录。删除一条产品信息后，还要重新执行原查询操作（因为相同日期相同产品编号的记录可能不止一条）。

说明：该窗体的通用过程与部分事件过程与进货修改窗体的相关过程完全相同，由于篇幅所限，对与进货修改窗体完全相同的通用过程或事件过程只保留结构，代码用文字"（与进货修改窗体相应过程的代码相同）"表示。

进货退货窗体的程序代码如下：

```
'定义模块级变量
Dim cnGoods As ADODB.Connection, rsGoods As ADODB.Recordset
Dim TotalRecord As Long          '统计总共符合条件的产品数目
Dim CurrPosition As Long         '存放数组的当前下标
Const MAX = 1000                 '数组大小
Const FOUND = 1
Const UNFOUND = 0
Const DB_ERROR = -1
Dim arrIndexID(MAX) As Long
Dim arrGoodsName(MAX) As String
Dim arrGoodsNumber(MAX) As String
Dim arrGoodsQuantity(MAX) As Integer
Dim arrGoodsPrice(MAX) As Single
Dim arrGoodsPurchDate(MAX) As Date
Private Sub IntizTextBox()           '通用过程：初始化文本框
    （与进货修改窗体相应过程的代码相同）
End Sub
Private Sub PrintTip(Info As String)    '通用过程：显示提示信息
    Tip.Caption = Info
End Sub
'通用函数过程：判断可否查找到指定日期的指定产品
Private Function SearchGoods(Number As String, PurchDate As Date)
    （与进货修改窗体相应过程的代码相同）
End Function
Private Sub PrintGoodsInfo()     '通用过程：将当前数组元素的内容输出到文本框中
    （与进货修改窗体相应过程的代码相同）
End Sub
Private Sub ClearArray()         '通用过程：清除数组内容
    （与进货修改窗体相应过程的代码相同）
End Sub
'删除记录的通用过程：先将记录指针移动到"产品编号""进货日期"和IndexID与当前数组元素
'匹配的记录位置，然后执行删除操作
Private Sub DeleteGoods(IndexID As Long, Number As String, PurchDate As Date)
    rsGoods.MoveFirst
    Do While Not rsGoods.EOF
```

```
        If Number = rsGoods![产品编号] And PurchDate = rsGoods![进货日期] And IndexID
= rsGoods![IndexID] Then
            rsGoods.Delete                    '删除当前记录
            Exit Do
        Else
            rsGoods.MoveNext
        End If
    Loop
End Sub
Private Sub Form_Load()                        '窗体装入: 建立连接、打开进货表、相关控件初始化
    Set cnGoods = CurrentProject.Connection
    Set rsGoods = New ADODB.Recordset
    rsGoods.LockType = adLockPessimistic
    rsGoods.Open "进货表", cnGoods, , , adCmdTable
    Call IntizTextBox
    CurrPosition = 0
    cmdDelete.Enabled = False                  '"删除"按钮不可用
End Sub
Private Sub cmdSearch_Click()                  '单击"查找"按钮
    (与进货修改窗体相应过程的代码几乎相同，只不过将其中的:
        cmdModify.Enabled = True               '"修改数据"按钮可用
    改为:
        cmdDelete.Enabled = True               '"删除"按钮可用
    )
End Sub
Private Sub cmdMoveNext_Click()                '单击"下一条记录"按钮
    (与进货修改窗体相应过程的代码相同)
End Sub
Private Sub cmdMovePrev_Click()                '单击"上一条记录"按钮
    (与进货修改窗体相应过程的代码相同)
End Sub
Private Sub cmdExitWindow_Click()              '单击"退出"按钮
    DoCmd.Close
End Sub
Private Sub cmdDelete_Click()                  '单击"删除"按钮
    Dim Status As Long
    Call DeleteGoods(arrIndexID(CurrPosition), arrGoodsNumber(CurrPosition),
arrGoodsPurchDate(CurrPosition))
    Call PrintTip("提示: 删除完成!")
    '删除一条产品信息后，重新执行原查询操作（因为相同日期相同产品编号的记录可能不止一条），
    '并将查询结果输出
    CurrPosition = 0
    Status = SearchGoods(SearchGoodsNumber.Value, SearchPurchDate.Value)
    If Status = FOUND Then
        Call PrintGoodsInfo                    '将产品信息显示到文本框
        Call PrintTip("提示:删除完成，还有" & TotalRecord & "件产品匹配查找参数")
```

```
    ElseIf Status = UNFOUND Then
        Call IntizTextBox
        cmdDelete.Enabled = False          '"删除"按钮不可用
    Else
        Call PrintTip("提示：抱歉!数据库出现错误，无法完成查询。")
    End If
End Sub
Private Sub SearchGoodsNumber_Change()
    '一输入产品编号，则清空显示数据的文本框
   （与进货修改窗体相应过程的代码相同）
End Sub
```

8.9.2　销售退货模块

1．界面设计

销售退货窗体界面如图 8-20 所示，查找到指定产品后才能进行删除操作。窗体中显示的产品信息有产品编号、产品名称、销售数量、销售价和销售日期；用于输入查询条件的文本框有产品编号和销售日期；命令按钮有查找、上一条记录、下一条记录、删除和退出。

图 8-20　销售退货窗体设计视图

销售退货窗体上的提示标签和 5 个命令按钮的名称与进货退货窗体上的相应控件的名称相同，其他和编程有关的控件说明如表 8-10 所示。

表 8-10　销售退货窗体控件说明

标　　题	名　　称	控件类别	属　　性
请输入产品编号	SearchGoodsNumber	文本框	输入法关闭
销售日期	SearchPurchDate	文本框	输入法关闭
产品编号	GoodsNumber	文本框	锁定
产品名称	GoodsName	文本框	锁定

续表

标　题	名　称	控件类别	属　性
销售数量	SellingQuantity	文本框	锁定
销售价	SellingPrice	文本框	锁定
销售日期	SellingDate	文本框	锁定

2. 代码设计

销售退货功能是通过图 8-20 所示销售退货窗体实现的，程序代码与进货退货窗体的程序代码几乎相同，这里不再给出。

提示：销售退货是对销售表进行操作，因此可复制进货退货窗体的程序代码，将其中的"进货"两字改为"销售"，将控件名称 PurchaseQuantity（进货数量）、PurchasePrice（进货价）和 PurchaseDate（进货日期）分别改为 SellingQuantity（销售数量）、SellingPrice（销售价）和 SellingDate（销售日期），将查询日期的控件名称 SearchPurchDate（查询进货日期）改为 SearchSellingDate（查询销售日期），将数组名 arrGoodsPurchDate 改为 arrGoodsSellingDate。

8.10　报 表 模 块

使用第 4 章介绍过的报表向导虽然可快速生成报表，但有时很难满足用户的需求。在本例中，用户希望报表程序能够根据给定的日期生成报表，如生成 2014 年 8 月 1 日至 2015 年 8 月 1 日以来销售的产品报表。虽然这个要求可以通过查询实现，即先生成查询，然后基于查询创建报表。但是，这个工作谁来完成呢？不可能让非专业用户去编写查询吧？如果专业人员根据用户的每一要求去编写特定的查询，势必生成很多的查询，过于烦琐。下面结合本系统介绍通过编程解决按需输出报表的方法。

8.10.1　日期对话框设计

对话框的设计主要便于用户输入查询日期，以便系统自动生成指定日期内的货品清单报表。

1. 进货/销售日期对话框设计

打开"进货报表"或"销售报表"时，出现的要求输入起始和终止日期的对话框基本相同，只是窗体标题有所区别。这两个对话框窗体的设计视图如图 8-21 所示，窗体上的控件说明如表 8-11 所示。

图 8-21　进货日期窗体和销售日期窗体

这两个对话框窗体中用于输入报表起始日期的文本框和用于输入终止日期的文本框属性表如图 8-22 所示，也具有几乎一样的属性设置，区别在于控件的"名称"属性和"默认值"属性不同。注意，"格式"属性的设置。

图 8-22   "起始日期"和"终止日期"文本框属性表

表 8-11   进货日期和销售日期窗体控件说明

标　　题	名　　称	控件类别	属　　性
输入起始日期	起始日期	文本框	见图 8-22
输入终止日期	终止日期	文本框	见图 8-22
确定	确定	命令按钮	默认
取消	取消	命令按钮	默认

2．进货日期对话框的程序代码

根据进货日期显示相关报表是通过图 8-21 所示的进货日期对话框窗体实现的，该窗体中各按钮的单击（Click）事件响应代码完成的功能如下：

"取消"按钮：单击该按钮即执行 DoCmd.Close。

"确定"按钮：如果直接运行该对话框窗体，即报表的 Open 事件未被执行，则产生运行错误，弹出图 8-23 所示的提示对话框；如果通过运行"进货报表"打开进货日期对话框窗体，则单击"确定"按钮后，先隐藏对话框窗体（Me.Visible = False），然后打开这一时间段的报表信息。

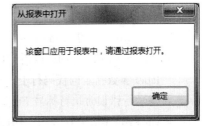

图 8-23   错误提示对话框

```
Private Sub 取消_Click()              '单击"取消"按钮
    DoCmd.Close
End Sub
Private Sub 确定_Click()              '单击"确定"按钮
On Error GoTo Err_OK_Click           '出现运行错误时执行 Err_OK_Click 下面的语句
    Dim strMsg As String, strTitle As String
    Dim intStyle As Integer
    '如果报表未被打开用于预览或打印，则产生一个运行错误(Err.Raise 0)。
    '(仅当报表的 Open 事件被执行时，全局变量blnOpening 才为 true)
    If Not Reports![进货报表].blnOpening Then Err.Raise 0
    Me.Visible = False               '隐藏窗体
```

```
Exit_OK_Click:
    Exit Sub
Err_OK_Click:
    strMsg = "该窗口应用于报表中，请通过报表打开。"
    intStyle = vbOKOnly
    strTitle = "从报表中打开"
    MsgBox strMsg, intStyle, strTitle
    Resume Exit_OK_Click
End Sub
```

3. 销售日期对话框的程序代码

与进货日期对话框的程序代码基本相同，只是将其中的：

```
If Not Reports![进货报表].blnOpening Then Err.Raise 0
```

改为：

```
If Not Reports![销售报表].blnOpening Then Err.Raise 0
```

4. 有关错误和错误处理问题的附加说明

（1）错误处理

编写应用程序时，必须考虑出现错误时应该怎么办。有两个原因会导致应用程序出错。第一，在运行应用程序时某些条件可能会使原本正确的代码产生错误。例如，如果代码尝试打开一个已被用户删除的表，就会出错。第二，代码可能包含不正确的逻辑，导致不能运行所需的操作。例如，如果在代码中试图将数值被 0 除，就会出现错误。

如果程序中没有任何错误处理语句，则在代码出错时，程序将停止运行并显示一条出错消息。当发生这种情况时，用户面对中断的画面很可能会感到迷惑和沮丧。因此，把错误处理语句包含在代码中来处理可能产生的所有错误，可以预防许多问题。

错误处理语句指定发生错误时过程如何响应。例如，在出现特定的错误时可能需要终止过程的运行，或者需要改正导致错误的条件并恢复过程执行。常用的错误处理语句是 On Error 和 Resume 语句。

① On Error 语句。On Error 语句有以下 3 种形式：

- On Error GoTo label：该语句放在可能出现错误的第一行代码前，出现错误时程序会转到由 label 参数指定的代码行上。例如，上面程序代码中的 On Error GoTo Err_OK_Click，表示出现运行错误时执行标号 Err_OK_Click 下面的语句（Exit Sub）。
- On Error GoTo 0：表示禁用错误处理，即使代码中包含有标号为 0 的代码段，错误处理也不起作用。
- On Error Resume Next：忽略导致错误的代码行，从错误代码行的下一行执行。

② Resume 语句。Resume 语句也有以下 3 种形式：

- Resume 或 Resume 0：将执行返回到发生错误的代码行。
- Resume Next：将执行返回到错误代码行的下一行。
- Resume label：将执行返回到由 label 参数指定的代码行。label 参数必须指定一个行标签或一个行号。例如，上面程序代码中的 Resume Exit_OK_Click。

（2）错误捕获

使用 On Error GoTo label 语句可以捕获错误。此外 Err 对象的 Raise 方法 Err.Raise number 也可以

生成指定的错误。Number 取值在 0～65 535 之间是 Visual Basic 错误（既有 Visual Basic 定义的错误，也有用户定义的错误），其中 0～512 保留为系统错误，513～65 535 范围可以用于用自定义错误。

8.10.2　查询设计

下面的查询设计是通过参数查询先从前面设计的对话框中获取起始日期及终止日期，然后通过对相应的表进行查询，获得指定的起始日期及终止日期内的数据集。

如果对 PARAMETERS 参数的使用方法感到模糊，可以通过查询 Access 的帮助获取相关说明，由于篇幅所限，这里不展开了。

1．进货日期查询

建立如图 8-24 所示的选择查询"进货日期查询"，相关代码如下：

```
PARAMETERS [Forms]![进货日期]![起始日期] DateTime, [Forms]![进货日期]![终止日期]
DateTime;
SELECT Format([进货日期],"yyyy") AS 年份, *
FROM 进货表
WHERE (((进货表.进货日期) Is Not Null And (进货表.进货日期) Between Forms!进货日
期!起始日期 And Forms!进货日期!终止日期));
```

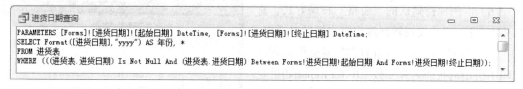

图 8-24　建立"进货日期查询"

2．销售日期查询

"销售日期查询"与"进货日期查询"基本相同，相关代码如下：

```
PARAMETERS [Forms]![销售日期]![起始日期] DateTime, [Forms]![销售日期]![终止日期]
DateTime;
SELECT Format([销售日期],"yyyy") AS 年份, *
FROM 销售表
WHERE (((销售表.销售日期) Is Not Null And (销售表.销售日期) Between Forms!销售日
期!起始日期 And Forms!销售日期!终止日期));
```

8.10.3　报表设计

在前期工作，即窗体以及查询设计好之后，已经为报表设计提供好了所有"材料"，接下来需要做的就是将它们整合起来。下面只介绍"进货报表"的设计方法与步骤，用同样的方法可建立销售报表。

1．创建报表

报表的数据源为前面建立的进货日期查询。

（1）单击"创建"选项卡"报表"组中的"报表向导"按钮，弹出"报表向导"对话框。

（2）在"表/查询"下拉列表中选择"查询：进货日期查询"项目为报表数据源，如图 8-25 所示。

（3）选定报表需要的字段，如图 8-26 所示；然后单击"下一步"按钮进入确定是否添加分组级别的对话框。

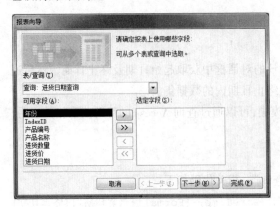 

図 8-25　选择数据源　　　　　　　　　図 8-26　选择字段

（4）本例分组级别无须改动，直接单击"下一步"按钮转到确定排序顺序的对话框。

（5）根据需要选择排序的字段，如无须改动，则直接单击"下一步"按钮转到确定报表布局方式的对话框。

（6）本例保持默认的"表格"布局方式，直接单击"下一步"按钮转到确定报表标题对话框。

（7）为了与前面"进货日期"对话框的程序代码中引用的报表名称一致（If Not Reports![进货报表].blnOpening Then Err.Raise 0），必须将标题命名为"进货报表"。另外，下一步还需要对报表进行程序设计，因此选择对话框中的"修改报表设计"单选按钮，如图 8-27 所示。单击"完成"按钮进入报表设计视图。

（8）在报表设计视图中根据需要适当修改向导生成的报表，如图 8-28 所示。

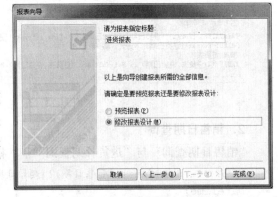

図 8-27　修改报表标题

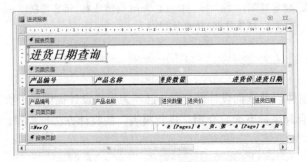

図 8-28　修改后的进货报表

2. 报表程序设计

在报表生成好之后，接着就是进行程序设计，即打开报表时弹出"进货日期"对话框。

单击工具栏中的"代码"按钮，打开代码编辑器，然后在左边的下拉列表框中选择 Report，在右边的下拉列表框中分别有 Open、Close 等事件。通过这两个事件可实现目的。代码如下：

```
'此变量当 Report_Open 事件执行时设置为 True
Public blnOpening As Boolean
Function IsLoaded(ByVal strFormName As String) As Boolean
  '如果指定窗体在窗体视图或数据表视图中打开，返回 True
    Dim oAccessObject As AccessObject
    Set oAccessObject = CurrentProject.AllForms(strFormName)
    If oAccessObject.IsLoaded Then
        If oAccessObject.CurrentView <> acCurViewDesign Then
            IsLoaded = True
        End If
    End If
End Function
Private Sub Report_Close()                      '关闭报表
    Dim strDocName As String
    strDocName = "进货日期"
    DoCmd.Close acForm, strDocName
End Sub
Private Sub Report_Open(Cancel As Integer)     '打开报表
    Dim strDocName As String
    strDocName = "进货日期"
    '设置公共变量为 True，以使"进货日期"对话框知道报表的 Open 事件已执行
    blnOpening = True
    '打开"进货日期"对话框
    DoCmd.OpenForm strDocName, , , , , acDialog
    '如果"进货日期"对话框未载入，不预览或打印报表
    '(用户单击窗体上的"取消"按钮。)
    If IsLoaded(strDocName) = False Then Cancel = True
    '设置公共变量为 False，标记 Open 事件已结束
    blnOpening = False
End Sub
```

8.11　系统模块测试

对系统进行测试的主要目的是发现和纠正系统整体运行时存在的错误,保证软件的正确运行,可以分别按模块或按功能进行测试，确保在正常情况下，如录入的数据都是合法的情况下，每个功能都可以正常使用，并且软件所反馈的结果是正确的，然后进行非合法格式的数据录入，确保软件能够应对这些非法数据，进行错误提示和排错，以减少软件出错的几率。

软件运行测试是软件研发过程的一个重要组成部分，如果对此感兴趣，可以参阅专门介绍软件测试方面的书籍。

8.11.1　进货模块测试

运行 Microsoft Access 程序，打开本例进销存管理数据库文档，启动主界面，单击"进货"按钮，弹出"进货"窗体，在各个文本框中输入相应数据，单击"入库保存"按钮，显示"提示：保存完毕"文字，表示数据已写入数据表中，并可通过双击打开"进货表"，查验表中新插入的记

录，如图 8-29 所示，说明进货模块运行正常。

图 8-29　进货模块测试运行

8.11.2　销售模块测试

单击"销售"按钮，弹出"销售"窗体，在各个文本框中输入相应数据，单击"销售保存"按钮，显示"提示：保存完毕"文字，表示数据已写入数据表中，并可通过双击打开"销售表"，查验表中新插入的记录，如图 8-30 所示，说明销售模块运行正常。

图 8-30　销售模块测试运行

8.11.3　查询模块测试

1. 进货查询模块测试

单击"进货查询"按钮，弹出"进货查询"窗体，分别输入"产品编号""查询日期"，单击"查询"按钮，显示如图 8-31 所示，说明进货查询模块运行正常。

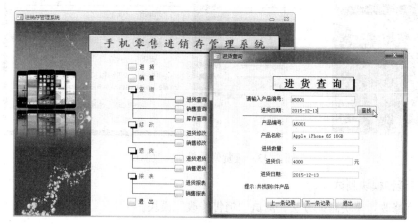

图 8-31　进货查询模块测试运行

2. 销售查询模块测试

同"进货查询"模块测试方法，测试"销售查询"模块。

8.11.4　修改模块测试

1. 进货修改模块测试

单击"进货修改"按钮，弹出"进货修改"窗体，分别输入"产品编号""查询日期"，单击"查询"按钮，查找结果显示如图 8-32 所示，单击"修改数据"按钮，并修改数据后，再单击"更新数据库"按钮，显示"数据库更新完毕"，修改结果如图 8-33 所示，说明进货修改模块运行正常。

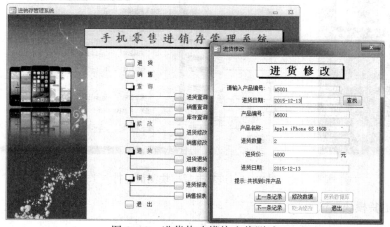

图 8-32　进货修改模块查找测试

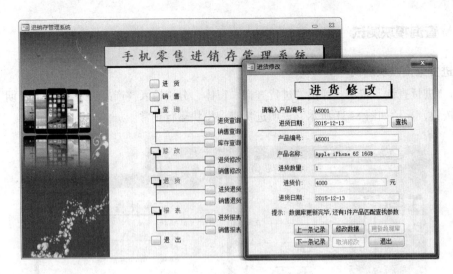

图 8-33　进货修改模块修改测试

2. 销售查询模块测试

同"进货修改"模块测试方法，测试"销售修改"模块。

8.11.5　退货模块测试

1. 进货退货模块测试

单击"进货退货"按钮，弹出"进货退货"窗体，分别输入"产品编号""查询日期"，单击"查询"按钮，查找结果显示如图 8-34 所示，单击"删除"按钮，显示"删除完成"，说明进货退货模块运行正常。

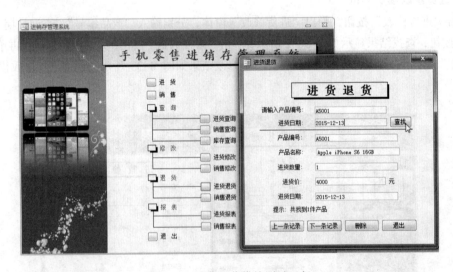

图 8-34　进货退货模块测试运行

2. 销售退货模块测试

同"进货退货"模块测试方法，测试"销售退货"模块。

8.11.6　报表模块测试

1. 进货报表模块测试

分别单击“进货报表”和“销售报表”按钮，弹出“进货日期”对话框，分别输入“起始日期”和“终止日期”，单击“确定” 按钮，显示进货报表如图 8-35 所示，说明进货报表模块运行正常。

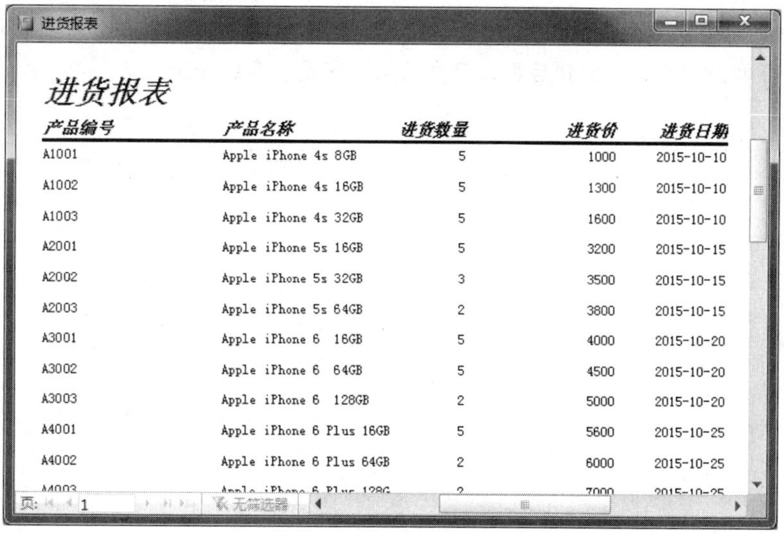

进货报表

产品编号	产品名称	进货数量	进货价	进货日期
A1001	Apple iPhone 4s 8GB	5	1000	2015-10-10
A1002	Apple iPhone 4s 16GB	5	1300	2015-10-10
A1003	Apple iPhone 4s 32GB	5	1600	2015-10-10
A2001	Apple iPhone 5s 16GB	5	3200	2015-10-15
A2002	Apple iPhone 5s 32GB	3	3500	2015-10-15
A2003	Apple iPhone 5s 64GB	2	3800	2015-10-15
A3001	Apple iPhone 6 16GB	5	4000	2015-10-20
A3002	Apple iPhone 6 64GB	5	4500	2015-10-20
A3003	Apple iPhone 6 128GB	2	5000	2015-10-20
A4001	Apple iPhone 6 Plus 16GB	5	5600	2015-10-25
A4002	Apple iPhone 6 Plus 64GB	2	6000	2015-10-25
A4003	Apple iPhone 6 Plus 128G	2	7000	2015-10-25

图 8-35　进货报表模块测试运行

2. 销售报表模块测试

同“进货报表”模块测试方法，测试“销售报表” 模块。

到此为止，已完成了一个简单的手机零售商店进销存管理软件的设计与开发的整个过程，其中包括系统需求分析、系统功能设计、数据表设计、界面设计、程序设计和系统运行测试等内容。

习题与实验

一、思考题

1. 结合生活中的具体例子说明系统需求分析的重要性。
2. 简述数据库应用系统功能设计的主要任务。
3. 进行软件界面的设计时主要注意哪些方面？
4. 系统设计完成之后，如何进行测试？
5. 如果程序中没有任何错误处理语句，会有什么后果？
6. 常用的错误处理语句有哪些？
7. 指出本系统存在的问题和改进思路。

二、实验题

1. 请在原来系统的设计基础上，参考进货查询、销售查询的查询函数 SearchGoods()，实现库存查询的功能。提示：某产品库存量可以由该产品的总进货量减去总销售量得到。

2. 修改销售窗体的程序代码，要求：销售条件要包含对销售数量进行判断，即销售数量应该小于等于库存才可以销售。

3. 修改查询窗体程序，要求：查找之前，下面的产品信息文本框不可用；查找到相关产品后，下面的文本框可用，并显示产品信息。

4. 原系统的进货和销售窗体有一个漏洞：输入完数据，单击"入库保存"按钮保存数据后，若再次单击该按钮，仍然执行同样的保存操作，有可能使数据重复保存。试修改程序，"堵住"漏洞。

5. 原系统的进货退货和销售退货操作没有"缓冲"，单击"删除"按钮即直接删除数据。试修改程序，使得单击"删除"按钮后再让用户确认一下是否真的删除。